国家级职业教育规划教材

人力资源和社会保障部职业能力建设司推荐

QUANGUO ZHONGDENG ZHIYE JISHU XUEXIAO JIANZHULEI ZHUANYE JIAOCAI

全国中等职业技术学校建筑类专业教材

# 建筑装饰施工项目管理

（第二版）

人力资源和社会保障部教材办公室组织编写

李永萍 主 编

褚溢华 主 审

中国劳动社会保障出版社

**简介**

本教材共九章。主要内容包括建筑装饰施工项目管理概述，招投标管理，合同管理，施工准备，流水施工，网络计划技术，施工组织设计，施工实施阶段管理以及竣工验收与保修。教材每节的开篇设有引例和思考，便于引导学生学习。每章配有思考与练习，帮助学生巩固所学内容。

本教材由李永萍任主编，屠园园、刘宗平参加编写。褚溢华审稿。

**图书在版编目(CIP)数据**

建筑装饰施工项目管理/李永萍主编. —2版. —北京：中国劳动社会保障出版社，2015

全国中等职业技术学校建筑类专业教材

ISBN 978-7-5167-1609-0

Ⅰ.①建… Ⅱ.①李… Ⅲ.①建筑装饰-工程施工-项目管理-中等专业学校-教材 Ⅳ.①TU71

中国版本图书馆CIP数据核字(2015)第054146号

**中国劳动社会保障出版社出版发行**

(北京市惠新东街1号 邮政编码：100029)

*

保定市中画美凯印刷有限公司印刷装订 新华书店经销

787毫米×1092毫米 16开本 17印张 265千字

2015年3月第2版 2023年5月第3次印刷

**定价：31.00元**

营销中心电话：400-606-6496

出版社网址：http://www.class.com.cn

http://jg.class.com.cn

# 出版说明

本套教材共计 27 种，分为“建筑施工”“建筑设备安装”和“建筑装饰”三个专业方向。教材的编审人员由教学经验丰富、实践能力强的一线骨干教师和来自企业的专家组成，在对当前建筑行业技能型人才需求及学校教学实际调研和分析的基础上，进一步完善了教材体系，更新了教材内容，调整了表现形式，丰富了配套资源。

**教材体系** 补充开发了《建筑装饰工程计量与计价》《建筑装饰材料》《建筑装饰设备安装》等教材；将《建筑施工工艺》与《建筑施工工艺操作技能手册》合并为《建筑施工工艺与技能训练》。调整后，教材体系更加合理和完善，更加贴近岗位与教学实际。

**教材内容** 根据建筑行业的发展和最新行业标准，更新了教材内容。按照目前行业通行做法，将“建筑预算与管理”的内容更新为“建筑工程计量与计价”；为重点培养学生快速表现技法能力，将“建筑装饰效果图表现技法”的内容更新为“室内设计手绘快速表现”；《室内效果图电脑制作（第二版）》，以 3DS MAX 10.0 版本作为教学软件载体；新材料、新设备在相关教材中也得到了体现。

**表现形式** 根据教学需要增加了大量来源于生产、生活实际的案例、实例、例题以及练习题，引导学生运用所学知识分析和解决实际问题；加强了图片、表格的运用，营造出更加直观的认知环境；设置了“想一想”“知识拓展”等栏目，引导学生自主学习。

**配套资源** 同步修订了配套习题册；补充开发了与教材配套的电子课件，可登录 www.class.com.cn 在相应的书目下载。

# 目　　录

# 第一章　建筑装饰施工项目管理概述

**学习目标**

1. 了解建筑装饰施工项目管理的基本概念
2. 熟悉建筑装饰施工项目管理的内容与方法

随着社会经济的发展，人们生活水平、审美水准的不断提高，人们对建筑装饰的要求也越来越高，建筑装饰行业也越来越规范，分工越来越细，建筑装饰企业对工程施工管理也越来越重视。当前，建筑装饰企业不仅要具备较好的施工技术，还要具有良好的工程项目管理水平，才能在竞争激烈的建筑装饰市场获得更多的发展机会。本章主要介绍建筑装饰施工项目管理的基本概念、主要职能及内容与方法等，为以后的学习打下良好的基础。



## 第一节　建筑装饰施工项目管理职能

**引例**

某建筑装饰公司承接了一套海边别墅的装修工程，在和业主的沟通中，业主要求装修风格为欧式古典主义，并要求材料精良、做工细致，装修资金控制在100万元之内，工期最好是四个月左右。该装饰公司在与业主进一步沟通后，制定了针对该项目的管理目标。

**思考**

引例中，业主的要求体现了装饰施工项目的什么特征？除此之外，装饰施工项目还有哪些特征？

## 一、基本概念

### 1. 建筑装饰的概念

建筑装饰是指为使建筑物、构筑物的内、外空间达到一定的环境质量要求，使用建筑装饰装修材料，对建筑物、构筑物的内部和外表进行修饰处理的工程建筑活动。

### 2. 项目的概念

项目是指在一定的约束条件下，具有特定的明确目标和组织结构的一次性任务或活动。

### 3. 建筑装饰施工项目的概念与特征

建筑装饰施工项目是指在一定工期内、一定预算条件下，对建筑装饰产品进行的要求达到一定质量水平并满足一定功用需求的一次性活动。建筑装饰施工项目具有如下特征：



（1）具有一次性和不可逆性。建筑装饰施工项目的一次性也称为单向性，指的是建筑装饰施工项目活动的过程是不可逆的，活动的结果是不可重复的。对于不同的建筑装饰施工项目其过程和结果是不同的。即使是同一个建筑装饰施工项目，例如一幢住宅别墅或一座商务中心的建筑装饰，由于其使用功能的不同，业主的喜好风格不同，建筑装饰结果也就不同，即使其使用功能相同，例如都是地中海风格的别墅装修，其结果也会因地理位置、环境条件、内部结构、外部形体、材料选用等的不同而不同。建筑装饰施工项目的单件性特征决定了其不可重复性。项目一旦出现差错，就很难有改正的机会，所以建筑装饰施工项目又具有不可逆性。只有认识到建筑装饰施工项目的一次性和不可逆性，才能根据项目的不同情况和特殊要求进行有针对性的管理。

（2）具有一定的约束条件和目标的明确性。每一个建筑装饰施工项目都有其明确的目标，即每个建筑装饰施工项目的完成都要满足特定的功用要求并符合具体质量认证体系的认可。

实现目标所投入的资源和完成项目所需的时间等会有一定范围的限制，这就是约束条件。建筑装饰施工项目的约束条件包括质量标准、安全措施、预算、工期、人工、设备、材料、施工工艺等。建筑装饰施工项目从工程的立项开始到施工安装、竣工直至保修期结束的时间是有一定期限的，短则几个月，长则一两年。在这段时间内，建筑装饰施工项目的自然条件和技术条件受到了时间与地点的限制；同时，用于建筑装饰施工项目的资金不是无限制的，它要求在达到预期规模和质量水平的前提条件下，把投资限制在计划规定的限额内。

建筑装饰施工项目的目标并不是一成不变的，它可能会因为种种原因在目标实现的过程中发生变化。与之相应地，项目的约束条件也应该随项目目标的改变而改变，但改变后的建筑装饰施工项目仍需要具有明确的目标和约束条件。

(3) 实现过程的阶段性。建筑装饰施工项目有其发生、发展和结束的过程，是一个有起点、有终结的活动。也就是说，一个建筑装饰施工项目有其完整的生产周期，开工有时，竣工有日。只有了解了项目的阶段性，才能抓住重点环节，抓紧重要部位的管理，很好地完成项目的管理工作。本书主要介绍在项目实施阶段的项目管理。

(4) 管理对象的整体性。一个建筑装饰施工项目就是一个整体管理对象。如果只考虑某一方面、某一阶段工作的优化，则整体不一定最优。应该把组成项目的各个环节作为一个整体、作为一个系统来考虑，处理好局部优化与整体优化的关系。在按其需要配置生产要素时，必须以整体效益的提高为标准，做到数量、质量和结构的总体优化，而不能以材料、人工、时间、资金或质量等单个目标进行生产要素的调节分配。

#### 4. 项目管理的概念

《建设工程项目管理规范》(GB/T 50326—2006) 对建筑工程项目管理的定义是：运用系统的理论和方法，对建设工程项目进行的计划、组织、指挥、协调和控制等专业化活动，简称项目管理。

#### 5. 建筑装饰施工项目管理的概念

建筑装饰施工项目管理是项目管理的一类，是在项目经理负责制的条件下，对建筑装饰施工活动进行有效的计划、组织、指挥、协调、控制，从而保证装饰施工活动的顺利进行，履行施工承包合同并落实施工企业生产经营目标。

### 二、主要职能

#### 1. 计划职能

建筑装饰施工项目管理的首要职能是计划。计划职能是为实现预定目标，对未

来活动内容的过程与结果进行安排的管理职能。可分为以下四个阶段：

(1) 第一阶段。是确定项目目标及其先后次序。在确定目标时，必须考虑目标的先后次序、目标实现的时间和目标的合理结构这三个因素。

(2) 第二阶段。是预测对实现目标可能产生影响的未来事态。其结果是通过预测，必须明确在计划期内期望能获得多少资源来支持计划中的活动。

(3) 第三阶段。是通过预算来执行，预算必须解决应包括的资源，预算各组成部分之间有什么内在联系以及应怎样使用预算方法等问题。

(4) 第四阶段。是提出并贯彻指导实现预期目标的政策或准则，它是执行计划的主要手段。政策是反映一个组织的基本目标的说明，并为在整个组织中进行活动规定指导方针，说明如何实现目标。在制定政策时，只有保持政策制定的灵活性、全面性、协调性和准确性，才能使政策更具实效。



综合上述四个阶段的工作结果，就可以制订出一个全面的计划，它将引导建筑装饰施工项目的组织达到预定的目标。

### 2. 组织职能

组织职能指的是依据计划的要求，对系统中各要素进行协调，使系统的活动过程有一定顺序的管理职能。组织职能应包括组织机构的设置和工作的组织指挥两个方面。这一职能是通过建立以项目经理为中心的组织保证系统实现的。给这个系统确定职责，授予权力，实行合同制，健全规章制度，可以使系统有效地运转，确保项目目标的实现。

### 3. 指挥职能

项目组织职能的有效行使，还必须依靠指挥职能。指挥职能是组织中的领导者借职务和权威，对下属人员的活动进行部署和安排的管理职能。指挥职能可以发挥管理作用，是项目达到管理目标的基本要求。

### 4. 协调职能

建筑装饰施工项目实施的各个阶段、各个层次、各个部门之间存在着大量的结合部。在结合部内部存在着复杂的关系和矛盾，处理不好，便会形成协作配合的障碍，影响项目目标的实现。只有通过项目管理的协调职能进行沟通，排除障碍，才能确保系统的正常运转。

5. 控制职能

建筑装饰施工项目主要目标的实现是以控制职能为保证手段的。这是因为，偏离预定目标的可能性是经常存在的，必须通过决策、计划、协调、信息反馈等手段，采用科学的管理方法，纠正偏差，来确保目标的实现。目标有总体目标和分项、分段目标，各个目标组成一个整体。因此，目标的控制也必须是系统的、连续的。

在建筑装饰施工项目管理过程中，为了取得各阶段目标和最终目标的实现，施工企业必须运用科学的管理方法，围绕组织、规划、控制、生产要素的配置及安全、合同、信息等方面进行有效管理。

## 第二节　建筑装饰施工项目管理方法



引例

某大型装饰工程项目的施工过程中，安全员进行巡视，发现两名施工人员在施工现场休息时违反安全规定摘掉安全帽，并且在木材仓库附近抽烟，存在较大的安全隐患。安全员及时进行了制止，并对他们进行了批评教育。

思考

1. 引例中的管理属于建筑装饰施工过程中哪个阶段的管理?

2. 建筑装饰工程管理中涉及多种专业管理活动，引例中的管理属于哪项专业管理活动?

### 一、建筑装饰施工项目管理的主要特点

1. 管理者是建筑装饰施工企业

建筑装饰施工项目是建筑装饰施工企业通过建筑装饰市场的竞争与业主或总包方签订承包合同获得的，其管理制度是企业管理层和作业层相分离的一种施工管理制度，其管理主体是建筑装饰施工企业。

2. 管理对象是建筑装饰施工项目

施工项目管理的周期包括工程投标签约、施工准备、施工、竣工验收及保修等阶段。建筑装饰施工项目具有的一次性、阶段性、整体性及严格的工期和资源约束

等特点，给施工项目管理带来了特殊性，即生产活动与市场交易活动同时进行，买卖双方都投入生产管理，生产活动和交易活动很难分开。所以，施工项目管理具有相当大的复杂性和管理难度。

### 3. 管理是有序、按阶段变化的过程

每个建筑装饰工程项目都按施工程序进行，是一个动态的过程。人、财、物、技术、生产要素都会呈现阶段性的特点，工程投标、签订工程项目承包合同、施工准备、施工、竣工验收及保修等阶段的管理内容区别很大，管理的侧重点也不同。管理者须根据这些变化及不同进行有针对性的动态管理，并使资源优化组合，以提高施工效率和施工效益。

### 4. 管理要求强化组织协调工作

建筑装饰是建筑物实现其使用功能的重要阶段，需要与土建结构、环境建设相衔接，具体作业过程涉及材料采购、设备使用及维修、运输、存储、施工、检验等诸多环节。由于建筑装饰施工项目生产活动的单件性（即生产成果不具备完全可复制性），参与施工人员流动性大，需采取特殊的流水方式，组织工作量很大，施工活动涉及复杂的经济关系、技术、法律、行政和人际关系。因此，施工项目管理中的组织协调工作最为复杂，必须采取强化组织协调的办法才能保证施工顺利进行，主要强化方法是优选项目经理，建立调度机构，配备称职的调度人员，努力使调度工作科学化、信息化，建立起动态的控制体系。



施工项目管理与建设项目管理是不同的，两者在管理任务、管理内容、管理范围、管理主体等方面都存在不同，见表 1—2—1。

表 1—2—1　　施工项目管理与建设项目管理的区别

| 区别 | 施工项目管理 | 建设项目管理 |
| --- | --- | --- |
| 管理任务 | 按时、保质地生产出合格的工程产品，获取利润 | 取得符合要求的，能发挥应有效益的固定资产 |
| 管理内容 | 涉及从投标开始到交工及维修为止的全部生产组织与管理 | 涉及投资周转和建设的全过程的管理 |
| 管理范围 | 工程承包合同规定的承包范围，是建设项目、单项工程或单位工程的施工 | 由可行性研究报告确定的所有工程，是一个建设项目 |
| 管理主体 | 施工企业 | 建设单位或其委托的咨询（监理）单位 |

## 二、建筑装饰施工项目管理的主要内容

建筑装饰施工项目管理来源于管理实践，是管理一个建筑装饰工程项目并使之获得成功的有效工具。建筑装饰施工实现的过程有其阶段性，每一个阶段的管理都有不同的内容。各阶段涉及不同的专业管理内容，这些专业管理活动在不同的阶段有不同的侧重点。

### 1. 施工过程中各阶段管理的内容

建筑装饰施工项目分为5个阶段，这5个阶段构成建筑装饰施工项目管理的生命周期，如图1—2—1所示。每个阶段具有不同的管理内容和可交付的成果标志，见表1—2—2。

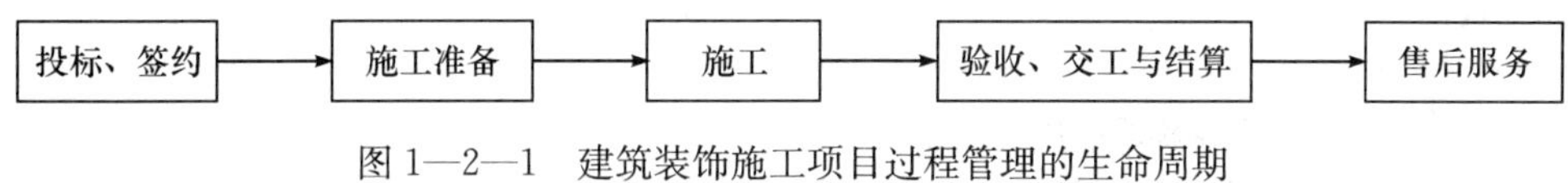


图1—2—1　建筑装饰施工项目过程管理的生命周期



表1—2—2　建筑装饰施工5个阶段不同的管理内容和可交付的成果标志

| 阶段 | 投标、签约 | 施工准备 | 施工 | 验收、交工与结算 | 售后服务 |
| --- | --- | --- | --- | --- | --- |
| 管理内容 | ①获取招标信息，制定投标决策；②通过资格审查，编制投标书；③中标，合同谈判，签约 | ①技术准备；②施工现场准备；③劳动组织与现场准备；④其他准备工作 | ①按施工组织设计安排施工；②动态控制；③各方关系协调；④信息记录、资料收集 | ①工程收尾、自检；②试运转；③正式验收；④移交竣工文件，工程结算；⑤竣工移交 | ①工程回访，听取意见；②按国家规定及合同约定进行维修、维护 |
| 可交付的成果标志 | ①投标文件；②装饰施工承包合同 | ①组建项目部并健全各项规章制度；②合同交底记录、图纸自审、会审记录；③施工组织设计；④各项人、财、物需用量计划 | ①阶段性实体目标的实现；②阶段性验收文件；③变更、洽商记录 | ①工程实体成果；②竣工文件；③结算手续；④移交手续 | ①保修合同；②维修签单；③尾款收回 |

### 2. 各项专业管理的内容

在建筑装饰施工项目管理过程中，涉及各项专业管理活动，这些管理活动贯穿于整个项目过程并在不同的阶段有所侧重。建筑装饰施工项目管理的主体是以施工项目经理为首的项目经理部，管理的客体是装饰施工对象、施工活动和所有的生产要素。

概括而言，建筑装饰施工项目各项专业管理主要包括“一个组织、三个管理、三个控制”，即管理组织，合同管理、信息管理、安全与文明施工管理，质量控制、进度控制和成本控制，见表 1—2—3。

表 1—2—3　　建筑装饰施工项目各项专业管理内容

| 专业管理 | 管理内容 |
| --- | --- |
| 管理组织 | ①选聘称职的项目经理；<br>②组建项目经理部，配备专业人员，合理分工，明确职、责、权、利；<br>③制定施工项目各项管理制度；<br>④组建施工班组 |
| 合同管理 | ①合同的签订与履行；<br>②各项合同原始文件的管理；<br>③合同的变更及索赔 |
| 信息管理 | ①建立施工信息流程和岗位责任制度；<br>②明确信息沟通渠道、形式，及时、定期地进行信息沟通；<br>③在规范工程资料形式、流程的基础上，利用计算机和网络管理施工项目 |
| 安全与文明施工管理 | ①建立和落实安全责任制及安全技术保证措施；<br>②控制现场安全动态，检查、纠正不安全隐患；<br>③建立现场文明施工责任制；<br>④落实各项文明施工组织和技术措施；<br>⑤监控现场施工，保证文明施工 |
| 质量控制 | ①进行建筑装饰施工的技术交底，监督按照设计图纸和规范、规程施工；<br>②建立和运行工程质量保证体系，落实质量责任制；<br>③进行建筑装饰施工质量的检查和验收；<br>④建立质量监控点，严格执行工序检验制度 |

续表

| 专业管理 | 管理内容 |
|---|---|
| 进度控制 | ①实行动态循环的管理控制；<br>②以总目标和阶段目标为标准，实时监控工程进度；<br>③实施工程动态优化配置和管理 |
| 成本控制 | ①落实建筑装饰施工项目计划成本责任制；<br>②加强成本计划执行情况的检查与协调 |

（1）合同管理。项目管理最主要的内容之一是合同管理，合同管理是项目管理的核心。在规范、强化招投标的基础上，大力推行 FIDIC（国际咨询工程师联合会，Fédération Internationale Des Ingénieurs Conseils，简称 FIDIC，中文音译为“菲迪克”，于 1913 年由欧洲 5 国独立的咨询工程师协会在比利时根特成立，是国际上最有权威的、被世界银行认可的咨询工程师组织）所制定的《土木工程施工合同条件》，执行我国的《合同法》，加强合同签订的可靠性和合同执行中的变更管理，掌握和应用索赔技术，充分发挥合同在市场经济履约经营中的作用。

（2）信息管理。应该进一步强调信息管理的重要性。企业应当成立建筑装饰工程项目信息中心，开发科学的“建筑装饰工程项目信息管理系统”，应用到建筑装饰工程项目管理中，以充分发挥计算机在数据处理和信息传递中的作用，做到建筑装饰工程项目管理手段电子化。

（3）质量控制。由国际标准化组织颁布的 ISO 系列质量管理体系是总结当代世界质量管理领域成功的国际标准，采用这种先进的、透明的质量管理体系，在建立建筑企业质量体系的基础上，针对我国建筑装饰工程项目的特点建立相应的质量体系，扎扎实实地推行全面质量管理，为创造更多更好的精品工程提供了可靠的保证。

（4）进度控制。要在加强预测和决策的基础上，编制项目的滚动式计划，采用网络计划的形式并组织流水作业，绘制“S”形曲线或“香蕉”曲线，以方便进度计划执行情况的检查和计划的调整。在使用网络计划时，执行《工程网络计划技术规程》（JGJ/T 121—1999）行业标准。按照规定的程序在建筑装饰工程项目管理中科学地应用网络计划技术。应加强项目进度和工期的科学决策和动态管理，以实现项目的合同工期为宗旨。

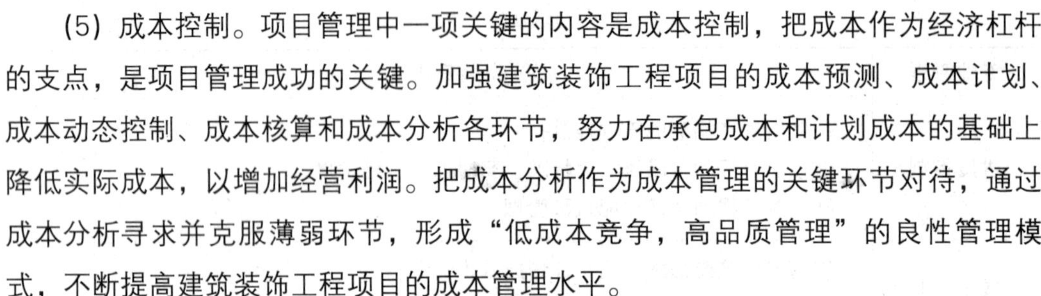

（5）成本控制。项目管理中一项关键的内容是成本控制，把成本作为经济杠杆的支点，是项目管理成功的关键。加强建筑装饰工程项目的成本预测、成本计划、成本动态控制、成本核算和成本分析各环节，努力在承包成本和计划成本的基础上降低实际成本，以增加经营利润。把成本分析作为成本管理的关键环节对待，通过成本分析寻求并克服薄弱环节，形成“低成本竞争，高品质管理”的良性管理模式，不断提高建筑装饰工程项目的成本管理水平。

## 三、施工项目管理方法的选用与分类

### 1. 施工项目管理方法的选用

（1）选用方法的广泛性。工程项目管理的发展过程，也是其管理理论和方法的继承、研究、创新和应用的过程。管理理论发展到现在，已经形成了以经营决策为中心、以计算机的应用为手段、应用运筹学和系统理论的方法，结合行为科学的应用，把管理对象看作是人和物组成的完整系统的综合管理。由于现代化管理方法具有科学性、综合性和系统性，故现代化管理方法均可在工程项目管理中选用。

（2）工程项目管理主要方法服从于工程项目目标控制。由于施工项目的一次性所产生的施工项目管理方法的特殊性，这些方法必须满足目标控制的需要。施工项目主要有进度、成本、质量、安全四大目标控制。各目标控制有各自的专业系统方法，各种管理方法都有自己的特点和适用范围。某些管理方法具有综合性，可以适用于多种目标控制，如合同管理方法适用于所有的目标控制。某些管理方法则具有很强的专业适用性，仅对某种专业的管理具有适用性。比如：进度目标控制的主要方法是“网络计划方法”；质量目标控制的主要方法是“全面质量管理方法”；成本目标控制的主要方法是“可控责任成本方法”；安全目标控制的主要方法是“安全责任制”。因此，对每种目标进行控制应明确主要目标，建立该目标的控制方法体系。

（3）工程项目管理方法与企业管理方法密切相关。建筑装饰企业的管理方法是针对建筑装饰企业的施工、生产和经营获得的需要而选用的方法体系。由于工程项目管理是企业经营管理活动的中心，企业管理方法与工程项目管理方法虽然是两个不同的管理体系，但是具有密切关系。比如，安全生产责任制既可以作为企业的管理方法，也可以作为施工项目管理中实现安全控制的重要管理办法。而网络计划方法只可以应用在施工项目管理体系之内的进度管理中，市场预测和决策方法则应用在企业管理方法体系之中。

## 2. 施工项目管理方法的分类

(1) 按管理目标划分，工程项目管理方法有进度管理方法、质量管理方法、成本管理方法、安全管理方法等。

(2) 按管理方法的量性划分，施工项目管理方法有定量方法和定性方法。在管理实践中，管理者运用数理知识方法，对管理现象及其发展趋势，以及与之相联系的各种因素，进行计算、测量、推导等，属于定量分析方法。管理者对管理现象的基本情况进行判断，粗略统计和估计则属于定性分析方法。定性是粗略的定量，定量是精确的定性。在现代管理中，定量管理已成为很重要的方法和手段，这标志着管理水平的提高。定量方法是重要的，但是它并不排斥定性的方法，这不仅是由于定性是定量的基础，而且还在于，有许多事物和现象运用的手段还难以进行定量研究，从而使定量方法受到限制。定量方法和定性方法又是相互渗透的，许多问题的解决，常常需要二者相互补充。管理者在管理的过程中，要充分地利用这两种管理方法的特点，为管理服务。

(3) 按管理方法的专业性划分，工程项目管理方法有行政性管理方法、经济性管理方法、技术性管理方法和法规性管理方法。各种方法的内容及特点见表 1—2—4。

表 1—2—4　　按专业性分类的项目管理方法的内容及特点

| 管理方法 | 内容 | 特点 |
| --- | --- | --- |
| 行政方法 | 依靠行政组织，采取行政命令、指示、通知、规定等对生产活动进行管理 | 强制性、单一性、无偿性和特效性；有利于迅速传递信息，集中调配各种资源；但要避免授权不当、职责不清、简单粗暴 |
| 经济方法 | 运用各种经济手段管理生产经营活动 | 平等性、广泛性、有效性，作用显著 |
| 技术方法 | 可用的方法较多，如目标管理法、网络计划法、坐标工程法、线性规划法等，是管理中的硬办法，以定量方法居多，有少量的定性方法 | 科学性高，能产生良好的管理效果 |
| 法律方法 | 通过各种法律、法令、条例等调节在生产中发生的各种关系 | 权威性、规范性、强制性、稳定性，可以培养员工的遵纪守法意识 |

# 第三节 工程项目管理的原理及目标管理

**引例**

某企业2013年拟将该企业兴建的商务楼改为商务酒店，由于工期紧，该企业边进行图样报审边进行招标。经招标，某装饰公司中标。工期为2013年5月15日到9月15日，必须保证在“十一”黄金周开业。该工程最突出的问题就是工期较紧。装饰公司的管理部门决定通过管理解决工期紧张的问题。

| 预测问题 | 原因分析 | 提出解决方案 | | 解决结果 |
|---|---|---|---|---|
| 工期较紧，施工时间受限制，不可抗力因素可能出现，影响工期，增加了管理成本和直接成本 | （1）酒店装修本身工期较紧<br>（2）酒店处在繁华的市中心，周围有许多写字楼与小区，这使得工期安排上没有弹性，施工效率下降。施工期间可能因梅雨季节及台风等不可抗力影响工期 | P | 在P阶段，调整常规施工流程，可能会受天气影响的外部装修尽量在梅雨季节到来前完成。有强噪声的施工项目尽可能集中到业主允许的工作时间内；其他低噪声项目，穿插完成或者在这个时间段以外完成 | （1）整个装饰工程竣工的日期比计划工期提前了10天<br>（2）全过程的质量检测表明，工程质量完全符合当初所设定质量和规范标准<br>（3）由于提前完工，业主奖励施工单位6万元。这弥补了因保证工期而增加的管理成本和直接成本 |
| | | D | 在D阶段，实行分组和轮班工作制来保证计划的执行。分组轮班保证了正常的施工程序，同时也使得工作效率明显提高 | |
| | | C | 在C阶段增加质检员人数，全过程跟踪检查，完成一项，检查、记录一项。做到将所有的问题在过程中解决，将所有可变因素变成完全的可控因素 | |
| | | A | A阶段的工作基本未做调整，但对前几个阶段所做的工作调整进行了阶段性评估 | |

**思考**

1. 该装饰公司采用了哪种管理原理来解决工期紧张的问题？
2. 例表中P、D、C、A分别代表什么含义？

## 一、工程项目管理对象

工程项目管理是指对施工生产要素的管理。影响施工生产的要素主要有五大方面，即常说的4M1E，它具体是指：人（Man）、材料（Material）、机械（Machine）、方法（Method）和环境（Environment）。

(1) 人。涉及的是参与施工人员的质量意识和能力。

(2) 材料。涉及的是建筑装饰材料的质量规格、性能特征是否符合设计规定的标准。

(3) 机械。涉及的是施工过程中选用的各类机械是否满足实际需求，并能正常运转。

(4) 方法。涉及的是施工工艺和施工顺序是否合理，施工技术是否先进。

(5) 环境。主要包括地质水文气候等自然环境和现场照明、通风、安全卫生防护等劳动作业环境，以及协调配合的管理环境。



## 二、工程项目管理原理

### 1. PDCA循环原理

PDCA循环又叫质量环，是管理学中的一个通用模型，最早由休哈特（Walter A. Shewhart）于1930年提出构想，后来被美国质量管理专家戴明（Edwards Deming）博士于1950年再度挖掘出来，并加以广泛宣传、运用于持续改善产品质量的过程中，因此，它又叫戴明环。它是全面质量管理所应遵循的科学程序。全面质量管理活动的全部过程，就是质量计划的制订和组织实现的过程，这个过程就是按照PDCA循环，不停地、周而复始地运转的。

从实践论的角度看，管理就是确定任务目标，并按照PDCA循环原理来实现预期目标。由此可见，PDCA是目标控制的基本方法。

(1) 计划P（Plan）。可以理解为计划阶段，明确目标并制订实现目标的行动方案。

(2) 实施D（Do）。包含两个环节，即计划行动方案的交底和按计划规定的方法与要求展开工程作业技术活动。

(3) 检查C（Check）。指对计划实施过程进行各种检查。这些检查都包含两个方面：一是检查是否严格执行了计划的行动方案；实际条件是否发生了变化；不执行计划的原因。二是检查计划执行的结果，即产出的质量是否达到标准的要求，对此进行确认和评价。

(4) 处置 A (Action)。对于检查所发现的问题，及时进行原因分析，采取必要的措施，予以纠正。对总结检查的结果进行处理，对成功的经验加以肯定，并予以标准化，或制定作业指导书，便于以后工作时遵循；对于失败的教训也要总结，以免重现。对于没有解决的问题，应提给下一个 PDCA 循环中去解决。如图 1—3—1 所示。

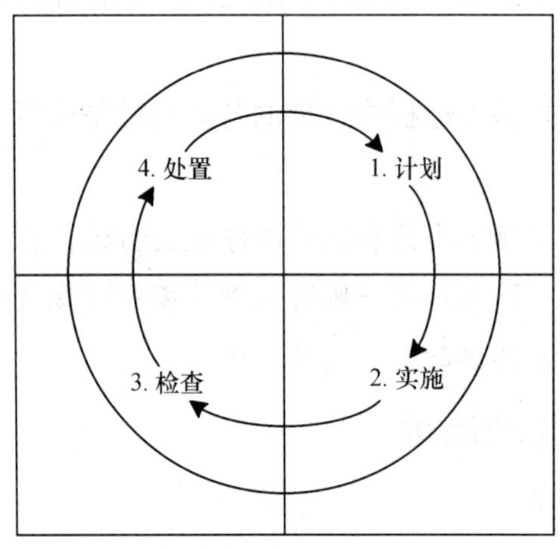


图 1—3—1　PDCA 循环的四个阶段



#### 2. 三阶段控制原理

(1) 事前控制。包括对两项工作的控制：一是制定有效目标，二是按计划目标进行准备活动。

(2) 事中控制。首先是对活动的行为约束；其次是对活动过程和结果进行监督控制，包括来自企业内部管理者的检查检验和来自企业外部的工程监理以及政府监督部门等的监控。

(3) 事后控制。包括对活动结果的评价认定和对偏差的纠正。

### 三、项目管理三大目标的均衡控制

项目管理的中心工作是要进行施工项目的目标控制，即对施工项目的成本、进度、质量目标实施控制。为做好这项重要工作，项目管理人员应当牢记：项目成本、进度、质量三大目标是一个相互关联的整体。项目经理部控制的是由三大目标组成的项目目标系统。

### 1. 成本、进度、质量目标的关系

任何施工项目都应当具有明确的目标。项目经理部进行目标控制时应当把项目的成本目标、进度目标和质量目标当作一个整体来控制。这是因为它们之间互相联系、互相制约着，其中任何一个目标的控制都是整个目标控制系统中的一个子系统(目标子系统)。成本、进度、质量三大目标之间既存在矛盾的方面，又存在统一的方面。项目经理部无论在制定目标规划过程中，还是在目标控制过程中都应该牢牢把握这一点。

(1) 三大目标存在对立关系。项目成本、进度、质量三大目标之间首先存在着矛盾和对立的一面。例如，通常情况下，如果业主对施工质量有较高要求，那么就要投入较多的资金和花费较长的时间；如果要抢时间、争速度地完成施工项目，把工期目标定得很高，那么势必会增加资金投入，或适当降低质量要求；如果要降低成本、节约费用，那么势必要考虑降低项目的功能要求和质量标准。所有这些情况都反映了施工项目三大目标之间存在着矛盾和对立的一面。



(2) 三大目标存在统一关系。项目成本、进度、质量三大目标之间不仅存在着对立的一面，而且还存在着统一的一面。例如，如果项目进度计划制订得既可行又优化，加上控制得力，使工程进展具有连续性、均衡性，则不但可以使工期得以缩短，而且可能获得较好的质量和付出较低的费用。只有明确了项目成本、进度、质量三大目标之间的关系，才能正确地指导项目经理部开展目标控制工作。

### 2. 目标控制应着眼于整个项目目标系统的实现

认识到成本、进度、质量目标之间的关系，明确了三大目标是一个不可分割的系统，项目经理部在进行目标控制时应注意以下事项：

(1) 在对施工项目进行目标规划时，要注意统筹兼顾，合理确定成本、进度、质量三大目标的标准。项目经理部应该在需求与目标之间、三大目标之间进行反复协调，力求做到需求与目标的统一，三大目标的统一。

(2) 要针对整个目标系统实施控制，防止发生盲目追求单一目标而冲击或干扰其他目标的现象。能否实现三大目标的均衡控制，是衡量项目经理及项目经理部管理素质和管理水平的重要标准。

(3) 要追求目标系统的整体效果，做到各目标的互补。例如，如果费用超了，

能否在进度和质量方面得到比计划目标更好的结果；如果实际工期拖延了，能否在质量上做得比计划目标更好些；而若进度提前了，资金投入却超出了施工预算，可否合理地争取到费用方面的补偿等。

除了在三大目标之间要注意均衡控制和互补之外，还需注意在整个施工过程中的各个阶段之间目标控制的均衡和互补。这就是所谓的动态控制，在施工进程中不断地跟踪目标控制的现状，及时地进行调整。

## 思考与练习

### 一、单项选择题

1. 在工程项目施工中处于中心地位，对工程项目施工负有全面管理责任的是（　　）。

A. 项目总监理工程师　　B. 项目总工程师

C. 施工方项目经理　　D. 设计方项目经理



2. 签订施工承包合同是哪个阶段的管理内容？（　　）

A. 施工　　B. 施工准备

C. 投标、签约　　D. 售后服务

3. 建筑装饰施工项目管理的首要职能是（　　）。

A. 计划职能　　B. 组织职能

C. 协调职能　　D. 控制职能

4. 依靠行政组织，采取行政命令、指示、通知、规定等对生产活动进行管理的方法是（　　）。

A. 法律方法　　B. 行政方法

C. 技术方法　　D. 经济方法

### 二、简答题

1. 建筑装饰施工项目的特点有哪些？

2. 建筑装饰施工项目管理中的质量、成本、进度是什么关系？

# 第二章　招投标管理

**学习目标**

1. 了解招投标的基本原则
2. 掌握投标文件的编制及投标策略
3. 掌握建筑装饰工程招投标程序，并能进行简单的操作
4. 能分析招投标活动中各项工作的合法性

随着工程招标制度的不断深化和完善，通过投标方式获得工程业务是目前建筑装饰市场上最常见的途径。本章通过理论教学、相关法律知识教学，使学生掌握工程招投标的程序及报价的策略，培养学生的法律意识、团队意识、工程经济意识。



## 第一节　招投标管理基本原理

**引例**

某建设单位经相关主管部门批准，组织某建筑装饰工程总承包的公开招标工作。根据实际情况和建设单位要求，该工程工期定为半年，决定该工程在基本方案确定后即开始招标。确定的招标程序如下：①成立该工程招标领导机构；②委托招标代理机构代理招标；③发出投标邀请书；④对报名参加投标者进行资格预审，并将结果通知合格的申请投标者；⑤向所有获得投标资格投标者发售招标文件；⑥召开投标预备会；⑦招标文件的澄清与修改；⑧建立评标组织，制定标底和评标、定标办法；⑨召开开标会议，审查投标书；⑩组织评标；⑪与合格的投标者进行质疑澄清；⑫决定中标单位；⑬发出中标通知书；⑭建设单位与中标单位签订承发包合同。

**思考**

引例中的招标程序是否有不妥之处？如果有，请指出来并说明理由。

## 一、建筑装饰工程招投标基本概念

招投标实质上是一种市场竞争行为，它是商品经济发展到一定阶段的产物。在市场经济条件下，它是一种最普遍、最常见的择优方式。招标人通过招标活动来选择条件优越者，使其力争用最优的技术、最低的价格和最短的周期完成工程项目任务。投标人也通过这种方式选择项目和招标人，以使自己获得更丰厚的利润。

### 1. 建筑装饰工程招标的概念

建筑装饰工程招标是指招标人根据拟建装饰工程项目的规模、内容、条件和要求，拟成招标文件，公开招标或邀请投标人参加该工程的投标竞争，择日当场开标，以便从中择优选定中标人的一种经济活动。

### 2. 建筑装饰工程投标的概念

建筑装饰工程投标是与工程招标相对应的概念，指具有合法资格和能力的投标人获得招标信息后，根据招标条件，经过初步研究和估算，在指定期限内填写标书，提出报价，并等候开标，决定能否中标的经济活动。



## 二、招投标的作用与原则

### 1. 招投标的作用

实行建筑装饰工程项目招标投标制度可以防止市场中的垄断与保护现象的产生，引入公平竞争机制，对于提高建筑装饰施工企业的经营管理和施工技术水平，保证建筑装饰业的健康发展，保护双方的利益具有较强的推动作用。其主要作用如下：

(1) 有利于打破垄断、开展竞争。实行建筑装饰项目招标投标制度使业主和施工企业进入建筑装饰市场进行公平交易、平等竞争，依法择优是双向选择。可促使建筑装饰企业在外有压力、内有动力的条件下加强经济核算，提高企业素质，提高企业的经营管理水平和技术水平，促进企业的发展。

(2) 有利于促进业主单位做好工程前期工作。在建筑装饰工程项目招标投标过程中，发包单位必须做好前期的工程规划、落实投资资金、工程设计、招标文件和合同条件等一系列工程前期的准备工作，才能进行招标工作。这就要求建设单位在工程前期必须严格按照工程需要的科学化程序办事，从而使工程项目招标后，能够按照承包合同顺利地进行。

(3) 有利于降低工程造价、节约资金。实行招投标后，企业之间的竞争非常激烈。建筑装饰施工企业为了占领建筑装饰市场，获得工程项目的承包权，往往会降低标价，以标价的优惠条件来争取中标。在保证工程质量的前提下，承包商会通过本身的工程成本控制、提高生产效率和加强工程管理等手段来降低造价。

(4) 有利于加快施工速度、缩短工期。施工企业在招标过程中的竞争既包括技术的竞争，也包括管理的竞争。施工企业会采用先进的施工工艺与施工机械，利用网络计划技术等先进的管理手段来控制进度，达到缩短工期的目的，以获得更多的经济利益。在招、投标中，工期长短已经成为衡量施工企业是否有竞争实力的重要指标之一。

(5) 有利于保证工程质量。国际惯例的招标文件和工程承包合同，对规范和技术标准都有明确的规定。施工企业会根据质量管理体系来管理并保证工程质量满足要求。施工企业一旦不能保证工程的质量要求，就会受到合同规定或法律规定的严格制裁。



(6) 有利于促进管理体系的法律化。实行建筑装饰工程项目招标投标制度要求参与工程的双方签订工程承包合同。一旦任何一方违约，都会受到经济或法律的制裁。这就用法律的手段保护双方当事人的权利不受侵犯。

### 2. 招投标的基本原则

遵循公开、公平、公正和诚实信用的原则既是对招标行为的要求，也是对投标行为的要求。为保证公开、公平、公正原则和诚实信用的原则得到体现，我国有关招标投标的法律法规对招标方和投标方的行为作出了规范性约束。

(1) 公开原则。就是要求招标投标活动具有较高的透明度。首先，要求招标信息公开。依法必须进行招标项目的招标公告，应当通过国家指定的报刊、信息网络或者其他媒介发布。无论是招标公告、资格预审公告还是投标邀请书，都应当载明招标人的名称和地址，招标项目的性质、数量、实施地点和时间，以及获取招标文件的办法等事项。其次，要求招标投标过程公开，规定开标时招标人应当邀请所有投标人参加，招标人在招标文件要求提交截止时间前收到的所有投标文件，开标时都应当当众予以拆封、宣读。中标人确定后，招标人应当在向中标人发出中标通知书的同时，将中标结果通知所有未中标的投标人。

“三公”原则（公开、公平、公正）中，公开是基础，只有完全公开才能做到

公平和公正。

(2) 公平原则。是指参与投标者的法律地位平等，权利与义务相对应，所有投标人的机会平等，不得实行歧视。依法必须进行招标的项目，其招标投标活动不受地区或者部门的限制，任何单位和个人不得违法限制或者排斥本地区、本系统以外的法人或者其他组织参加投标，不得以任何方式非法干涉招标投标活动。

(3) 公正原则。是指投标人及评标委员会必须按统一标准进行评审，市场监管机构对各参与方都应依法监督，一视同仁。进行资格审查时，招标人应当按照资格预审文件或招标文件中载明的资格审查的条件、标准和方法，对潜在投标人或者投标人进行资格审查，不得改变载明的条件或者以没有载明的资格条件进行资格审查。此外，评标委员会应当按照招标文件确定的评标标准和方法，对投标文件进行评审和比较。评标委员会成员应当客观、公正地履行职务，遵守职业道德。



(4) 诚实信用原则。招标投标属民事活动，必须遵守诚实信用原则。招投标双方必须以诚实、守信的态度行使权利和履行义务，以维护双方的利益平衡和社会利益的平衡。例如，在招标过程中，招标人不得发布虚假的招标信息，不得擅自终止招标。在投标过程中，投标人不得以他人名义投标，不得与招标人或其他投标人串通投标。中标通知书发出后，招标人不得擅自改变中标结果，中标人不得擅自放弃中标项目。

## 三、招投标的程序

招标投标要遵循一定的程序，建设工程包括建筑装饰工程已经形成了一套相对固定的招标投标程序。招投标的基本程序是：招标、投标、开标、评标、签订合同。这些程序有的由招标人和投标人中的一方单方面组织进行，有的由双方共同参与组织。

招标、投标过程按工作特点不同，可划分为三个阶段：招标准备阶段、招标投标阶段和定标成交阶段。招标准备阶段从成立招标机构开始到编制完成招标所需文件结束；招标投标阶段从发布招标信息（公告或邀请书）开始到投标结束；定标成交阶段从开标开始到签订合同结束。招投标的程序如图 2—1—1 所示。

### 1. 招标准备阶段

在这个阶段，建设单位要组建招标工作机构，决定要采用的招标投标方式和工

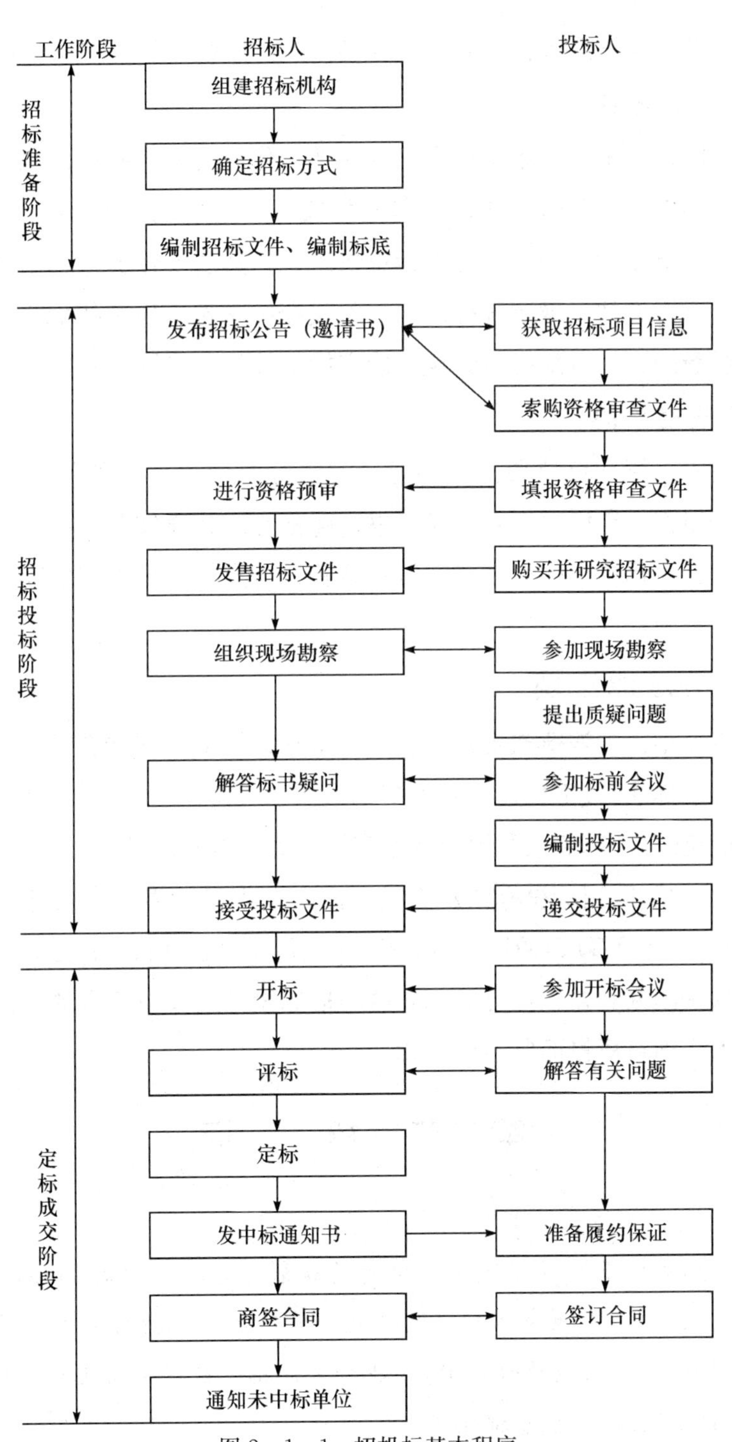

图 2—1—1　招投标基本程序

程承包方式，准备招标文件，编制标底，并向有关工程主管部门申请批准。

### 2. 招标投标阶段

在这个阶段，对于招标单位来说，其主要工作包括发布招标消息、对投标者进行资格预审、确定投标单位名单、发售招标文件、组织现场勘察、解答标书疑问、发送补充材料、接受投标文件。对投标单位来说，其主要任务包括索购资格审查材料、填报资格审查文件、确定投标意向、购买招标文件、研究招标文件、参加现场勘察、提出质疑问题、参加标前会议、确定投标策略、编制投标文件。

### 3. 定标成交阶段

在这个阶段，招标单位要开标评标，澄清标书中不明白的问题并得出评标报告，进行定标谈判，定标，发中标通知书，商签合同并通知未中标者；投标单位要参加开标会议，对标书中的有关疑问做出解答，与招标单位进行协商，准备履约保证，最后签订合同。



## 四、相关法律法规

我国招投标相关的法律法规众多，有《中华人民共和国政府采购法》《中华人民共和国招标投标法》《工程建设项目招标范围和规模标准规定》《评标委员会和评标方法暂行规定》《评标专家和评标专家库管理暂行办法》等。

《中华人民共和国招标投标法》由第九届全国人民代表大会常务委员会第十一次会议于 1999 年 8 月 30 日通过，自 2000 年 1 月 1 日起施行。该法是为了规范招标投标活动，保护国家利益、社会公共利益和招标投标活动当事人的合法权益，提高经济效益，保证项目质量而制定的法律。

# 第二节　招　　标

### 引例

某集团计划对旗下一五星级酒店进行建筑装饰，采用公开招标的方式进行招标，有 A、B、C、D、E 共五家建筑装饰施工单位领取了招标文件。该工程招标文件规定 2013 年 6 月 20 日上午 10：00 为投标文件接收截止时间及开标时间。在提交投标文件的同时，投标单位需提供投标保证金 10 万元。

2013 年 6 月 20 日，A、B、C、D 四家投标单位在上午 10：00 前将投标文件送

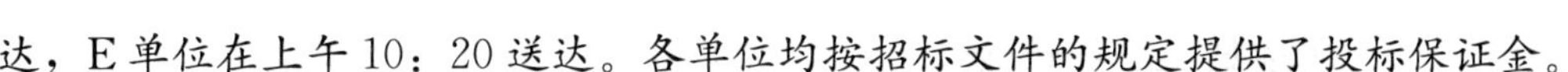

达，E单位在上午10：20送达。各单位均按招标文件的规定提供了投标保证金。

在开标过程中，招标人发现C单位的标袋密封处仅有投标单位公章，没有法定代表人印章或签字。

**思考**

1. 这五家单位投的标书有哪些是无效标？

2. 本次招标有效吗？投标单位少于几家则招标无效？

## 一、工程招标类型

建筑装饰工程招标的类型主要包括装饰工程设计招标、装饰工程施工招标和装饰工程设计施工一体化招标。

### 1. 装饰工程设计招标

装饰工程设计招标，主要是对于大中型对装饰要求较高的建筑，比如星级宾馆、城市展馆、高档写字楼等精装部分进行装饰设计招标。一般要求先绘制平面图、主要立面图、剖面图及彩色效果图，以及设计估算报价等方案设计文件。方案设计是在对原建筑充分熟识和对使用功能全面了解，以及对招标人意图充分理解的基础上进行艺术创作的过程。它需要充足时间来保证，没有一定的创意、构思以至方案成型的保证时间，很难出好的方案，没有好方案整个装饰产品就已存在了先天不足。因此，招标人应当预留适当长的投标时间，保证设计水平。



### 2. 装饰工程施工招标

装饰工程施工招标，是装饰工程招标投标制度中最为重要的一部分内容。它是对建筑装饰部分进行的施工招标，包括室内装饰工程中的顶棚、地面、墙面、灯饰等装饰施工，建筑外立面及周边环境艺术工程施工，如景点造型、雕塑喷泉等装饰施工和水、电、暖、通风等工种的支路管线工程。施工招标又分为包工包料、包工不包料、建设方提供主材料施工方提供辅料等形式。

### 3. 装饰工程设计施工一体化招标

装饰工程设计施工一体化招标要求投标人在明确项目使用功能、招标人的意图和竣工期限的前提下，完成项目方案设计、初步设计和施工图设计、施工及后续服务内容等各环节。这种方式使设计、施工配合更密切，有利于施工项目的管理。

## 二、工程招标基本方式

建筑装饰工程招标的基本方式与土建工程基本相同，常见的有公开招标、邀请招标。

### 1. 公开招标

公开招标又称无限竞争性招标，它是指招标单位在国内外主要报纸或有关刊物上刊登招标广告，凡是对这项招标项目感兴趣的所有合格的投标者，都有同等的机会了解投标要求，进行投标，以形成尽可能广泛的竞争局面。

公开招标的特点是，投标单位的数量不受限制，投标单位的报价在开标时公开宣布，并通过评标排定投标单位名次，从中选择中标单位。

(1) 优点。透明度高，招标单位的选择范围大，可以在众多的投标单位中选择报价合理、工期较短、信誉良好的承包商。这种方式体现了公平竞争的原则，能促使承包商提高工程质量、缩短工期和降低成本。



(2) 缺点。招标单位审查投标者资格和标书的工作量大，而且还要为准备投标文件支付多种费用；投标单位的投标费用大，投标风险高，由此会引起工程标价的提高；也有可能出现投机承包商故意压低报价的情况。

### 2. 邀请招标

邀请招标是一种有限竞争性招标，也称为选择性招标或指定性招标。招标单位不是公开发布招标公告，而是根据工程的特点和装饰要求，向经过预先选择的几家装饰企业（一般不少于3家）发出投标邀请书，邀请其参加工程项目的投标竞争。

采用邀请招标的方式，由于参加投标的单位数量有限，不仅节约了招标费用，而且也提高了投标单位的中标概率。另外，由于投标单位都是招标单位熟悉的单位，所以能够保证承包商有这种项目的工程经验，信誉可靠。

### 3. 公开招标和邀请招标的区别

两种招标方式各有千秋，主要的区别见表2—2—1。在实际中，各国或国际组织的做法也不尽一致。有的未给出倾向性的意见，而是把自由裁量权交给了招标人，由招标人根据项目的特点，自主采用公开或邀请方式，只要不违反法律规定，最大限度地实现了“公开、公平、公正”即可。例如，“欧盟采购指令”规定，如果采购金额达到法定招标限额，采购单位有权在公开招标和邀请招标中自由选择。

表 2—2—1　　　　公开招标和邀请招标的区别

| 区别 | 公开招标 | 邀请招标 |
| --- | --- | --- |
| 发布信息的方式 | 公告的形式 | 投标邀请书的形式 |
| 选择的范围 | 针对的是一切潜在的对招标项目感兴趣的法人或其他组织，招标人事先不知道投标人的数量，选择范围广 | 针对已经了解的法人或其他组织，而且事先已经知道投标人的数量。招标范围相对较小 |
| 竞争的范围 | 所有符合条件的法人或其他组织都有机会参加投标，竞争的范围较广，竞争性体现得也比较充分 | 投标人的数目有限，竞争的范围有限，招标人拥有的选择余地相对较小 |
| 公开的程度 | 所有的活动都必须严格按照预先指定并为大家所知程序标准公开进行，大大减少了作弊的可能 | 公开程度稍显逊色，产生不法行为的机会也就多一些 |
| 时间和费用 | 从发布公告，投标人做出反应，评标，到签订合同，有许多时间上的要求，要准备许多文件，因而耗时较长，费用也比较高 | 不发布公告，招标文件只送几家，使整个招投标的时间大大缩短，招标费用也相应减少 |

## 三、招标前的准备工作

招标准备阶段是指从招标人决定进行招标到正式对外招标即发布招标公告之前的这一阶段所做的一系列准备工作。根据国际惯例，这一阶段的主要工作有成立招标机构、编制招标文件、制定标底。

### 1. 成立招标机构

任何一项招标，招标人需要成立一个专门的招标机构，并由该机构全权负责整个招标活动。招标机构的主要职责是：拟定招标章程和招标文件；组织投标、开标、评标和定标；组织签订合同。可见招标机构一旦成立，其职责将贯穿于整个招标投标过程。成立招标机构主要有两种途径：一种是招标人自行成立招标机构，自行组织招标投标工作；另一种是招标人委托专门的物业管理招标代理机构招标。两种途径都符合我国《招标投标法》的规定，并各有特点。

### 2. 编制招标文件

招标文件是招标机构向投标者提供的招标工作所必需的书面文件。编制招标文

件是招标准备阶段招标人最重要的工作内容。

(1) 招标文件的作用。告知投标人递交投标书的程序；阐明所需招标的标的情况；告知投标评定准则以及订立合同的条件等。招标文件既是投标人编制投标文件的依据，又是招标人与中标人商定合同的基础，对招投标人双方都具有法律约束力。因此，招标人或其委托的招标代理机构都非常重视编制招标文件的工作，尽量使招标文件做到条款严密、周到，内容明确，合理合法。

(2) 招标文件的内容。建筑装饰工程招标文件的内容格式根据招标项目的特点和需要而有所不同，但任何招标文件都应当依据法规和惯例编写其基本的内容。我国《招标投标法》规定："招标文件应当包括招标项目的技术要求、对投标人资格审查的标准、投标报价要求和评标标准等所有实质性要求和条件以及拟签订合同的主要条款。"根据这一规定和国际惯例，装饰工程招标文件的基本内容有以下几个方面：



1) 工程综合说明，包括装饰概况、内容、地点、原建筑物的工程说明等。

2) 建筑装饰工程图样及技术说明。

3) 材料供应方式和工程量清单。

4) 特殊工程的施工要求和所用的技术规范或国家规定采用的技术、标准，如新材料、新工艺的应用等。

5) 拟定合同的主要条款，如确定单价的依据、结算办法等。

6) 投标报价要求及评标标准。

7) 要求缴纳的投标保证金额度。

8) 投标须知，包括中标和废标的条件、现场勘察和招标交底的地点和时间、投标书的投送地点和时间、开标的地点和时间、填写标书应注意的其他事项等。

**3. 制定标底**

制定标底是招标的一项重要的准备工作。按照国际惯例，在正式招标前，招标人应对招标项目制定出标底。标底是招标人对装饰工程的期望价格，它的主要作用是作为招标人审核报价、评标和确定中标人的重要依据。按照惯例，标底应该在正式招标前制定出来。标底在开标前是保密的，任何人不得泄露。特别是我国国内大部分项目招标评标时，均以标底上下的一个区间作为判断投标是否合格的条件，标底保密的重要性就更加明显了。在标底的编制过程中，应遵循以下原则：

(1) 根据设计图样及有关资料、招标文件，并参照国家、行业或地方批准发布的定额和国家、行业、地方规定的技术标准规范，以及要素市场价格确定工程量和编制标底。

(2) 标底作为招标人的期望价格，应力求与市场的实际变化相吻合，要有利于竞争和保证工程质量。

(3) 标底应由成本利润、税金等组成，一般应控制在批准的工程投资估算或总概算（修正概算）价格以内。

(4) 标底应考虑人工、材料、设备、机械台班等价格变化因素，还应包括包干费、措施费以及不可预见费等。采用固定价格的还应考虑工程的风险金等；工程质量要求优良的，也应增加相应的费用。

(5) 一个工程只能编制一个标底。

## 四、招标投标阶段



招标投标阶段的实施主要包括以下几个具体步骤：发布招标公告或投标邀请书，组织资格预审，召开标前会议。

### 1. 发布招标公告或投标邀请书

我国《招标投标法》规定，招标人采用公开招标方式招标的，招标公告是发布招标信息的唯一合法渠道，是公开招标最显著的特征之一；招标人采用邀请招标方式的，应当向三个以上具备承担招标项目的能力、资信良好的特定的法人或其他组织发出投标邀请书。招标公告和投标邀请书的作用是一致的，都是向投标者发出关于招标事宜的基本文件，让其了解招标项目的情况，并对是否参加该项目投标进行考虑和有所准备。因此，投标邀请书所载的内容与招标公告基本相同，只是邀请对象是确定的。除了发布招标信息的方式有所差别以外，邀请招标的工作程序和内容与公开招标方式基本相同，一般参照公开招标的方式进行。

(1) 发布招标公告的渠道。发布招标公告应根据项目的性质和自身特点选择适当的渠道。国际惯例中常见的招标公告发布渠道有：指定的招标公报、官方公报、本国报纸、技术性或专业性期刊以及信息网络等其他媒体。通常情况下，一项招标项目往往同时通过几种渠道发布其招标公告，而不拘泥于某一种渠道，比如在当今的信息网络刊登招标公告。

(2) 发布招标公告的时间安排。招标人在发布招标公告时，应给潜在的投标人预留较充分的准备时间。这一时间应从招标公告预计发布日期开始计算。投标人申请投标→得到招标文件→准备投标→递交投标书需要有足够的时间。按照国际惯例，从招标公告发布之日算起，应让投标人至少有45天（通常有60～90天）来准备投标和递交标书。

(3) 招标公告的内容和格式。招标公告应以简短、明了和完整为宗旨，通常应包括以下内容：

1）招标人的名称和地址。这是对招标人情况的简单描述。

2）招标项目的性质、数量、实施地点和时间。

3）获取招标文件办法。指发售招标文件的地点，负责人，标准，招标文件的邮购地址及费用，招标人或招标代理机构的开户银行及账号等。



4）购买招标文件的时间、地点和价格。

5）接受标书的最后日期和地点。

6）开标日期、时间和地点。

7）如果需要，规定资格预审的标准，以及提供资格预审文件的日期、份数和使用语言。

8）必要时规定投标保证金的金额。

9）招标单位的地址、电话等联系方法。

招标公告的具体内容和格式可以根据招标人的具体要求进行变通，然而招标公告的基本内容，如招标人的名称和地址，招标项目的性质、数量、实施地点和时间，以及获得招标文件的办法等关键事项，按照我国《招标投标法》规定必须载明。建筑装饰工程招标公告如例2—2—1所示。

**【例2—2—1】**

××××酒店建筑装饰工程招标公告

×××项目管理有限公司受××××酒店的委托，对××××酒店建筑装饰工程进行国内公开性招标，现邀请合格投标人参加投标。

1. 招标编号：×××××××-××-×××号

2. 项目名称：××××酒店建筑装饰工程

3. 招标范围：按招标人提供的建筑设计施工图、装饰设计施工图及有关要求，

完成招标内容的二次设计和施工。

4. 资金来源：企业自筹

5. 投标人资格要求

(1) 投标人必须是在中华人民共和国境内注册的独立法人，营业执照经年检合格。

(2) 要求具有国家建设行政主管部门颁发的房屋建筑工程施工总承包二级及以上或建筑装饰工程专业承包二级及以上资质。

(3) 近三年来至少有两项同类工程业绩，每项合同金额不低于200万元，投标时须提供合同原件。

(4) 具有良好的银行资信和商业信誉，没有处于被责令停业，财产被接管、冻结及破产状态。

(5) 近三年没有参与骗取合同以及其他经济方面的严重违法行为。

(6) 近三年未发生重大质量、特大安全事故等。



6. 投标人报名应提供的证明文件

投标单位提供营业执照、资质证明文件、法人授权书、被授权人身份证、同类工程业绩合同（含合同封面、签字页、供货清单等内容）等文件的原件及复印件(复印件加盖单位公章)。

7. 报名及购买招标文件时间

自2013年×月××日起，至×月××日（上午10：00)，每天上午9：00—11：30，下午13：00—17：00（北京时间)。逾期不予办理。招标文件售后不退。

8. 报名及购买招标文件地点：×××市××××路×××号

9. 开标时间及地点：2013年×月××日上午10：00；×××市××××路×××号

10. 发布公告的媒介（略)

11. 招标代理机构联系方式（略)

12. 招标人（略)

## 2. 组织资格预审

资格审查是招标投标程序中的一个重要步骤，特别是大型的或复杂的项目，资

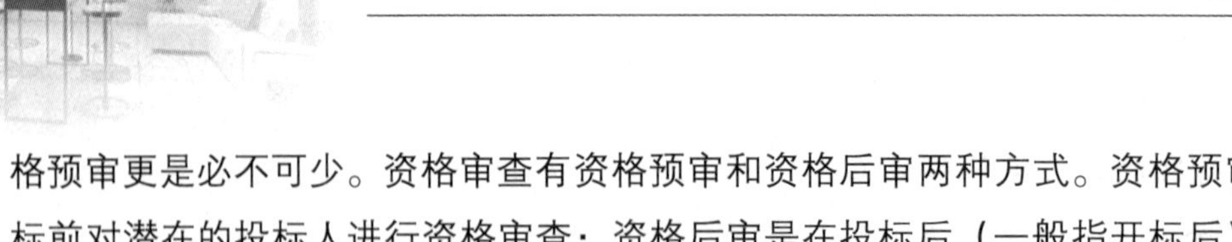


格预审更是必不可少。资格审查有资格预审和资格后审两种方式。资格预审是在招标前对潜在的投标人进行资格审查；资格后审是在投标后（一般指开标后）对投标人进行的资格审查。资格审查的主要目的是确定投标人是否有能力承担并完成投标项目。资格审查以采用资格预审的方式为多。

(1) 资格预审的作用。通常情况下，公开招标采用资格预审，只有资格预审合格的单位才允许参加投标，资格预审的作用有：

1）资格预审可以减少招标人的费用。因为投标人数量多，招标人的管理费用和评标费用就会大大提高，通过资格预审淘汰一部分竞争者则可以减少这笔费用。

2）资格预审还可以保证实现招标目的，选择到最合格的投标人。此投标人不仅报价最低或较低，而且他的报价是以其技术能力、财务状况及经验为基础的，防止了一些素质较低的投标商以价格进行恶性竞争。

(2) 资格预审的程序。包括发出资格预审通告、出售资格预审文件和评审三个步骤。



1）发出资格预审通告或资格预审邀请书。发布资格预审通告通常有两种做法：一种是在前述的招标公告中写明将进行资格预审，并通告领取或购买资格预审文件的地点和时间；另一种做法是在报纸上另行刊登资格预审通告。资格预审通告的主要内容包括：招标项目简介，项目资金来源，参加预审的资格，获取资格预审文件的时间、地点，以及接受资格预审申请的地点和时间。

2）出售资格预审文件。资格预审文件一般包括资格预审须知和资格审查申请表等。资格预审文件内容的重点以潜在投标人履行合同的能力和资源为基础，主要考虑投标人的经历和过去履行此类合同的情况、人员、设备、技术及财力状况等。

资格预审文件中还可规定申请资格预审的基本合格条件，也可以列出限制条款。例如从事该行业至少已达若干年以上，承担过类似的建筑装饰项目等。最后，招标人还应在资格预审文件中规定资格预审申请表和资料递交的份数、地点和时间及文件所使用的语言等。

3）评审。资格预审申请书的开启不必公开进行，开启后由招标机构组织专家进行评审。评审完成后，通知所有合格的资格预审申请人前来购买招标文件。

**3. 召开标前会议**

按照国际惯例，招标人通常在投标人购买招标文件后安排一次投标人会议，即

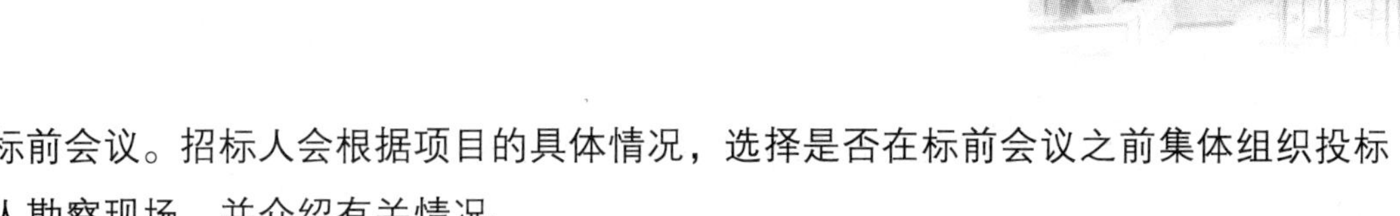


标前会议。招标人会根据项目的具体情况，选择是否在标前会议之前集体组织投标人勘察现场，并介绍有关情况。

召开标前会议的目的是澄清投标人提出的各类问题。招标机构也可要求投标人在规定日期内将问题（包括现场勘察中的疑问）用书面形式寄给招标人，以便招标人汇集研究，给予统一的解答；招标人可以用书面形式答复投标人提出的疑问，并将该书面答复通知所有的投标人。在这种情况下就无须召开标前会议。

标前会议通常是在项目所在地召开，标前会议的记录和各种问题的统一解释或答复，应被视为招标文件的组成部分，均应整理成书面文件分发给参加标前会议和缺席的投标人，这是应特别注意的事情。当标前会议形成的书面文件与原招标文件有不一致之处时，应以标前会议文件为准。我国《招标投标法》规定，招标人应在提交投标文件截止时间至少 15 日前，将已澄清和修改部分以书面形式通知所有招标文件收受人。因此，凡已收到书面文件的投标人，不得以未参加标前会议为由对招标文件提出异议，或要求修改标书和报价。



## 五、开标、评标、定标

建筑装饰工程招标开标、评标、定标，是指招标单位或由招标单位委托的招标代理机构，依据法定程序经过招标、开标、评标、定标等阶段，择优选定中标单位的过程。

### 1. 开标

开标应当在招标文件确定的提交投标文件截止时间的同一时间公开进行，并邀请所有投标人参加。开标地点也应当为招标文件中预先确定的地点。开标应由招标人主持；在招标人委托代理机构代理招标时，可由代理机构主持。主持人按照规定的程序负责开标的全过程。可以邀请上级主管部门和有关单位及监督部门或公证机关派人员参加。开标人员至少由主持人、监标人、开标人、唱标人组成。开标程序如下：

（1）招标人签收投标人递交的投标文件。在开标当日且在开标地点递交的投标文件的签收应当填写投标文件签收一览表。在招标文件规定的截标时间后递交的投标文件不得接收，由招标人原封退还给有关投标人。在截标时间前递交投标文件的投标人少于三家的，招标无效，开标会即告结束，招标人应当依法重新组织招标。

(2) 投标人出席开标会的代表签到（确认投标人法人代表或授权代表是否在场)。

(3) 开标会主持人宣布开标会开始，主持人宣布开标人、唱标人、记录人和监督人员。

(4) 主持人宣布开标会程序、开标会纪律和无效投标的条件。投标文件有下列情形之一的，应当场宣布为无效的投标，见表 2—2—2。

表 2—2—2　　投标文件无效的情况

| 序号 | 投标无效的原因 |
| --- | --- |
| 1 | 逾期送达的或者未送达指定地点的 |
| 2 | 投标文件未按照招标文件的要求予以密封的 |
| 3 | 投标文件无投标人单位盖章并无法定代表人签字或盖章的，或者法定代表人委托代理人没有合法、有效的委托书（原件）和委托代理人签字或盖章的 |
| 4 | 投标文件未按规定的格式填写，内容不全或关键内容字迹模糊、无法辨认的 |
| 5 | 投标人未按照招标文件的要求提供担保或者所提供的投标担保有瑕疵的 |
| 6 | 组成联合体投标的，投标文件未附联合体各方共同投标协议的 |



(5) 招标人和投标人的代表共同检查各投标书密封情况。

(6) 主持人宣布开标和唱标次序。

(7) 唱标人依唱标顺序依次开标并唱标。

(8) 公布标底和投标人报价：招标人设有标底的，标底必须公布。唱标人公布标底、投标人报价。

(9) 投标人代表、招标人代表、监标人、记录人等有关人员在开标记录上签字确认。

(10) 主持人宣布开标会结束。

## 2. 评标

投标文件一经开拆，即转送评标委员会进行评审并选择最有利的投标，这一步骤就叫评标。评标应由招标人依法组建的评标委员会负责，即由招标人按照法律的规定，挑选符合条件的人员组成评标委员会，负责对各投标文件的评审工作。评标委员会成员人数须为 5 人以上单数。有关技术、经济等方面的专家的人数不得少于成员总数的2/3，以保证各方面专家的人数在评标委员会成员中占绝对多数，充分发挥专家在评标活动中的权威作用，保证评审结论的科学性、合理性。

评标工作是整个招标过程中最敏感、最关键的环节，评标结果的是否公正、合理取决于评标标准和评标方法的科学性与合理性。评标的方法是运用评标标准评审、比较投标的具体方法。一般有以下三种方法：

(1) 最低评标价法。评标委员会根据评标标准确定的每一投标不同方面的货币数额，将那些数额与投标价格放在一起来比较。估值后价格（即“评标价”）最低的投标可作为中选投标。

(2) 打分法。把涉及的投标人各种资格资质、技术、商务以及服务的条款，都折算成一定的分数值。评标时，对投标人的每一项指标进行符合性审查、核对并给出分数值，最后，汇总比较，得分最高的投标即为最佳的投标，可作为中选投标。

(3) 合理最低投标价法。即能够满足招标文件的各项要求，投标价格最低的投标可作为中选投标。

在这三种评标方法中，前两种可统称为“综合评标法”。

### 3. 定标

定标是招标单位根据评标委员会评议的结果，择优确定中标单位的过程。评标工作结束时，评标委员会通常最后会向招标人筛选出几个最有竞争力的中标推荐人，由招标人作最后决定。通常情况下，招标人从评审委员会推荐的几位中标候选人中选取一个作为中标人，但在中标候选人均不符合招标人要求的情况下，招标人有权拒绝定标，从而取消招标。然而，招标人不得从评标委员会推荐的中标候选人之外的投标人中选定中标人，否则视作中标无效。

中标单位确定后，应由招标人填写中标通知书，经上级主管部门审核签发后，书面通知中标单位，同时抄送未中标单位。

### 4. 签订合同

我国《招标投标法》规定：“招标人和中标人应当自中标通知书发出之日起三十日内，按照招标文件和中标人的投标文件订立书面合同。”合同的签订，实际上就是招标人向中标人授予承包合同，是整个招标投标活动的最后一个程序。

## 第三节　投　　标

**引例**

某建筑装饰公司编制投标文件，将正本和副本分别封装，在封口处加盖本单位公章和项目经理签字盖章后，在投标截止日期当天上午将投标文件报送招标单位。下午，在规定开标时间前半小时，该装饰公司又递交了一份补充材料报送招标单位，声明将原报价降低2%。但是，招标单位有关人员认为，根据国际上“一标一投”的惯例，一个投标单位不得递交两份投标文件，因而拒收投标单位的补充材料。

**思考**

1. 招标人有权拒收该建筑装饰公司的补充材料吗?

2. 该建筑装饰公司在投标过程中存在问题吗?



投标实施的过程是从填写资格预审表开始到将正式投标文件送交招标人为止所进行的全部工作，与招标实施过程的具体程序和步骤通常是相衔接和对应的，如图2—3—1所示。

### 一、投标资格预审

资格预审资料的准备和提交是与招标人资格预审文件及审查的内容相一致的。参加投标的建筑装饰工程公司必须持有营业执照和承包工程许可证，具有独立法人资格和建筑装饰工程施工资质。

#### 1. 资格预审表的内容

招标项目的性质不同、招标范围不同，资格预审表的样式和内容都有所不同。但一般资格预审表应当包括以下几个方面的内容：

(1) 投标人身份证明、组织机构和业务范围表。

(2) 企业概况（规模、技术水平情况、管理水平情况，近期所做的工程)。

(3) 投标人的财务能力说明表。

(4) 投标人各类人员表以及拟派往项目的主要技术、管理人员表。

(5) 投标人所拥有的设备以及拟为投标项目所投入的设备表。

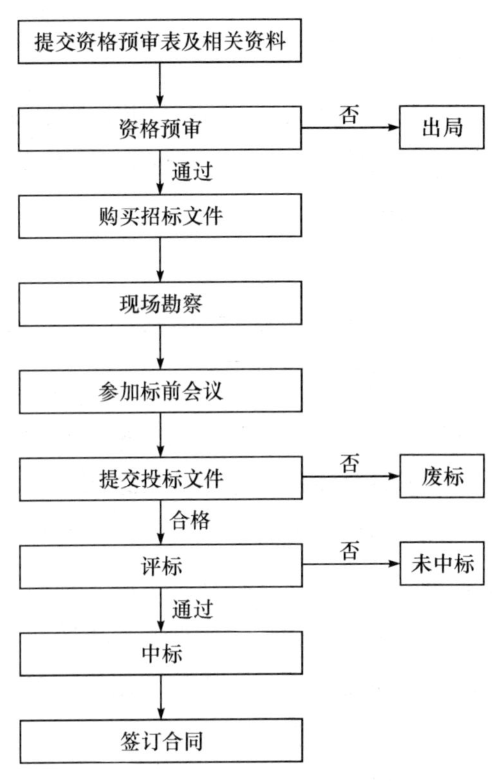


图 2—3—1 投标的相关内容

(6) 与本项目资格预审有关的其他材料。

## 2. 资格预审表的填写

资格预审是投标单位投标过程中的第一关。只有资格审查合格才能进行下一步的工作。投标人在申报资格预审时应注意的问题见表 2—3—1。

表 2—3—1 投标人在申报资格预审时应注意的问题

| 序号 | 注意问题 |
| --- | --- |
| 1 | 应注意平时对一般资格预审有关资料的积累 |
| 2 | 填写资格预审表时应加强分析，既要针对项目特点填好重点部分，又要反映出本单位的经验、水平和组织能力 |
| 3 | 如发现工程不适合本单位单独承包，可以找适宜的伙伴，组成联合经营体来参加资格预审 |

续表

| 序号 | 注意问题 |
| --- | --- |
| 4 | 申请书必须在招标人规定的截止时间前递交到招标人指定的地点 |
| 5 | 申请书一般应递交一份原件和三份副本（通常在资格预审文件中规定），分别用信封密封，信封按格式要求填写 |
| 6 | 所有表格均由申请人签字，或由申请人授权的代表人签字，同时附正式的书面授权证书 |

### 3. 联合体投标的资格预审

联合体投标，是指两个以上法人或者其他组织组成一个联合体，以一个投标人的身份共同投标的行为。对于联合体投标可作以下理解：

（1）联合体承包建筑工程的联合各方为法人。形式可以是两个以上法人组成的联合体，组成各方应具备一定的条件。根据规定，联合体各方均应具备招标项目的相应能力，由同一专业的各方组成的联合体，按照资质等级较低的单位确定资质等级。这一规定的目的是防止资质较低的一方借用资质等级较高的一方的名义取得中标人资格，造成中标后不能保证建筑工程项目质量现象的发生。



（2）联合体不具有法人资格。联合体是一个临时性的组织，组成联合体的目的是增强投标竞争能力，减少联合体各方因支付巨额履约保证金而产生的资金负担，分散联合体各方的投标风险，弥补有关各方技术力量的相对不足，提高共同承担的项目完成的可靠性。

（3）联合体是自愿组成的。投标人组成联合体属于投标人自己的事情，是否组成，如何组成完全由投标人自己确定，招标人不能强迫投标人组成联合体共同投标。

（4）联合体以一个投标人身份投标。联合体虽然不是一个法人组织，但是对外应以所有组成联合体各方的名义进行投标，并与招标人签订合同。共同签订合同是指联合体各方均应参加合同的订立，并应在合同书上签字或者盖章，联合体各方就中标项目向招标人承担连带责任。联合体内部之间权利、义务、责任的承担等问题则以联合体内各方订立的合同为依据。

（5）联合体共同投标一般适用于大型建设项目和结构复杂的建设项目。联合体申请资格预审必须符合表2—3—2中的相关要求。

表 2—3—2　联合体申请资格预审必须符合的条件

| 序号 | 必须符合的条件 |
| --- | --- |
| 1 | 参加联合体的所有成员都应分别填写完整的资格预审表格，且不允许任何单位提交或者参加一个以上的投标 |
| 2 | 申请书中必须指明联合体中为首的主办人，招标人和联合体之间的任何联系将通过主办人进行 |
| 3 | 申请书必须确认，如果资格预审合格后联合体参加投标，投标文件及今后可能签署的合同都将由所有合伙人签署，以便使法律效力对全体合伙人共同并分别具有约束力 |
| 4 | 申请书必须说明拟议中每个合伙人的参与情况及其责任 |

除以上必须符合的条件外，其他方面与前述单独申请资格预审的要求基本一致。

## 二、投标准备

### 1. 研究招标文件

招标文件是投标的主要依据，投标单位应该仔细研究招标文件，明确其要求。如果发现招标文件存在模糊概念和把握不准之处，应认真做好记录，以便在招标单位组织的答疑会上提出，得到澄清。研究招标文件的重点主要包括以下几个方面：

(1) 熟悉投标须知，明确了解标书的要求，避免废标。

(2) 研究合同条款，明确双方的权利和义务，重点包括以下几个方面的内容，见表 2—3—3。

表 2—3—3　合同条款的重点内容

| 序号 | 重点内容 |
| --- | --- |
| 1 | 工程承包方式 |
| 2 | 开工、竣工时间及工期奖惩规定 |
| 3 | 材料供应和价款的结算办法 |
| 4 | 预付款的支付和工程款项的结算办法 |
| 5 | 工程变更及停工、窝工损失的处理办法 |

这些因素关系到施工方案的安排、资金的周转、成本费用等，最终都会反映在标价上，所以要认真研究，以利于减少承包风险。

(3) 详细研究设计图样、技术说明书，明确整个建筑装饰工程设计及其各部分详图的尺寸，各图样之间的关系；弄清工程的技术细节和具体要求，详细了解设计规定的各部位的材料和工艺做法；了解工程对建筑装饰材料有无特殊要求以及国内和进口材料的供应情况。

### 2. 投标前的环境调查与现场勘察

通过环境调查和现场勘察掌握准确的第一手资料不仅是制订科学的实施方案和风险分析的基础，也是准确拟定投标价格标准的依据。招标人一般会统一带投标人参观项目现场，并向投标人做出相关的必要介绍，其目的在于帮助投标单位充分了解项目的基本情况。主要包括以下几个方面的内容，见表2—3—4。

表2—3—4　　投标前环境调查与现场勘察的主要内容

| 序号 | 内容 | 说明 |
| --- | --- | --- |
| 1 | 各专业配套工程的施工进度、配合协调情况 | 各专业工程施工进度直接关系到装饰施工进场条件和装饰施工进度计划的制订 |
| 2 | 土建、给排水、暖通、防水等工程的施工质量情况 | 装饰工程施工是在土建、给排水、暖通、强弱电、防水、防火、安保等配套工程基础上进行的，这些工程的质量直接影响装饰施工的质量 |
| 3 | 当地的装饰材料和设备的供应情况 | 装饰材料主要包括高档石材、木板材、轻钢龙骨、装饰辅材等的供应能力和价格，当地租赁建筑机械、脚手架的价格及供给可能性等 |
| 4 | 材料的存放情况 | 施工现场是否有足够的场地存放材料 |
| 5 | 当地装饰工人的技术操作水平和工价 | 这将会影响装饰工程施工的水平及投标报价 |
| 6 | 自然条件 | 主要是当地常年的最高温和最低温，风雨的频率、强度等影响装饰施工的因素 |
| 7 | 交通运输情况 | 工程所在地及工程周边的交通运输条件及有关事项 |
| 8 | 施工所需的水电供应情况 | 这是保证装饰施工正常进行的重要条件 |

### 3. 参加招标答疑会

参加投标竞争，正确地理解招标文件所有的内容是保证投标成功的首要条件。

投标单位对招标文件中存在的模糊概念和把握不准的地方，以及对设计图样中的有关疑问都应在招标答疑会上提出，以求得到清楚的答案，为投标工作创造有利条件。

## 三、计算投标报价

投标报价是指装饰企业采取投标方式承揽工程项目时，计算和确定承包该项工程的投标总价格。招标人把投标人的报价作为主要标准来选择中标者，同时投标报价也是两者就工程标价进行承包合同谈判的基础，直接关系到承包商投标的成败。报价是进行工程投标的核心。如何做出合适的投标报价，是投标者能否中标的最关键的问题。

### 1. 投标报价的主要依据

工程报价的依据主要有下列几项，见表 2—3—5。



表 2—3—5　投标报价的主要依据

| 序号 | 主要依据 |
|---|---|
| 1 | 设计图纸 |
| 2 | 工程量表 |
| 3 | 合同条件，尤其是有关工期、支付条件、外汇比例的规定 |
| 4 | 有关法规 |
| 5 | 拟采用的施工方案、进度计划 |
| 6 | 施工规范和施工说明书 |
| 7 | 工程材料、设备的价格及运费 |
| 8 | 劳务工资标准 |
| 9 | 当地生活物资价格水平 |

### 2. 投标报价的步骤

承包商通过资格预审，购买招标文件之后，即可根据工程性质、大小，组织一个经验丰富、决策强有力的班子进行投标报价。承包工程有固定总价合同、单价合同、成本加酬金合同等几种主要形式，不同合同形式的计算报价是有差别的。如图 2—3—2 所示，具有代表性的单价合同报价计算主要分为 9 个步骤。

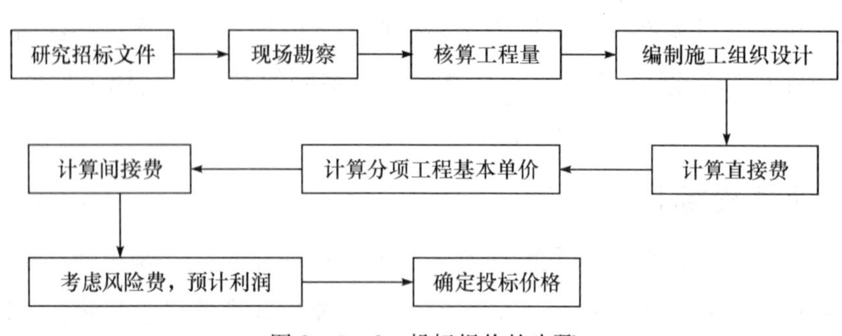


图 2—3—2　投标报价的步骤

### 3. 投标报价技巧

实行工程量清单计价后投标报价必须要求合理，并不是越低越好，不能由于低价中标而造成亏损。投标人必须是在保证工程质量、工期的前提下，保证预期的利润及考虑一定风险的基础上确定最低成本价。低价虽然重要，但是不是报价的唯一决定因素，除了低报价之外，投标人可以采取投标技巧战胜竞争对手。投标人在投标过程中经常用到的投标报价技巧有以下几种：



（1）不平衡报价法。是指一个工程项目的投标报价，在总价基本确定后，通过调整内部个别项目的报价，以期既不提高总价，也不影响中标，从而加快资金周转或者能在结算时得到更理想的经济效益。例如，经过工程量核算，预计今后工程量会增加的项目，单价适当提高，这样在最终结算时可以多赚钱，而将工程量有可能减少的项目单价降低，工程结算时损失不大。

虽然不平衡报价让投标人可以降低一定的风险，但报价必须要建立在对工程量清单表中的工程量风险仔细核对的基础上，特别是对于降低单价的项目，如工程量一旦增多，将造成投资的重大损失。同时，一定要控制在合理幅度内，以免引起招标人反对，甚至导致个别清单项报价不合理而废标。

（2）多方案报价法。一些招标项目工程范围不明确，文件条款不清楚或不公正，或技术规范要求苛刻时，承包商将会承担较大风险，为了减少风险就必须提高工程单价，增加“不可预见费”，但这样做又会因为报价过高增加了被淘汰的可能性，多方案报价法就是为应付这种两难局面的。即按原招标文件报一个价，然后加以注解，使报价具有机动性。比如提出：“如果条款（如某规范规定）做某些变动，报价可以降低多少……”以此降低总价，吸引业主。

(3) 突然降价法。是指在投标最后截止时间前，采取突然降价的手段，确定最终投标报价的方法。报价是一种保密工作，但是对手往往会通过各种渠道、手段来刺探情报，用此法可以在报价时迷惑对手。即先按一般情况报价或者表现出对该工程的兴趣不大，到快要投标截止时，才突然降价。采用这种方法一定要在投标报价的过程中考虑好降价的幅度，在临近投标截止日期前，根据情况信息与分析判断，再做最后决策。

(4) 低价投标夺标法。采用这种方法必须有十分雄厚的实力，即为了想占领某一市场或为了争取未来的优势，宁可目前少盈利或不盈利，或采用先亏后赢法，先报低价，然后利用索赔扭亏为盈。采用这种方法应首先确认业主是按照最低价确定中标单位，同时要求承包商拥有很强的索赔管理能力。

## 四、编制投标文件

投标文件是指投标人应招标文件要求编制的响应性文件，一般由商务部分、技术部分组成。



### 1. 商务部分的主要内容

(1) 投标函及投标函附录。

(2) 法定代表人身份证明。

(3) 投标文件签署授权委托书。

(4) 投标保证金。

(5) 投标报价说明。

(6) 投标报价表。

(7) 招标文件要求提交的其他文件。

### 2. 技术部分的主要内容

(1) 施工技术措施。

(2) 施工组织及施工进度计划。

(3) 招标文件要求提交的其他文件。

### 3. 编制投标文件应注意的问题

(1) 投标文件中的每一空白都必须填写，如有空缺，则被视为放弃意见；重要数据未填写，可能被视为废标。

(2) 投标人要按招标文件要求填写投标报价，包括单价、总价，价格的大小写要一致。

(3) 递交的全部文件若在填写中出现错误而不得不修改，则应该在修改处签字确认。

(4) 不得更改投标文件的格式，如果原有格式不能表达意图（如采用多种报价法有一个以上标价或增加附加条件等），可另补充说明。

(5) 投标文件应字迹清楚、整洁、纸张统一、装帧美观大方。

### 五、投标文件报送

投标文件编制完毕，应按招标文件要求的份数将投标文件密封提交。把正本与副本（在投标文件封面上正确标明“正本”或“副本”字样）装入密封袋，并在封袋骑缝密封处加盖投标人法人印章和法定代表人或其委托代理人的印章。投标人应派专人在规定期限内将投标文件送达招标方指定地点。



招标方在收到投标人的投标文件后，应签收或通知投标人已收到其投标文件，并记录收到时间；同时，在收到投标文件到开标前，所有投标文件均不得启封，并应采取措施确保投标文件的安全。

招标文件要求缴纳投标保证金的，投标人应当在提交投标文件时同时缴纳。

投标人在标书送出后，如发现有遗漏或错误，允许进行补充修正，但必须在投标截止日期前以正式函件送达招标方，过时无效。凡符合上述条件的补充修订文件，应视为标书附件，作为评标、决标的依据之一。

## 第四节 案 例

### 一、背景

某大型展览中心要对大厅进行装修，拟进行公开招标。招标人编制了完整详细的招标文件，其招标文件的内容如下：①招标公告；②投标须知；③施工方案；④投标报价要求及评标标准；⑤合同格式；⑥图样；⑦工程量清单；⑧中标通知书；⑨评标委员会名单；⑩标底编制人员名单。

确定招标程序如下：①成立该工程招标领导机构；②委托招标代理机构代理招标；③发出招标邀请书；④对报名参加投标者进行资格预审，并将结果通知合格的

申请投标人；⑤向所有获得投标资格的投标人发售招标文件；⑥召开投标预备会并踏勘现场；⑦招标文件的澄清与修改；⑧建立评标组织，制定标底和评标、定标办法；⑨召开开标会议，审查投标书；⑩组织评标；⑪决定中标单位；⑫发出中标通知书；⑬签订合同。

招标人发出招标邀请书，并在邀请书中规定投标者必须具有二级以上建筑装饰资质等级。有A、B、C、D、E和H、I组成的联合体报名投标，H、I组成的联合体中，H为三级资质施工企业，I为二级资质施工企业。该联合体被认定不符合投标资格要求。A单位经招标代理机构资格预审合格，但招标单位以A单位是外地单位为由不同意其参加投标。

开标会在招标办的工作人员组织下召开，市公证处公证员到会，各投标单位代表到场。

评标委员会由5人组成，其中当地建设行政主管部门的招投标管理办公室主任1人，建设单位代表1人，随机抽取的技术经济专家3人。

评标时发现：D单位投标报价大写金额小于小写金额；E单位未按招标文件施工图样中确定的工程施工内容给出报价，且未说明原因；其他单位投标文件均符合招标文件要求。

经过评选，评标委员会向招标人依次推荐了B、D、C为第一、二、三中标候选人。招标单位根据评标报告，确定B为中标人，并对B发出中标通知书，要求在3个月后签订合同。

## 二、问题

1. 招标文件中哪些内容不应属于招标文件的内容?
2. 招标程序中有哪些不妥之处? 正确的招标程序应该是怎样的?
3. H、I组成的联合体符合投标资格要求吗? 为什么?
4. A单位是否有资格参加投标? 为什么?
5. 开标会议中有不妥之处吗?
6. 评标委员会的组成是否有不妥? 为什么?
7. D单位的标书属于有效标吗? 这种情况应该以哪种数据为准?
8. E单位的投标文件有效吗? 为什么?

9. 招标单位在最后的通知中标人及签订合同方面有哪些不妥的地方?

## 三、评析

1. 不属于招标文件的内容是：中标通知书、评标委员会名单、标底编制人员名单。

2. 第③条发出招标邀请书不妥，应为发布招标公告；第④条将资格预审结果仅通知合格的申请投标人不妥，资格预审的结果应通知到所有投标人；第⑥条召开投标预备会前应先组织投标单位踏勘现场；第⑧条制定标底和评标定标办法不妥，该工作不应安排在此进行。

3. 不符合，联合体各方均应具备招标项目的相应能力，由同一专业的各方组成的联合体，按照资质等级较低的单位确定资质等级。

4. A 单位有资格参与投标。公开招标时不得以投标单位为外地企业为由拒绝，否则违反了“公开、公平和公正”的原则。



5. 开标会应由招标人组织而不是招标办组织。

6. 招标办的主任不得参与到评标委员会中，且技术经济专家在评标委员会成员中只有 3/5，小于 2/3 的最低要求，不合法。

7. D 单位的标书为有效标，应该以大写数字为准。

8. E 单位没有按照招标文件中确定的施工内容进行报价，视为未响应招标文件要求，应为废标。

9. 中标单位确定后，应由招标人填写中标通知书，经上级主管部门审核签发后，书面通知中标单位，同时抄送未中标单位。我国《招标投标法》规定：“招标人和中标人应当自中标通知书发出之日起三十日内，按照招标文件和中标人的投标文件订立书面合同。”而在本案例中只通知了中标人，并且把签订合同的时间无原因地拖后。

## 思考与练习

### 一、单项选择题

1. 公开招标亦称无限竞争性招标，是指招标人以（　　）的方式邀请不特定的法人或者其他组织投标。

A. 投标邀请书　　　　B. 合同谈判

C. 行政命令　　　　　　　　　　D. 招标公告

2. 下列关于联合体共同投标的说法，正确的是（　　）。

A. 两个以上法人或其他组织可以组成一个联合体，以一个投标人的身份共同投标

B. 联合体各方只要其中任意一方具备承担招标项目的能力即可

C. 由同一专业的单位组成的联合体，投标时按照资质等级较高的单位确定资质等级

D. 联合体中标后，应选择其中一方代表与招标人签订合同

3. 招标投标活动的公正原则与公平原则的共同之处在于创造一个公平合理、（　　）的投标机会。

A. 自由竞争　　　　　　　　　　B. 平等竞争

C. 表现企业实力　　　　　　　　D. 展示企业业绩

4. 在投标的过程中，如果投标人假借别的企业的资质，弄虚作假来投标即违反了（　　）这一原则。

A. 公开　　　　　　　　　　　　B. 公平

C. 诚实信用　　　　　　　　　　D. 公正

5. 招标信息公开是相对的，对于一些需要保密的事项是不可以公开的，如（　　）在确定中标结果之前就不可以公开。

A. 评标委员会成员名单　　　　　B. 投标邀请书

C. 资格预审公告　　　　　　　　D. 评标标准

## 二、简答题

1. 简述建筑装饰招标、投标的概念。

2. 建筑装饰工程招标的方式有哪些？它们有什么不同？

3. 建筑装饰企业在投标前应进行哪些准备工作？

# 第三章　合同管理

**学习目标**

1. 了解建筑装饰工程合同管理的基本知识
2. 掌握建筑装饰工程合同履行过程中的管理方法
3. 掌握合同谈判技巧及合同订立的注意事项
4. 掌握建筑装饰工程合同索赔及争议的解决方法



在现代项目管理中，合同管理由始至终贯穿了整个工程项目，为业主和施工方的合作奠定了坚实的基础。因此，建筑装饰施工单位为了能够在竞争日益激烈的建筑装饰市场争得一席之地，提高社会信誉的同时也提高经济效益，必须要做的就是对于自身的施工合同管理不断地进行完善，这样才能够就建筑装饰项目中各个方面的利益问题进行协调，使企业得到良好的持续发展。

本章通过学习合同管理、索赔管理等相关知识，使学生能够熟悉相关的法律、法规及建筑装饰工程施工合同文件的订立及履行中的管理等工作；初步具备参加合同谈判和进行施工索赔的能力；形成一定的人际交往能力和组织管理能力，为学生职业能力的养成创造条件。

## 第一节　合同管理概况

**引例**

某建筑装饰施工单位根据领取的某建设单位 1 000 米$^2$ 办公楼建筑装饰项目招标文件和全套装饰施工图样，采用低价策略编制了投标文件并中标。该建筑装饰施工单位（乙方）于 2013 年 2 月 22 日与建设单位（甲方）签订了该工程项目的固定价格施工合同。合同工期为 10 个月。甲乙双方在合同中约定如遇合同纠纷采用仲裁方法解决。甲方在乙方进入现场后，因设计图样修改，口头要求乙方暂停施工一个月，乙方亦口头答应。工程按合同规定期限验收时，甲方发现工程质量有问题，要求返工。两个月后，返工完毕。结算时甲方认为乙方迟延交付工程，应按合同约定偿付逾期违约金。乙方认为临时停工是甲方要求的。乙方为抢工期，加快施工进度才出现了质量问题，因此，延迟交付的责任不在乙方。甲乙双方无法达成一致，申请仲裁。仲裁结果为本案中甲方要求临时停工，乙方亦答应，是甲乙双方的口头协议，且事后并未以书面的形式确认，所以该合同变更形式不妥当。在竣工结算时双方发生了争议，对此只能以原书面合同规定为准。乙方认为仲裁结果不公平，准备向法院提起诉讼。

**思考**

1. 该工程采用固定价格合同是否合适?
2. 你认为该案例中仲裁的结果合法吗?
3. 乙方对仲裁结果不服，可以向法院提起诉讼吗?



## 一、合同管理的基本概念

企业对外开展各类业务活动的基本载体就是合同。工程施工合同作为一种典型合同，具有它自身的特殊性和复杂性，标的物特殊、条款内容多、涉及面广，如何对其进行有效管理和一个企业的经营成败有密切关系。

### 1. 合同

合同是当事人或当事双方之间设立、变更、终止民事关系的协议。依法成立的合同，受法律保护。

### 2. 建筑工程合同

建筑工程合同是指一方按约定完成建设工程，另一方按约定验收工程并支付一定报酬的合同。前者称承包人，后者称发包人。建设工程合同包括工程勘察、设计、施工合同，属于承揽合同的特殊类型，因此，法律对建筑工程合同没有特别规定的，适用法律对承揽合同的相关规定。建筑装饰施工合同是建筑装饰工程的发包方和承包方，为完成商定的建筑装饰施工任务而签订的、具有法律效力的经济合同，它旨在明确双方的责任权利和义务。

### 3. 合同管理

企业合同管理是企业对以自身为当事人的合同依法进行订立、履行、变更、解

除、转让、终止以及审查、监督、控制等一系列行为的总称。其中订立、履行、变更、解除、转让、终止是合同管理的内容；审查、监督、控制是合同管理的手段。合同管理必须是全过程的、系统性的、动态性的。

## 二、合同的特点

建筑装饰施工合同的特点是由建筑装饰工程的特点所决定的。建筑装饰是附着在建筑物或构筑物上，不同建筑物或构筑物的使用功能和风格、个人喜好等具体要求各不相同，对建筑装饰也就有不同要求，这就决定了建筑装饰施工合同的特殊性。

### 1. 合同“标的物”特殊

建筑装饰工程是在建筑物或构筑物上进行，这就形成了工程的固定性和施工的流动性；还因使用功能不同和使用者要求不同，其空间形态千差万别，艺术造型千变万化，形成了建筑装饰工程的个体性和施工的单件性。同时，建筑装饰工程类别庞杂，质量要求高，做工精细，消耗的人力、物力、财力多，相对一次投资额大。这就使施工合同在确定“标的物”和约定条款时要按照建筑装饰工程的特点，对其内容、质量要求和标准、使用材料品种规格、涉及环境，都要在合同中明确。

### 2. 合同履行期长短不同

建筑装饰工程根据被装饰的建筑物的规模及面积大小不同，合同履行期也就不同。对质量、最后的装修效果要求高的、比较大型的装饰工程，如酒楼、宾馆、办公楼等公共建筑物装饰，施工周期长，其合同履行期也相对较长，少则几个月，多则一两年；而小型的建筑物或家庭装饰，其施工周期相对较短，合同履行期也短。不论施工期长或短，在整个施工过程中，必须严格按照施工合同中双方约定的条款去履行。

### 3. 合同内容条款多

由于建筑装饰工程本身的特点和施工的复杂性，涉及面广，合同内条款是多方面的。其主要条款根据不同建筑装饰项目的不同装饰要求必须约定清楚，还有专利技术、新技术、新工艺、新材料的使用，工程分包、不可抗力、违约责任、违约纠纷的解决方式，工程保险等，也是施工合同的重要内容。

### 4. 合同性质的类型复杂

建筑装饰工程可以在新建工程上装饰，也可以在旧建筑物上进行二次、三次装饰，以至多次装饰。当建筑装饰工程承包方直接与发包方签订施工合同，这是总包合同性质；在新建或改建时已有总包单位，建筑装饰工程承包方与总包方签订的施工合同属于分包合同性质；在旧建筑物上重新装饰时签订的施工合同，又有修缮合同的性质。建筑装饰施工合同不论属于哪种性质，其主要条款内容基本上是一致的。另外，对一些装饰工程，无法用图样进行设计，只能提出具体做法，因而承发包双方就需要在施工合同中约定装饰的具体做法；若需要制作样板间，作为施工质量标准和工程验收的依据，承发包双方在合同中要约定涉及制作样板间的条款；在建筑装饰施工中使用新材料，对一些材料需要进行特殊检验或试验，承发包双方也应在合同内约定有关条款；还有的建筑装饰施工与土建施工交叉作业，装饰施工前建筑物内没腾空，因而对施工安全、防火等有严格要求，在施工合同中对安全、消防、环境、市容、噪声等也要有特殊约定。

## 三、合同种类



按计价方式不同，建筑装饰施工合同可以划分为固定总价合同、单价合同和成本加酬金合同三大类。根据招标准备情况和建筑装饰项目的特点，建筑装饰施工合同可选用其中的任何一种。

### 1. 固定总价合同

固定总价合同是指发包方与承包方按固定不变的工程投标报价进行结算，不因工程量、设备、材料价格、工资等变动而调整合同价格的合同。承包商按投标时业主接受的合同价格一笔包死。在合同履行过程中，如果业主没有要求变更原定的承包内容，承包商在完成承包任务后，不论其实际成本如何，均应按合同价获得工程款的支付。

采用固定总价合同时，承包商要考虑承担合同履行过程中的全部风险，因此，投标报价较高。固定总价合同的适用条件一般为以下条件：

(1) 工程量小、工期短，估计在施工过程中环境因素变化小，工程条件稳定并合理。

(2) 工程设计详细，图样完整、清楚，工程任务和范围明确。

(3) 工程结构和技术简单，风险小。

(4) 投标期相对宽裕，承包商可以有充足的时间详细考察现场、复核工程量，

分析招标文件，拟订施工计划。

(5) 合同条件中双方的权利和义务十分清楚，合同条件完备，期限短（1年以内）。

2. **单价合同**

单价合同是指承包商按工程量报价单内分项工作内容填报单价，以实际完成工程量乘以所报单价确定结算价款的合同。承包商所填报的单价应为计入各种摊销费用后的综合单价，而非直接费单价。这类合同的适用范围比较宽，其风险可以得到合理的分摊，并且能鼓励承包商通过提高工效等手段节约成本，提高利润。这类合同能够成立的关键在于双方对单价和工程量技术方法的确认。在合同履行中需要注意的问题则是双方对实际工程量计量的确认。



(1) 按分部分项工程承包单价。单价合同大多用于工期长、技术复杂、实施过程中发生各种不可预见因素较多的大型土建工程，以及业主为了缩短工程建设周期，初步设计完成后就进行施工招标的工程。单价合同的工程量清单内所开列的工程量一般为估计工程量，而非准确工程量。

(2) 按最终承包产品报价。这是按照建筑装饰工程完成的单位最终成品（如每平方米墙面装修，每平方米门窗工程等）的单价承包工程的方式。这种方式通常用在采用标准设计的工程，是较常见的合同类型。

3. **成本加酬金合同**

成本加酬金合同也称为成本补偿合同，这是与固定总价合同正好相反的合同，工程施工的最终合同价格将按照工程实际成本再加上一定的酬金进行计算。在合同签订时，工程实际成本往往不能确定，只能确定酬金的取值比例或者计算原则。由业主向承包单位支付工程项目的实际成本，并按事先约定的某一种方式支付酬金。

成本加酬金合同大多适用于边设计、边施工的紧急工程或灾后修复工程。由于在签订合同时，业主还不可能为承包商提供用于准确报价的详细资料，因此，在合同中只能商定酬金的计算方法。在成本加酬金合同中，业主需承担工程项目实际发生的一切费用，因而也就承担了工程项目的全部。而承包商由于无风险，其报酬往往也较低。

这类合同的缺点是业主对工程造价不易控制，承包商也就往往不注意降低项目

的成本。但是对业主而言，这种合同也有一定的优点，见表3—1—1。

表3—1—1　　成本加酬金合同的优点

| 序号 | 优点 |
| --- | --- |
| 1 | 可以通过分段施工缩短工期，而不必等待所有施工图完成才开始投标和施工 |
| 2 | 可以减少承包商对立情绪，承包商对工程变更和不可预见条件的反应会比较积极和快捷 |
| 3 | 可以利用承包商的施工技术专家，帮助改进或弥补设计中的不足 |
| 4 | 业主可以根据自身力量和需要，较深入地介入和控制工程施工和管理 |
| 5 | 可以通过确定最大保证价格约束工程成本不超过某一限值，从而转移一部分风险 |

## 四、合同的主要内容

建筑装饰工程项目承包合同是建设单位和施工单位为完成建筑装饰工程项目，明确相互权利、义务关系的协议，当事人双方均具有法人资格和履行合同的能力。

### 1. 建筑装饰工程项目承包合同的主要文件

(1) 建筑装饰工程项目承包合同协议书；

(2) 中标通知书；

(3) 投标书；

(4) 建筑装饰工程项目施工合同条件；

(5) 施工与验收规范；

(6) 图样；

(7) 标价的工程量表；

(8) 其他。

### 2. 建筑装饰工程项目承包合同协议书的一般条款

(1) 简要说明；

(2) 工程名称和地点；

(3) 工程承包范围和内容；

(4) 开工、竣工日期；

(5) 工程总造价；

(6) 施工准备工作分工；

(7) 物资供应及管理；

(8) 施工、设计文件及概预算和技术资料的提供日期与方式；

(9) 工程质量和竣工验收；

(10) 双方协作事项；

(11) 临时设施；

(12) 工程价款的支付和结算；

(13) 合理化建议、方案和处理；

(14) 奖惩事项；

(15) 仲裁；

(16) 违约责任；

(17) 合同未尽事项的解决；

(18) 合同份数和生效方式；



(19) 合同附件名称；

(20) 工程质量保修期与保修条件。

## 五、合同管理的职能

合同确定工程项目的价格（成本）、工期和质量等目标，规定着合同双方责任和权利的关系。因此，合同管理必然是工程项目管理的核心。广义地说，建筑工程项目的实施和管理全部工作都可以纳入合同管理的范围。合同管理贯穿于工程实施的全过程和工程实施的各个方面。它作为其他工作的指南，对整个项目的实施起到总控制和总保证的作用。

### 1. 建筑装饰工程项目管理是以合同管理作为起点

在签订合同进行施工准备时，首先进行合同分析，并进行合同交底。它控制着整个建筑装饰工程项目管理工作。

### 2. 合同管理与其他管理职能之间存在着密切的关系

合同管理与计划管理、成本管理、组织和信息管理等之间存在密切的关系。这种关系既可以看作是工作处理顺序关系，又可以看作是信息的流通和处理过程。

### 3. 合同管理本身所具有的管理职能和工作过程

合同管理作为工程项目管理的一个重要的组成部分，它必须融合于整个工程项

目管理中。要实现工程项目的目标，必须对全部项目、项目实施的全过程和各个环节、项目的所有工程活动实施有效的合同管理。合同管理与其他管理职能密切结合，由合同分析、合同资料、合同网络、合同实施控制和索赔管理等组成。它们构成工程项目的合同管理子系统。

## 六、合同管理的内容

1. 检查合同管理法及有关法规的贯彻执行情况。

2. 检查合同签订和履行情况，减少和避免合同纠纷的发生。

3. 经常对项目经理及有关人员进行合同法律知识教育。通过学习培训，使合同管理人员掌握合同法律知识和签约技巧，坚持持证上岗和年检考核制度。

4. 建立健全规章制度。要使合同管理规范化、科学化、法律化，首先要从完善制度入手，制定切实可行的合同管理制度，使管理工作有章可循。合同管理制度的主要内容应包括：合同的归口管理，合同资信调查、签订、审批、会签、审查、登记、备案，法人授权委托办法，合同示范文本管理，合同专用章管理，合同履行与纠纷处理，合同定期统计与考核检查，合同管理人员培训，合同管理奖惩与挂钩考核等。

5. 对合同履行情况进行统计分析。包括工程合同份数、涉及金额、履约率、违约原因、纠纷次数、变更情况等，以发现问题，提高利用合同进行生产经营的能力。

6. 组织和配合有关部门做好有关建筑装饰工程项目合同的签订、公证、调解仲裁及诉讼活动。

## 七、合同纠纷处理

对于建筑装饰工程项目合同纠纷的处理，通常有协商、调解、仲裁和诉讼四种方式。

### 1. 协商

协商解决是解决合同纠纷最简单的一种方式，指合同当事人在自愿互谅的基础上，按照法律和行政的规定，通过摆事实、讲道理解决纠纷的一种方法。自愿、平等、合法是协商解决的基本原则。

2. 调解

调解是在第三者主持下，通过劝说引导，在互谅互让的基础上达成协议，解决争端的一种方式。按照调解人的不同，调解可以分为民间调解、行政调解、仲裁调解和法院调解。

3. 仲裁

当合同双方的争端经过双方协商和中间人调解等办法，仍得不到解决时，可以提请仲裁机构进行仲裁，由仲裁机构作出具有法律约束力的裁决行为。根据菲迪克条约，仲裁是解决建筑装饰工程项目合同争端的最后一个手段。

仲裁实行一裁终局的制度，裁决作出后，即产生法律效力，即使当事人对裁决不服，也不能就同一案件向法院提出起诉。

4. 诉讼



凡是合同中没有订立仲裁条款，事后也没有达成书面仲裁协议的，当事人可以向法院提起诉讼，由法院根据有关法律条文做出判决。

## 第二节　合同谈判与订立

**引例**

北京A公司拟引进外墙防水涂料生产技术，美国B公司与中国台湾C公司报价分别为35万美元和30万美元。经调查了解，两家公司技术与服务条件大致相当，A公司有意与C公司成交。在终局谈判中，A公司安排总经理与总工程师同B公司谈判，而全权委托技术科长与C公司谈判。C公司得知此消息后，主动大幅度降价至10万美元与A公司签约。

**思考**

1. A公司为什么要如此安排谈判人员？

2. C公司为何选择大幅度降价？

美国谈判学会主席尼尔伦伯格在他的名著《谈判的艺术》中对谈判所下的定义是：“只要人们为了改变相互关系而交换观点，或为某种目的企求取得一致并进行磋商，即是谈判。”他认为，一场成功的谈判，对每一方来说都是有限的胜利者。

他把谈判看作是一个“合作的利己主义的”过程。

英国谈判学家马什在《合同谈判手册》一书中给谈判下的定义是：“所谓谈判，是指有关各方为了自身的目的，在一项涉及各方利益的事务中进行磋商，并通过调整各自提出的条件，最终达成一项各方较为满意的协议这样一个不断协调的过程。”按照马什的观点，整个谈判是一个“过程”。合同谈判工作流程图如图 3—2—1 所示。

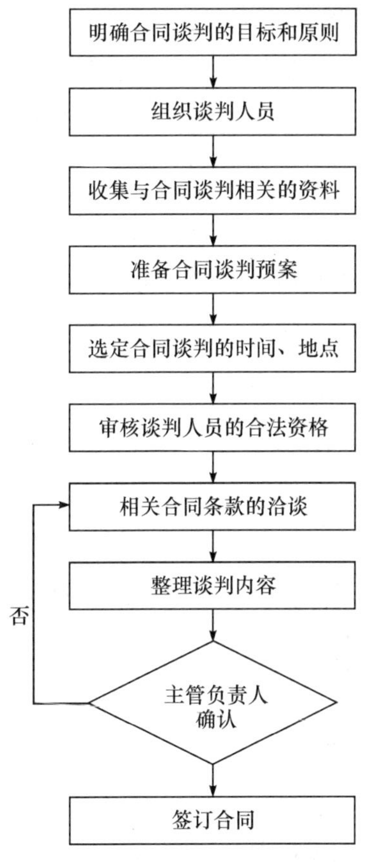


图 3—2—1　合同谈判工作流程图



## 一、合同谈判准备

建筑装饰工程施工合同具有标的物特殊、履行周期长、条款内容多、涉及面广等特点，往往一个大型工程施工合同的签订对一家建筑装饰企业的发展来说关系重大。所以，应给予施工合同谈判足够的重视，才能从合同条款上全力维护己方的合

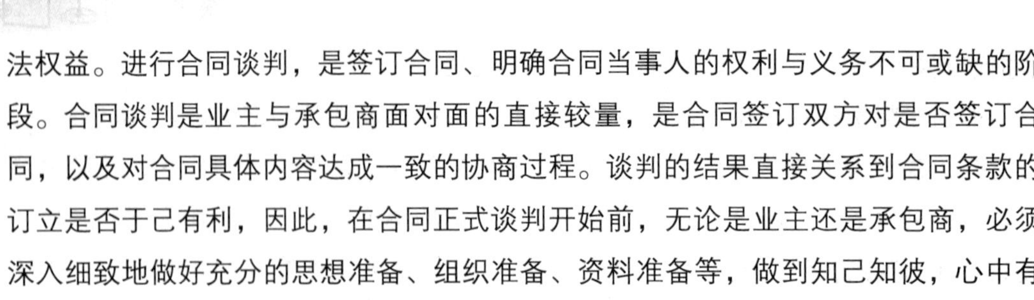



法权益。进行合同谈判，是签订合同、明确合同当事人的权利与义务不可或缺的阶段。合同谈判是业主与承包商面对面的直接较量，是合同签订双方对是否签订合同，以及对合同具体内容达成一致的协商过程。谈判的结果直接关系到合同条款的订立是否于己有利，因此，在合同正式谈判开始前，无论是业主还是承包商，必须深入细致地做好充分的思想准备、组织准备、资料准备等，做到知己知彼，心中有数，为合同谈判的成功奠定坚实的基础。

### 1. 合同谈判的思想准备

合同谈判是一项艰苦复杂的工作，只有有了充分的思想准备，才能在谈判中坚持立场，适当妥协，最后达到目标。因此，在正式谈判之前，应对以下两个问题做好充分的思想准备：

（1）谈判目的。这是必须明确的首要问题，因为不同的目标决定了谈判方式与最终谈判结果，一切具体的谈判行为方式和技巧都是为谈判的目的服务的。因此，首先必须确定自己的谈判目标，同时，要分析揣摩对方谈判的真实意图，从而有针对性地进行准备并采取相应的谈判方式和谈判策略。



（2）确立己方谈判的基本原则和谈判中的态度。明确谈判目的后，必须确立己方谈判的基本立场和原则，从而确定在谈判中哪些问题是必须坚持的，哪些问题可以做出一定的合理让步以及让步的程度等。同时，还应具体分析在谈判中可能遇到的各种复杂情况及其对谈判目标实现的影响，谈判有无失败的可能，遇到实质性问题争执不下如何解决等。做到既保证合同谈判能够顺利进行，又保证己方能够获得于己有利的合同条款。

### 2. 合同谈判的组织准备

在明确了谈判的目标并做好了应付各种复杂局面的思想准备后，就必须着手组织一个精明强干、经验丰富的谈判班子具体进行谈判准备和谈判工作。谈判组成员的专业知识结构、综合业务能力和基本素质对谈判结果有着重要的影响。一个合格的谈判小组应由有着实质性谈判经验的技术人员、财务人员、法律人员组成。谈判组长应由思维敏捷、思路清晰、具备较强组织能力与应变能力、熟悉业务并有着丰富经验的谈判专家担任。建筑装饰工程合同谈判一般可由三部分人员组成：

（1）懂建筑方面的法律法规与政策的人员。这主要为了保证所签订的合同能符

合国家的法律法规和国家的相关政策，把握合同合法的正确方向；平等地确立合同当事人的权利与义务，避免合同无效、合同被撤销等情况，发挥合同的经济效用。

(2) 懂工程技术方面的人员。建筑装饰工程专业性比较强，涉及范围广，在谈判人员中要充分发挥这方面人员的作用。否则，可能会给企业带来不可估量的损失。

(3) 懂建筑经济方面的人员。因为建筑企业是要通过承揽项目获得利润，所以，要求合同谈判人员中必须有懂得建筑经济方面专业知识的人员。

### 3. 合同谈判的资料准备

合同谈判必须有理有据，因此，谈判前必须收集整理各种基础资料和背景材料。包括对方的资信状况、履约能力、发展阶段、项目的由来、项目的资金、主体结构完成情况等，以及在前期接触过程中已经达成的意向书、会议纪要、备忘录等。可将资料准备分成三类：



(1) 准备好原招标文件中的合同条件、技术规范及投标文件、中标函等文件，以及向对方提出的建议等资料。

(2) 准备好谈判时对方可能索取的资料，以及在充分估计对方可能提出各种问题的基础上准备好适当的资料论据，以便对这些问题做出恰如其分的回答。

(3) 准备好能够证明己方能力和资信程度等的资料，使对方能够确信己方具备履约能力。

### 4. 背景材料的分析

在获得上述基础资料及背景材料后，必须对这些资料进行详细分析。包括对己方的分析和对对方的分析。

(1) 对己方的分析。签订工程合同之前，必须对己方的情况进行详细分析。对承包商而言，在接到中标函后，首先应当详细分析项目的合法性与有效性，项目的自然条件和施工条件，己方在承包该项目中有哪些优势，存在哪些不足，以确立己方在谈判中的地位。同时，必须熟悉合同审查表中的内容，以确立己方的谈判原则和立场。其次，要注意一些原则性问题不能让步。承包方为了承接项目，往往主动提出某些让利的优惠条件，但是，这些优惠条件必须是在项目是真实的，发包方主体是合法的，建设资金已经落实的前提条件下进行的让步。否则，即使在竞争中获

胜，即使中标承包了项目，一旦发生问题，合同的合法性和有效性很难得到保证，此种情况下受损害最大的往往是承包方。

(2) 对对方的分析。对对方基本情况的分析主要从以下几方面入手：

1）对方是否为合法主体，资信情况如何。这是首先必须要确定的问题。如果承包人越级承包，或者承包人履约能力极差，就可能会造成工程质量低劣，工期严重延误，从而导致合同根本无法顺利进行，给发包人带来巨大损害。相反，如果工程项目本身因为缺少政府批文而不合法，发包主体不合法，或者发包人的资信状况不良，也会给承包人带来巨大损失。因此，在谈判前必须确认对方是履约能力强、资信情况好的合法主体，否则，就要慎重考虑是否和对方签订合同。

2）谈判对手的真实意图。只有在充分了解谈判对手的谈判诚意和谈判动机后，并对此做好充分的思想准备，才能在谈判中始终掌握主动权。

3）对方谈判人员的基本情况。包括：对方谈判人员的组成，谈判人员的身份、地位、权限、性格、喜好等，掌握与对方建立良好关系的办法与途径，进而发展谈判双方的友谊，争取在到达谈判桌以前就有了一定的亲切感和信任感，为谈判创造良好的气氛。同时，还要了解对方是否熟悉己方。其次是对对方实力的分析。主要指的是对对方资信、技术、物力、财力等状况的分析。另外，必须了解对方各谈判人员对谈判所持的态度、意见，从而尽量分析并确定谈判的关键问题和关键人物的意见与倾向。

#### 5. 谈判方案的准备

分析自身设置的谈判目标是否正确合理、是否切合实际、是否能为对方接受以及接受的程度。同时，要注意对方设置的谈判目标是否正确合理，与己方所设立的谈判目标差距以及己方的接受程度等。在确立己方的谈判目标及认真分析己方和对手的情况的基础上，拟定谈判提纲。同时，要根据谈判目标，准备几个不同的谈判方案，还要研究和考虑其中哪种方案较好以及对方可能倾向于哪种方案。这样，当对方不易接受某一方案时，就可以换另一种方案，通过协商就可以选择一种双方都能够接受的最佳方案，不至于使谈判陷入僵局。

#### 6. 会议具体事务的安排准备

这是谈判开始前必须准备的工作，包括三方面内容：选择谈判的时机、谈判的地点以及谈判议程的安排。尽可能选择有利于己方的时间和地点，同时要兼顾对方能否接受。应根据具体情况安排谈判议程，议程安排应松紧适度。

## 二、合同谈判特点与技巧

### 1. 合同谈判的特点

当然合同谈判并不是一次就能达成最终目标的。多数情况下，交易双方要反复协商，进行各种意向性、协议性谈判。直到条件成熟，才进入合同签约阶段。由于合同谈判是交易双方进入实质性交涉阶段，因此，合同谈判具有以下几个特点：

(1) 谈判目标明确并涉及实质问题。经过前几轮的意向谈判，双方对谈判中的合同目标已十分明确，或经过前几轮谈判的相互探测、摸底，双方对要达成协议的目标比较清楚、比较具体。因此，双方很可能在谈判时很快就进入实质问题的磋商，如产品交易中的价格、付款方式、交货期限，投资项目中的利率、期限、宽限期等。这时，双方的协商就是讨论合同条款，所以，都千方百计地发挥各自的优势，运用各种策略技巧，取得妥协，达成合约。

(2) 合同谈判是以法律形式确定双方交易的有效性。谈判如果能进入签约阶段，则进入实质性阶段，它标志着双方合作的开始，也为交易提供了可能性和保障性。如果有一方在交易中不执行合同条款，则会受到违约的处罚。正因为如此，双方对谈判中的合同条款考虑都十分慎重，决不轻易许诺、妥协、让步。此外，合同谈判都是正式谈判，场合正规，气氛严肃，私下接触不是主要的协商形式。

(3) 合同谈判人员资质具有重要性，并且签订合同要符合法律程序，具有合法性。

合同形式是指合同当事人之间确定相互权利和义务关系的行为方式，对双方当事人都具有法律约束力，以此确保双方按照合同规定的条款履行各自的权利和义务，保证交易的顺利实现。合同的成立是以签字的书面形式体现的。要确保合同为有效合同，双方的签字人必须是法定代表人或者是其委托代理人。

因此，在合同谈判中，双方的主谈人基本都是企业或项目负责人或授权代理人，具有拍板决定权。只有这样，才能敲定合同的主要条款。并且，对合同的主要内容谈判中多有律师出席。

### 2. 合同谈判的技巧

合同谈判既是一门科学，也是一门艺术，更是追求企业效益最大化的关键一

环。合同谈判的技巧很多，与时俱进的操作方法因项目和谈判对象而异。

（1）掌握谈判议程。合理分配各议题的时间。建筑装饰工程谈判一定会涉及诸多需要讨论的事项，而各谈判事项的重要性并不相同，谈判各方对同一事项的关注程度也不相同。成功的谈判者善于掌握谈判的进程，在充满合作的气氛阶段，展开自己所关注的议题的商讨，从而抓住时机，达成有利于己方的协议。而在气氛紧张时，则引导谈判进入双方具有共识的议题，一方面缓和气氛，另一方面缩小双方距离，推进谈判进程。同时，谈判者应懂得合理分配谈判时间。对于各议题的商讨时间应得当，不要过多拘泥于细节性问题。这样可以缩短谈判时间，降低交易成本。

（2）高起点战略谈判的过程是各方妥协的过程。通过谈判，各方都或多或少会放弃部分利益以求得项目的进展，即大的原则不能放弃，小的条款可以协商，达到“求大同、存小异”的结果。有经验的谈判者在谈判时会有意识向对方提出苛刻的谈判条件，当然这种苛刻的条件是对方能够接受的。这样对方会过高估计本方的谈判底线，从而在谈判中更多地做出让步。



（3）适当的拖延与休会。谈判各方既有利益一致的部分，又有利益冲突的部分。当谈判双方遇到利益冲突，陷入僵局的时候，拖延与休会可以使谈判双方有时间冷静思考，在客观分析形势后，提出替代性方案。在一段时间的冷处理后，各方都可以进一步考虑整个项目的意义，进而弥合分歧，将谈判从低谷引向高潮。

（4）避实就虚。谈判各方都有自己的优势和劣势。谈判者应在充分分析形势的情况下，做出正确的判断，利用对方的弱点，猛烈攻击，迫其就范，做出妥协；而对于自己的弱点，则要尽量注意回避。当然，也要考虑到自身存在的弱点，在对方发现或者利用自己的弱势进行攻击时，自己要考虑到是否让步及让步的程度，还要考虑到这种让步能得到多大利益。

（5）分配谈判角色。任何一方的谈判团队都由众多人士组成，谈判中应利用团队个人不同的性格特征，各自扮演不同的角色，有积极进攻的角色，也有和颜悦色的角色，这样有软有硬，软硬兼施，可以达到事半功倍的效果。同时，注意谈判中要充分利用专家的作用。现代科技发展使个人不可能成为各方面的专家，而工程项目谈判又涉及广泛的多学科领域。充分发挥各领域专家作用，既可以在专业问题上获得技术支持，又可以利用专家的权威性给对方以心理压力，从而有利于取得谈判的成功。

## 三、合同谈判的内容

合同谈判的内容因项目情况和合同性质、原招标文件规定、发包人的要求而异。一般来讲，合同谈判会涉及合同的商务、技术所有条款。主要内容分为以下几个方面：

### 1. 工程内容和范围

(1) 合同的“标的”是合同最基本的要素，工程承包合同的标的就是工程承包内容和范围。因此，在签订合同前的谈判中，必须首先共同确认合同规定的工程内容和范围。承包人应当认真重新核实投标报价的工程项目内容与合同中表述的内容是否一致，合同文字的描述和图样的表达都应当准确，不能模糊含混。承包人应当查实自己的标价有没有任何只能凭推测和想象计算的成分。如果有这种成分，则应当通过谈判予以澄清和调整。应当力争删除或修改合同中出现的诸如“除另有规定外的一切工程”和“承包人可以合理推知需要提供的为本工程实施所需的一切辅助工程”之类含混不清的工程内容或工程责任的说明词句。



对于在谈判讨论中经双方确认的内容及范围方面的修改或调整，应和其他所有在谈判中双方达成一致的内容一样，以文字方式确定下来，并以“合同补充”或“会议纪要”方式作为合同附件并说明其构成合同一部分。

(2) 发包人提出增减的工程项目或要求调整的工程量和工程内容时，务必在技术和商务等方面重新核实，确有把握方可应允。同时以书面文件、工程量表或图样予以确认，其价格亦应通过谈判确认并填入工程量清单。

(3) 发包人提出的改进方案或发包人提出的某些修改和变动，或发包人接受承包人的建议方案等，首先应认真对其技术合理性、经济可行性以及在商务方面的影响等进行综合分析，权衡利弊后方能表态接受、有条件接受甚至拒绝。改动和变动必然会对价格和工期产生影响，应利用这一时机争取变更价格或要求发包人改善合同条件以谋求更好的利益。

### 2. 质量标准、技术规范和验收要求

技术要求是发包人极为关切而承包人也应更加注意的问题。我国在采用技术规范方面往往和国外有一定差异。《建筑装饰工程质量验收规范》《建筑工程技术规范》等国家标准是强制性标准，企业在生产中必须遵守。

### 3. 工程价格

工程价格是装饰施工合同的主要内容之一，也是双方关注的焦点，它包括单价、总价、管理费用等各项费用，工程价款支付方式和预付款的分期比例等。

### 4. 项目工期

项目工期指的是承包方和发包方根据计算工期、计划工期、要求工期约定的完成本工程的合理时间。工期是施工合同中的关键条件之一，是违约罚款的重要依据，分为总工期、开竣工日期和施工进度计划。

### 5. 违约责任与赔偿

指违约方因不履行或不完全履行合同义务而给对方造成损失，依法或根据合同规定应承担损害赔偿责任。它是合同责任中最常见的形式之一，也是充分保护受害人利益的一种主要的补救方式。



## 四、合同订立与无效合同

建筑装饰工程项目合同的订立是指两个或两个以上的当事人，依法就建筑装饰工程项目合同的主要条款经过协商，达成协议的法律行为。

### 1. 订立建筑装饰工程合同的基本原则

（1）平等原则。平等原则是指当事人之间在合同的订立、履行和承担违约责任等方面都处于平等的法律地位，彼此的权利、义务对等。

（2）自愿原则。自愿原则是指是否订立合同、与谁订立合同、订立合同的内容以及变更或不变更合同，都要由当事人依法自愿决定。

（3）公平原则。公平原则是指当事人在设立权利义务、承担民事责任方面，要公正、公允、合情、合理。

（4）诚实信用原则。诚实信用原则是指当事人在订立、履行合同的整个过程中，应当抱着真诚的善意，相互协作，密切配合，言行一致，正确、适当地行使合同规定的权利，全面履行合同规定的义务，不弄虚作假，不做损害对方和国家、集体、第三人以及社会公共利益的事情。

（5）合法原则。合法原则主要是指在合同法律关系中，合同主体、合同的订立形式、订立合同的程序、合同的内容、履行合同的方式、对变更或者解除合同权利的行使等都必须符合我国的法律、法规。

## 2. 合同签订基本条件

在签订建筑装饰工程施工合同时，应具备以下基本条件：

(1) 建筑装饰工程的设计图样、工程概预算已通过审查，并经有关部门审批。

(2) 签订建筑装饰工程施工合同的当事人双方均具有合法资格（见表3—2—1）和有履行合同的能力。

表3—2—1　　签订合同双方的资格合法要求

| 序号 | 要求 |
| --- | --- |
| 1 | 具有法人资格 |
| 2 | 法人的活动不能超越其职责范围或业务范围 |
| 3 | 合同必须由企业的法定代表人或法定代表人授权委托的承办人签订 |
| 4 | 委托代理要有合法手续 |

(3) 施工现场条件已基本具备。如新建建筑的主体已完工，改造工程的土建部分已完成，结构构建强度能满足装饰施工的要求，装饰施工队伍可随时进入施工现场等。



## 3. 施工合同订立的程序

施工合同的签订有其特殊性，需要经过要约邀请、要约、承诺三个阶段。

(1) 要约邀请。要约邀请是指当事人一方邀请不特定的另一方当事人向自己提出要约的意思表示。要约邀请行为不具有法律约束力，只有经过被邀请的一方作出要约并经邀请方承诺后，合同方可成立。比如寄送的价目表、拍卖公告、招标公告、商业广告等为要约邀请。但商品广告的内容符合要约规定的，则视为要约。由于要约邀请只是作出希望别人向自己发出要约的意思表示，因此，要约邀请可以向不特定的任何人发出，也不需要在要约邀请中详细表示，无论对于发出邀请人还是接受邀请人，都没有约束力。在施工合同订立过程中，发包方发布招标公告或招标邀请书的行为就是一种要约邀请行为，其目的在邀请承包方投标。

(2) 要约。要约是由要约人向受要约人提出希望与其订立合同的意思表示。要约具有法律约束力，要约生效后要约人不得擅自撤回或更改。在施工合同签订过程中，承包商向发包人递交投标书的行为就是要约行为，为使要约有效，投标书中应包含施工合同应具备的主要条款，如工期、工程质量、工程造价等内容。作为

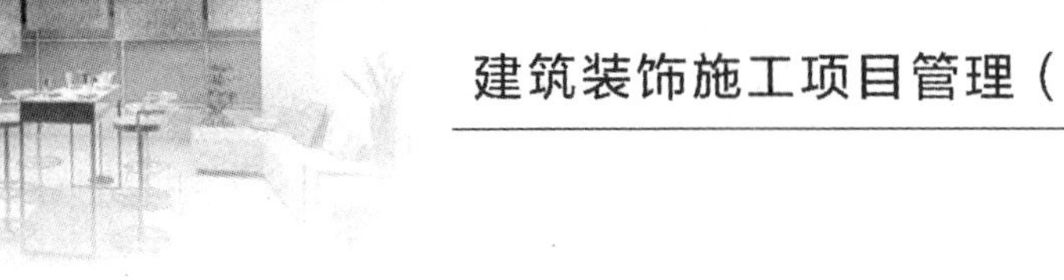



要约的投标对承包商具有法律约束力，主要表现为，承包商在投标生效后无权修改或撤回投标，而且一旦中标就必须与发包人签订合同，否则将承担相应的法律责任。

(3) 承诺。承诺是指受要约人完全同意要约的意思表示。受要约人做出承诺的意思表示后，即受到法律的约束，不得任意变更或解除承诺。在招投标过程中，发包人发出中标通知书的行为即为承诺。《招标投标法》规定，招标人和中标人应当自中标通知书发出之日起 30 天内，按照招标文件和中标人的投标文件订立书面合同。因此，确定中标单位后，发包方和承包方均有权利要求对方签订施工合同。

### 4. 无效合同

无效建筑装饰工程合同是指合同双方当事人虽然协商签订，但因违反法律规定，从签订的时候就没有法律效力，国家不予承认和保护的建筑装饰工程合同。

(1) 无效合同的种类，见表 3—2—2。



表 3—2—2　无效合同的种类

| 序号 | 无效合同的种类 |
|---|---|
| 1 | 违反法律和国家政策、计划的合同 |
| 2 | 采用欺诈、胁迫等手段签订的合同 |
| 3 | 违反法律要求的合同 |
| 4 | 违反国家利益和社会公共利益的合同 |

(2) 确认无效合同的依据，见表 3—2—3。

表 3—2—3　确认无效合同的依据

| 序号 | 确认无效合同的依据 |
|---|---|
| 1 | 合同的主体是否具有合法依据 |
| 2 | 合同的内容是否合法 |
| 3 | 合同当事人的意思表示是否真实 |
| 4 | 合同的订立是否符合法定程序 |

# 第三节　合同履行与变更

**引例**

某建筑装饰公司与业主签订一建筑装饰施工合同。双方签字盖章并在公证处进行了公证。合同约定工期为 10 个月。2013 年 3 月 12 日开工。工程开工 2 个月时，业主方 2013 年 5 月 12 日要求建筑装饰公司于 2013 年 10 月 1 日竣工，该建筑装饰公司不同意业主的提前竣工要求。2013 年 5 月 31 日，业主以承包商的工程质量不可靠和工程不能如期竣工为由发文通知该施工企业："本公司决定解除原施工合同，原合同无效。望贵公司予以谅解和支持。"同时，限期该建筑装饰公司停止施工。这致使承包方无法继续履行原合同义务，承包商由此损失工程款、工程器材费及其他损失费 503 万元，该承包商于 2013 年 6 月 10 日向人民法院提起诉讼，要求业主承担违约责任。



注：经法院委托专业权威单位调查鉴定，确认承包商有能力按合同的约定保证施工质量，如期竣工。

**思考**

1. 本案例中所签订的合同有效吗？合同有效的条件有哪些？

2. 你认为该建筑装饰施工企业向业主方提起的索赔诉讼能得到支持吗？

合同的履行，指的是合同规定义务的执行。建筑装饰工程项目合同的履行是指当事人双方按照建筑装饰工程项目合同条款的规定，全面完成各自义务的活动。

## 一、合同履行原则

施工合同一经依法订立即具有法律效力，双方当事人应当按合同约定严格履行，不得违反。《合同法》规定：合同当事人应当按照约定"全面履行自己的义务"。所以，施工合同的履行应当遵守以下原则：

### 1. 实际履行原则

施工合同的实际履行原则是指施工合同当事人必须依据施工合同规定的标的履行自己的义务。由于施工合同的标的特殊性及不可替代性，施工合同签订后，合同当事人就必须按照合同规定的内容和范围实际履行，承包方应按约定日期，保质保

量地交付工程项目，发包方应及时予以接收。

2. 全面履行原则

施工合同的全面履行原则是指施工合同当事人必须按照合同规定的所有条款完成工程建设任务。因此，在施工合同中应明确履行标的、履行期限、履行价格以及标的质量等内容。如果施工合同对以上内容约定不明，当事人若不能通过协商达成补充协议，则应按照合同有关条款或交易习惯确定；如仍确定不了，则可根据适当履行的原则，在适当的时间、适当的地点，以适当的方式来履行。

3. 协作履行原则

施工合同的协作履行原则是指施工合同依法生效后，双方当事人应本着团结、协作、互相帮助的精神，去共同完成合同规定的权利义务，履行各自应尽的责任。协作履行在建筑装饰施工合同中非常重要。承包方要使装饰工程满足发包方的要求，发包方要使装饰工程满足自己的需要，双方就要密切配合，相互协助，才能实现合同目的，获得共赢的结果。



## 二、合同履行中的承包方的责任

施工合同实施阶段，承包方对合同的管理主要由项目经理以及由他组建的包括合同管理人员在内的项目管理小组进行。其主要工作有如下几项：

1. 建立合同实施的保证体系

以保证合同实施过程中的一切日常事务有秩序地进行，使工程项目的全部合同事件处于控制中，保证合同目标的实现。

2. 监督承包人的工程小组和分包商实施合同

做好各分包合同的协调和管理工作。承包人应以积极合作的态度履行自己的合同义务，努力做好自我监督，同时应督促发包人、工程师履行他们的合同义务，以保证工程顺利进行。

3. 对合同实施情况进行跟踪

承包方收集合同实施的信息和各种工程资料，并作出相应的信息处理，对合同履行情况做出判断，向项目经理及时通报合同实施情况及问题，提出合同实施方面的意见、建议甚至警告。

### 4. 依《合同法》进行合同变更、转让、终止和解除工作

项目经理应及时掌握合同变更情况，如工程量增减，质量要求及特性变更，工程标高、基线、尺寸等变更，施工顺序变化，永久工程附加工作、设备、材料和服务的变更等。承包方根据施工合同，将变更向监理工程师提出申请；监理工程师进行审查，将审查结果通知承包方，监理工程师向承包方提出变更令。承包方必须掌握索赔知识，在有正当理由和充分证据条件下按要求进行索赔；按施工合同文件有关规定办理索赔手续；准确、合理地计算索赔时间和费用。

## 三、合同变更

合同变更指有效成立的合同在尚未履行或未履行完毕之前，由于一定法律事实的出现而使合同内容发生改变。

建筑装饰工程合同的变更是由于设计变更、实施方案变更、发生意外风险等原因而引起的甲乙双方责任、权利、义务的变化在合同条款上的反映。适当而及时的变更可以弥补初期合同条款的不足，但过于频繁或失去控制的合同变更会给项目带来重大损失甚至导致项目失败。



### 1. 合同变更的类型

(1) 正常和必要的合同变更。建筑装饰工程项目甲乙双方根据项目目标的需要，对必要的设计变更或项目工作范围调整等所引起的变化，经过充分协商对原定合同条款进行适当的修改，或补充新的条款。这种有益的项目变化引起的原合同条款的变更是为了保证建筑装饰工程项目的正常实施，是有利于实现项目目标的积极变更。

(2) 失控的合同变更。如果合同变更过于频繁，或未经甲乙双方协商同意的变更，往往会导致项目受损或使项目执行产生困难。这种项目变化引起的原合同条款的变更不利于建筑装饰工程项目的正常实施。

### 2. 工程变更主要原因

(1) 业主新的变更指令，对建筑的新要求。如业主有新的意图，业主修改项目计划、削减项目预算等。

(2) 由于设计人员、监理方人员、承包商事先没有很好地理解业主的意图，或设计的错误，导致图样修改。

(3) 工程环境的变化，预定的工程条件不准确，要求实施方案或实施计划变更。

(4) 由于产生新技术和知识，有必要改变原设计、原实施方案或实施计划，或由于业主指令及业主责任的原因造成承包商施工方案的改变。

(5) 政府部门对工程新的要求，如国家规划变化、环境保护要求、城市规划变动等。

(6) 由于合同实施出现问题，必须调整合同目标或修改合同条款。

**3. 合同变更的内容范围**

(1) 工作项目的变化。由于设计失误、变更等原因增加的工程任务应在原合同范围内，并应有利于建筑装饰工程项目的完成。

(2) 材料的变化。为便于施工和供货，有关材料方面的变化一般由施工单位提出要求，通过现场管理机构审核，在不影响项目质量、不增加成本的条件下双方用变更书加以确认。



(3) 施工方案的变化。在建筑装饰工程项目实施过程中，由于设计变更、施工条件改变、工期改变等原因，可能引起原施工方案的改变。如果是由于建设单位原因引起变更，应该以变更书加以确认，并给施工单位补偿因变更而增加的费用。如果是由于施工单位自身原因引起施工方案的变更，其增加的费用由施工单位自己承担。

(4) 施工条件的变化。由于施工条件变化引起的费用的增加和工期的延误，应该以变更书加以确认。对不可预见的施工条件的变化，其所引起的额外费用的增加应由建设单位审核后给予补偿，所延误的工期由双方协商共同采取补救措施加以解决。当施工条件变化是可预见时，应该是谁的原因谁负责。

(5) 国家立法的变化。当由于国家立法发生变化导致工程成本的增减时，建设单位应该根据具体情况进行补偿或收取。

## 第四节　施 工 索 赔

**引例**

某酒店进行装修，发包人（甲方）、承包人（乙方）在建筑装饰施工合同中规

定：建筑面积10 260米$^2$，施工工期为162天，即2012年7月1日开工，2012年12月9日竣工。

合同履行过程中发生以下事件：

事件一

承包人于6月25日进场，进行开工前的准备工作，原定7月1日开工，因发包人未能交付施工场地而延误至7月6日才开工。

事件二

施工过程中，现场周围居民称承包人施工噪声对他们造成干扰，为此阻止承包人的施工。因此，承包人向发包人提出工期顺延与费用补偿的要求。

事件三

施工过程中，承包人发现施工图样有误，需设计单位进行修改，由于图样修改造成停工8天。

**思考**

发包人、承包人在上述三个事件中如何恰当地承担责任，同时维护各自的权利？

工程索赔是指在建设工程施工合同履行过程中，业主或承包商一方由于另一方未恰当履行合同所规定的义务而遭受损失时，向另一方提出赔偿要求的行为。工程索赔是保证施工合同正确履行，获取应得经济效益的有效途径，在市场经济条件下，施工索赔是一种正常的现象。

## 一、索赔的概念

施工索赔是在施工过程中，承包商根据合同和法律的规定，对并非由于自己的过错所造成的损失，或承担了合同规定之外的工作所付的额外支出，向业主提出在经济或时间上要求补偿的行为。

对于施工合同的双方来说，索赔是维护双方合法利益的权利。这和合同条件中双方的合同责任一样，构成严密的合同制约关系。承包商可以向业主提出索赔，业主也可以向承包商提出索赔。一般地，在工程实践中，将承包商向业主提出的索赔叫作“索赔”，而将业主向承包商提出的索赔叫作“反索赔”，但在正式的合同条件

范本中都用“索赔”二字。

## 二、索赔的分类

施工索赔分类的方法很多，从不同的角度，有不同的分类方法。如按索赔的目的分类，可分为工期索赔与费用索赔；按索赔的处理方式分类，可分为单项索赔和总索赔；按索赔的有关当事人分类，可分为承包商同业主之间的索赔，承包商同供货商之间的索赔，承包商向保险公司索赔等；按索赔的业务范围分类，可分为施工索赔，即在施工过程中的索赔，商务索赔，即在物资采购、运输过程中的索赔；按索赔的对象分类可分为索赔和反索赔等。

### 1. 按索赔的目的分类

可分为工期索赔与费用索赔。这种分类方法，是施工索赔业务中通用的称呼方法。当提出索赔时，要明确提出工期索赔还是费用索赔，前者是要求得到工期的延长，后者是要求得到经济补偿。当然，在索赔报告论证的文件中，也是为达此目的提出论证材料和合同依据。



(1) 工期索赔。承包商向业主要求延长工期，合理顺延合同工期。这是由于合理的工期顺延，可以使承包商免于承担误期罚款（或误期损害赔偿金）。

(2) 费用索赔。也称为经济索赔，是承包商要求取得合理的经济补偿，即要求业主补偿不应该由承包商自己承担的经济损失或额外费用，或者业主向承包商要求由于承包商违约导致业主的经济损失补偿。

### 2. 按索赔的处理方式分类

(1) 单项索赔。是指在工程实施过程中，出现了干扰原合同的索赔事件，承包商为此事件在规定的索赔有效期内向业主提出索赔要求，要求单项解决支付，不与其他的索赔事件混在一起。单项索赔由于涉及的合同事件比较简单，责任分析和索赔值计算不太复杂，金额也不会太大，双方往往容易达成协议，获得成功。

(2) 总索赔。又称为一揽子索赔，是指承包商在工程竣工前后，将施工过程中已提出但未解决的索赔汇总在一起，向业主提出一份总索赔报告的索赔。

这种索赔是在合同实施过程中，一些单项索赔问题比较复杂，不能立即解决，经双方协商同意留待以后解决。有的是业主对索赔迟迟不作答复，采取拖延的办法，使索赔谈判旷日持久；或有的承包商对合同管理的水平差，平时没有注意对索赔的管理；有的是施工过程中受到非常严重的干扰，致使承包商的全部施工活动无法按照原定的计划进行；有的是原来合同中规定的工作与变更后的工作相互混淆，承包商无法对索赔保持准确而详细的成本记录资料，无法分辨哪些费用是原定的，哪些费用是新增加的，在这种条件下无法采用单项索赔的处理方法。如果承包商必须采用总索赔的方式，必须事先征得工程师的同意，而且要能够提供下面的证明材料：

1）承包商要证明自己的投标报价是合理的。

2）已经开支的实际成本是合理的。

3）承包商对实际成本的增加没有任何责任。

4）由于索赔事件在施工过程中的特殊性，无法采用其他方法精确计算出实际的损失数额。

对于总索赔，因为在实际操作过程中涉及太多的争议因素，索赔的成功率并不高，在实际施工过程中应尽量避免使用。



## 三、索赔原因

由于建筑装饰工程及其施工的特殊性，在建筑装饰的施工过程中，各种可变的因素较多，造成了工程项目的实际工期和造价与计划的不一致，影响了各方的利益。因此，合同履行过程中，承包人向业主提出索赔要求是不可避免的，几乎任何详细的施工合同都无法避免索赔事件的发生，其主要原因如下：

### 1. 业主违约

业主违约常常表现为业主或其委托人未能按合同规定为承包人提供应由其提供的、使承包人得以施工的必要条件，或未能在规定的时间内付款。比如，业主未能按规定时间向承包人提供场地使用权，工程师未能在规定时间内发出有关图样、指示、指令或批复，工程师拖延发布各种证书（如进度付款签证、移交证书等），业主提供材料等的延误或不符合合同标准，还有工程师的不适当决定和苛刻检查等。

### 2. 施工条件变化

在建筑装饰工程施工过程中，施工现场条件的变化对工期和造价的影响很大。由于不利的自然条件及障碍，常常导致设计变更、工期延长或成本大幅度增加。而在招标阶段，业主不可能提供极其准确的施工条件给承包商，而承包商也不可能通

过现场勘察等方式将施工条件准确无误地确定下来。况且还有很多的自然条件和技术经济条件不是人为可以控制的。因此，即使是有经验的承包商也不可能将所有施工条件的变化情况都预见到，而施工条件的变化，往往会导致设计变更、暂停施工或工程成本的大幅度上升，从而使承包商蒙受损失。承包商只有通过索赔来弥补自己不应承担的损失。

### 3. 工程变更

在建筑装饰工程施工中，工程量的变化是不可避免的，通常会发现许多招标文件中没有考虑或估计不准确的工程量，因而不得不改变施工项目或增减工程量，或者是由一些其他客观原因导致工程变更。这会导致施工时实际完成的工程量超过或小于工程量表中所列的预计工程量。在施工过程中，工程师发现设计、质量标准和施工顺序等问题时，往往会指令增加新的工作，改换建筑材料，暂停施工或加速施工等。这些变更指令必然引起新的施工费用，或需要延长工期。所有这些情况，都迫使承包人提出索赔要求，以弥补自己所不应承担的经济损失。



### 4. 工期拖延

在建筑装饰工程施工中，由于受到气候、水文地质等自然条件以及提供施工图等资料的时间的影响，经常造成工程不能按原计划进行，从而使工程竣工时间拖延。分析拖延原因、明确拖延责任时，合同双方往往产生分歧，使承包商实际支出的计划外施工费用得不到补偿，势必引起索赔要求。

如果工期拖延的责任在承包商方面，则承包商无权提出索赔。他应该以自费采取赶工的措施，抢回延误的工期；如果到合同规定的完工日期时，仍然做不到按期建成，则应承担误期损害赔偿费。

### 5. 合同缺陷

合同缺陷常常表现为合同文件规定不严谨甚至矛盾、合同中的遗漏或错误。这不仅包括商务条款中的缺陷，也包括技术规范和图样中的缺陷。在这种情况下，应由工程师做出解释。但是，如果承包商按此解释施工时引起费用增加或工期延长，则属业主方面的责任，承包商有权提出索赔。

### 6. 国家法令变更

国家法令和法规的变化，如外汇管制、汇率提高、提出更严格的强制性质量标

准等，这些情况都可能引起施工成本的变化。如果法令法规变化是在承包商投标报价前发生的（如 FIDIC 合同条件中规定投标截止日的 28 天以前），则认为此种变化已经在投标时考虑了；若此种变化在此之后发生，则一般允许调整合同价格。

**7. 物价波动**

建筑产品由于生产周期长，在施工过程中，市场物价的变化会对工程成本的影响比较大。当物价上涨时，承包商的成本增加，会提出索赔要求（适用于可调价合同）。

## 四、索赔依据

任何索赔事项的确立，其前提条件是必须有正当的索赔理由。对正当索赔理由的说明必须有充分的依据。为了获得索赔的成功，必须进行大量的索赔论证工作，以大量、翔实的证据来证明自己拥有索赔的权利和应得的索赔款额与索赔工期。在进行施工索赔时，承包商应善于从合同文件和施工记录等资料中寻找索赔的依据，在提出索赔要求的同时，提供必要的证据资料。索赔的一般依据有以下方面：



**1. 招投标文件、合同文本及附件**

主要包括招标文件、工程合同及附件、业主认可的投标报价文件、技术规范、施工组织设计等。招标文件是承包商报价的依据，是工程成本计算的基础资料，也是索赔时进行成本计算的依据。投标文件是承包商编标报价的成果资料，对施工所需的设备、材料列出了数量和价格，也是索赔的基本证据。承包商在提出索赔时，必须明确说明所依据的具体合同条款。

**2. 双方往来的信件及各种会谈纪要**

在合同履行过程中，会有大量的业主、承包商、监理工程师之间的往来信件及定期或不定期的会谈所作出的决议或决定。如业主的各种认可信与通知，工程师或业主发出的各种指令，如工程变更令、加速施工令等，以及对承包商提出问题的书面回答和口头指令的确认信等，这些信函（包括电传、传真等）都将成为索赔的证据。因此，往来的信件一定要留存，自己的回复则要留底。同时，要注意对工程师的口头指令及时书面确认。

**3. 进度计划有关文件**

施工现场工程文件包括现场施工记录、施工备忘录、各种施工台账、工时记录、质量检查记录、施工设备使用记录、建筑材料进场使用记录、工长或检查员以及技术人员的工作日记、监理工程师填写的施工记录和各种签证，各种工程统计资料如周报、月报，工地的各种交接记录如施工图交接记录、施工场地交接记录、工程中停电停水记录等资料。这些资料构成工程实际状态的证据，是工程索赔必不可少的依据。

### 4. 检查验收报告和技术鉴定报告

在工程中的各种检查验收报告如隐蔽工程验收报告、材料试验报告、试桩报告、材料设备开箱验收报告、工程验收报告以及事故鉴定报告等，这些报告构成对承包商工程质量的证明文件，因此成为工程索赔的重要依据。

### 5. 工程财务记录文件

工程财务记录文件包括工人劳动计时卡和工资单、工资报表、工程款账单、各种收付款原始凭证、总分类账、管理费用报表、工程成本报表、材料和零配件采购单等财务记录文件。它是对工程成本的开支和工程款的历次收入所作的详细记录，是工程索赔中必不可少的索赔款额计算的依据。



### 6. 现场水文、气象记录

工程水文、气象条件变化经常引起工程施工的中断或工效降低，甚至造成在建工程的破损，从而引起工期索赔和费用索赔。尤其是遇到恶劣的天气，一定要做好记录，并且请工程师签字。这方面的记录内容通常包括：每月降水量、风力、气温等，对地震、海啸和台风等特殊自然灾害更要随时做好记录。

### 7. 政策法规文件

政策法规文件是指工程所在地的政府或立法机关公布的有关国家法律、法令或政府文件，如货币汇兑限制指令、外汇兑换率的决定，调整工资的决定，税收变更指令，工程仲裁规则等。这些文件直接影响到承包商的收益，对工程结算和索赔具有重要的影响，因此承包商必须注意收集。

## 五、索赔程序

业主未能按合同约定履行自己的各项义务或发生错误以及应由业主承担责任的其他情况，造成工期延误和（或）承包商不能及时得到合同价款及承包商的其他经济损失，承包商可以书面形式向业主索赔。基本程序如下：

1. **索赔意向通知**

在索赔事件发生后，承包商应抓住索赔机会，迅速作出反应。承包商应在索赔事件发生后的 28 天内向工程师（工程监理单位委派的总监理工程师或发包人指定的履行本合同的代表）递交索赔意向通知，声明将对此事件提出索赔。该意向通知是承包人就具体的索赔事件向工程师和业主表示的索赔愿望与要求。如果超过这个期限，工程师和业主有权拒绝承包人的索赔要求。

2. **索赔报告递交**

发出索赔意向通知后 28 天内，承包商向工程师提出补偿经济损失或延长工期的索赔报告及有关资料。

3. **工程师审核索赔报告**

接到承包商的索赔意向通知后，工程师应建立自己的索赔档案。在接到正式索赔报告以后，工程师应认真研究承包商报送的索赔资料。首先，在不确认责任归属的情况下，客观分析事件发生的原因，研究合同的有关条款和承包商的索赔证据。其次，通过对事件的分析，依据合同条款划清责任界限，必要时还可以要求承包商进一步提供补充资料。尤其是承包商与发包人或工程师都负有一定责任的事件，更应划出各方应该承担合同责任的比例。最后，再审查承包商提出的索赔补偿要求，剔除其中的不合理部分，拟定自己计算的合理索赔款额和工期顺延天数。

如果在 28 天内既未予答复，也未对承包人作进一步要求的话，则视为承包商提出的该项索赔要求已经认可。

4. **工程师与承包商协商补偿**

工程师核查后初步确定应予以补偿的额度，往往与承包商的索赔报告中要求的额度不一致，甚至差额较大。主要原因大多为对承担事件损害责任的界限划分不一致；索赔证据不充分；索赔计算的依据和方法分歧较大等，因此双方应就索赔的处理进行协商。通过协商达不成共识的话，承包商仅有权得到所提供的证据满足工程师认为索赔成立那部分的付款和工期延长。不论工程师通过协商与承包人达到一致，还是他单方面作出的处理决定，批准给予补偿的款额和延长工期的天数如果在授权范围之内，则可将此结果通知承包商，并抄送业主。补偿款将计入下月支付工程进度款的支付证书内，延长的工期加到原合同工期中去。如果批准的额度超过工

程师权限，则应报请业主批准。

5. **工程师索赔处理决定**

在经过认真分析研究以及与承包商、业主广泛讨论后，工程师应该向业主和承包商提出自己的索赔处理决定。工程师收到承包商送交的索赔报告和有关资料后，于28天内给予答复，或要求承包商进一步补充索赔理由和证据。工程师在28天内未予答复或未对承包人作出进一步要求，则视为该项索赔已经认可。

通常情况下，工程师的处理决定不是最终的结果，对发包人和承包商都不具有强制性的约束力。承包商对工程师的决定不满意，可以按合同中的争议条款提交约定的仲裁机构仲裁或向人民法院提起诉讼。

## 思考与练习

### 一、单项选择题



1. 在工程施工中由于（　　）原因导致的工期延误，承包方应当承担违约责任。

   A. 不可抗力　　　　B. 承包方的设备损坏

   C. 设计变更　　　　D. 工程量变化

2. 工程师要求的暂停施工的赔偿与责任的说法错误的为（　　）。

   A. 停工责任在发包人，由发包人承担所发生的追加合同价款，赔偿承包商由此造成的损失，相应顺延工期

   B. 停工责任在承包人，由承包人承担发生的费用，相应顺延工期

   C. 停工责任在承包人，因为工程师不及时做出答复，导致承包人无法复工，由发包人承担违约责任

   D、停工责任在承包人，由承包人承担发生的费用，工期不予顺延

3. 仲裁庭作出裁决后，合同当事人应当（　　）。

   A. 按裁决自觉执行　　　　B. 不服裁决可向上级仲裁机构申请复议

   C. 向人民法院起诉　　　　D. 向合同管理机关申诉

4. 业主在（　　）合同中承担的风险最小。

   A. 可调总价　　　　B. 不可调总价

   C. 单价　　　　D. 成本加酬金

## 二、简答题

1. 简述合同订立的程序有哪些。
2. 合同变更的原因有哪些?
3. 施工索赔的依据有哪些?

# 第四章　施 工 准 备

**学习目标**

1. 了解施工准备工作的重要性
2. 掌握建筑装饰工程管理组织成立原则与设置形式，能针对不同的项目情况选择合适的管理组织设置形式
3. 熟悉成立建筑装饰工程项目经理部的意义、项目经理的选择方法



施工准备工作是指施工前从组织、技术、资金、劳动力、物资、生活等各方面为保证工程顺利地施工，事先要做好的各项工作。它是工程正式开工的条件，也是贯穿于施工过程始终的一项重要内容。更具体地说，施工准备工作包括在工程承包合同签订后的技术、资金、人员劳动力、设备、报审、资料、材料与构配件、工具、教育培训等。

本章通过学习施工准备的相关知识，掌握建筑装饰工程管理组织的设置形式及成立原则、成立建筑装饰工程项目部的意义、项目经理的选拔等内容，并能针对不同的项目情况选择合适的管理组织的设置形式。

## 第一节　施工准备工作概况

**引例**

A建筑装饰公司承接了一个办公楼玻璃幕墙的外装修工程。在工程施工前，由于测量和技术部门的测算出现了失误，裁好的每块玻璃的长度都小了1厘米，无法使用，致使这批玻璃材料全部报废，并且工期出现延误，给公司造成了很大的损失。

思考

A建筑装饰公司的这次损失主要是由于什么原因造成的？

施工准备工作，就是指建筑装饰工程施工前所做的一切工作。它不仅在开工前要做，开工后也要做，它是有组织、有计划、有步骤分阶段地贯穿于整个工程建设的始终。认真细致地做好施工准备工作，对充分发挥各方面的积极因素，合理利用资源，加快施工速度、提高工程质量、确保施工安全、降低工程成本及获得较好经济效益都起着重要作用。

## 一、施工准备工作分类

建筑装饰工程项目能够正常顺利地施工必须具备一定的条件。为了达到这些条件而进行的各种准备工作，统称为建筑装饰工程施工准备工作。施工准备工作可以按照工作范围不同和所处阶段不同分类。



### 1. 按工程项目施工准备工作范围分类

按工程项目施工准备工作的范围不同，一般可分为全场性施工准备、单位工程施工条件准备和分部（项）工程作业条件准备。

(1) 全场性施工准备。是指以一个建筑工地为对象而进行的各项施工准备。其特点是它的施工准备工作的目的、内容都是为全场性施工服务的，它不仅要为全场性的施工活动创造有利条件，而且要兼顾单位工程施工条件的准备。

(2) 单位工程施工条件准备。是指以一个建筑物或构筑物为对象而进行的施工条件准备工作。其特点是它的准备工作的目的、内容都是为单位工程施工服务的，它不仅为该单位工程在开工前做好一切准备，而且要为分部分项工程做好施工准备工作。

(3) 分部（项）工程作业条件准备。它是以一个分部分项工程或冬、雨季施工为对象而进行的作业条件准备。

### 2. 按拟建工程所处的施工阶段分类

按拟建工程所处的施工阶段不同，一般可分为开工前的施工准备和各施工阶段前的施工准备。

(1) 开工前的施工准备。它是在拟建工程正式开工之前所进行的一切施工准备工作。其目的是为拟建工程正式开工创造必要的施工条件。它既可能是全场性的施工准备，又可能是单位工程施工条件的准备。

（2）各施工阶段前的施工准备。它是在拟建工程开工之后，每个施工阶段正式开工之前所进行的一切施工准备工作。其目的是为施工阶段正式开工创造必要的施工条件。如混合结构的民用住宅的施工，一般可分为地下工程、主体工程、装饰工程和屋面工程等施工阶段，每个施工阶段的施工内容不同，所需要的技术条件、物资条件、组织要求和现场布置等方面也不同，因此在每个施工阶段开工之前，都必须做好相应的施工准备工作。

## 二、施工准备工作内容

工程项目施工准备工作按其性质及内容通常包括调查研究收集资料、技术资料准备、资源准备、施工现场准备和季节性准备，如图 4—1—1 所示。



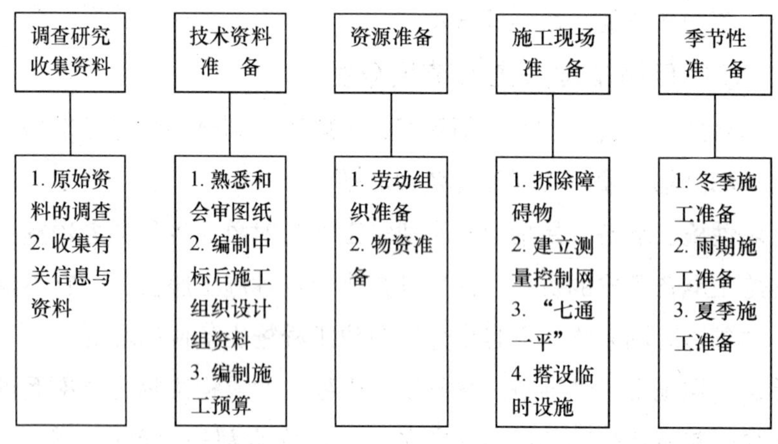


图 4—1—1　施工准备工作的一般内容

### 1. 调查研究收集资料

（1）施工现场周围单位和居民的情况调查。包括现场进入施工阶段对周围环境所产生的影响；现场周围的客观情况对施工有无限制性条件，如周围的单位和设施对噪声、震动、防尘有无特殊要求等。

（2）自然条件调查。包括施工现场所在地的地理、地形、地质、水文、气象等资料。

（3）地区经济条件。包括施工现场所在地区的地方资源、交通运输、水电及其他能源、主要设备、建筑装饰所需物资，劳动工人的工资水平以及他们的生产能力等项调查。施工现场的交通运输条件，水、电等的供应条件，通信条件，施工现场所在地能够提供的材料、设备、劳动力、生活设施等条件及其价格。

**2. 技术资料准备**

(1) 图样会审。工程承包合同签订后，由技术部门向建设单位领取各专业图样，由工程技术人员负责施工图样的分发，并建立管理台账。由技术负责人组织工程技术人员认真审核图样，做好图样会审的前期工作，针对有关施工技术和图样存在的疑点做好记录。工程开工前及时与业主、设计单位联系，做好设计交底及图样会审工作。

(2) 编制施工组织设计。根据装饰工程设计特点和现场条件及所在地区技术经济条件，编制施工组织设计。

(3) 编制施工预算。在计算装饰工程量的基础上，参照施工定额，按区域、房间、工种、项目确定额定工料消耗。



**3. 资源准备**

(1) 落实装饰施工队伍、选择专业人员。工程部依据项目部提出的劳动力计划，结合公司整体施工项目的进展情况，准备各工种人员，并组织项目部有关人员对入场工人进行入场前的教育及相应的技术安全培训，使工人在入场前对工程项目的技术难度、质量要求有所了解。总工办针对工程的特殊工艺对项目人员进行专项培训。如果工程单项需要分承包方，则由营业部负责分承包方的联系，由工程部进行工程考察确认，分承包方一旦确定，则由工程部组织项目部针对本工程对其进行培训，培训内容涉及技术、质量、安全、进度、现场文明施工等方面。从而保证在施工过程中，各班组均能全面执行公司的各项施工管理制度，并能够由项目部对其进度、质量进行控制。

(2) 施工机具的准备。装饰工程所用施工机具大致可分为手使工具及电动工具，电动工具由公司采购部门供应。采购部门依据项目部提供的机具名称，对机具进行检修维护，从而保证机具在施工过程中的正常运转，特别注意做好临时电路和消防器材的准备工作。

(3) 落实建筑装饰材料供应。为了提高计划材料的准确性，由项目部依据营业部下发的分项材料表对各分项材料用量进行核对，及时将修正材料量返回营业部预算员处，由预算员下发材料计划表，此计划表作为采购人员的采购依据提前联系供货单位，从而保证材料的供应。项目部同时向采购人员提供材料进场时间要求，从而使采购人员做到心中有数，按部就班地进行材料的准备。

### 4. 施工现场准备

（1）工程开工前，项目经理组织项目部管理人员对工地进行实地勘察，了解施工现场的环境，确定材料堆放地点、施工用水及用电情况，对原有建筑的情况进行摸底，并将实际勘察结果填入“交接备忘录”中。调查原有结构有无影响装饰施工质量及效果之处，如果有，要将修正措施及时知会业主，争取业主的同意。在特殊环境下，要注意允许施工时间及道路运输情况。

（2）对施工现场进行下列场地的布置：现场办公场地、现场仓库及材料堆场、现场半成品临时加工场地、材料二次运输临时堆放场地、工地食堂、工地宿舍等。



### 5. 季节性准备

雨季注意施工材料场地、生活区要选在高处，周边挖排水沟。采用防雨布遮盖，有条件可以搭建简易雨棚。场地低洼处挖降水井，机械排水。人员注意防雷。冬季注意混凝土防冻剂的配比，用草帘、塑料布保温。人员注意防冻。

## 三、施工准备工作要求

施工准备工作对整个工程施工有着重要的作用，在施工准备工作中应有严格的要求。施工准备工作的要求见表4—1—1。

表4—1—1　施工准备工作的要求

| 序号 | 要求 |
| --- | --- |
| 1 | 施工准备工作应有组织、有计划，分阶段有步骤地进行 |
| 2 | 建立严格的施工准备工作责任制及相应的检查制度 |
| 3 | 坚持按基本建设程序办事，严格执行开工报告制度 |
| 4 | 施工准备工作必须贯穿施工全过程 |
| 5 | 施工准备工作要取得各协作相关单位的友好支持与配合 |

# 第二节　施工项目管理组织机构

**引例**

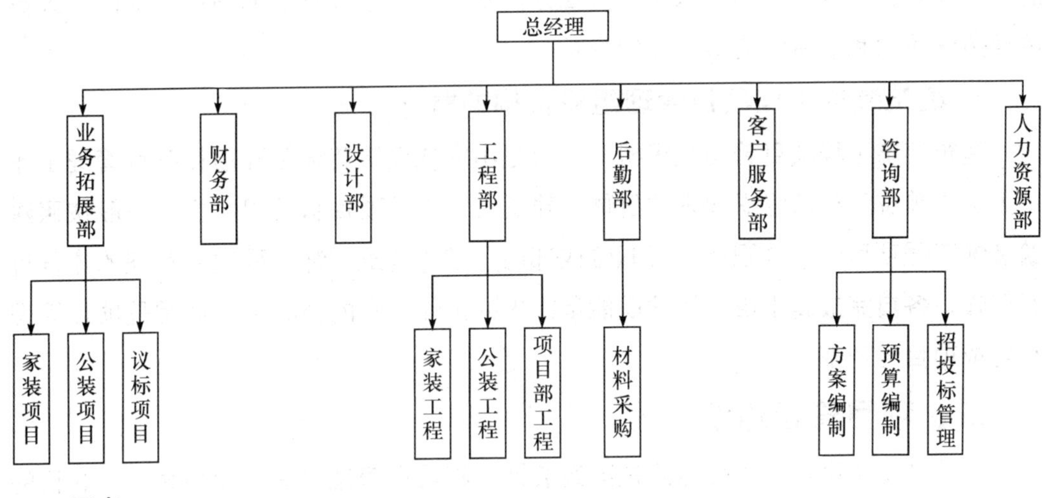




**思考**

引例中是一个中型建筑装饰公司的组织构架，请认真学习本节内容并分析：这是哪一种组织机构的设置形式？这种形式的优缺点各是什么？适合什么样的公司采用？

## 一、基本概念

### 1. 组织的含义

组织有两种含义：作为名词意义的组织指的是组织机构，是指按一定的领导体制、部门设置、层次划分、职责分工、规章制度和信息系统等构成的有机整体，是社会人的集合体，可以完成一定的任务，并为此而处理人与人、人与物、人与事之间的关系；作为动词意义的组织指的是组织行为或组织活动，是指通过一定的权力和影响力，为达到一定的目的，对所需资源进行合理的配置，处理人与人、人与物、人与事之间关系的行为和活动。

### 2. 建筑装饰工程项目管理组织的概念

建筑装饰工程项目管理组织是指为进行建筑装饰工程项目管理、实现组织职能而进行的组织系统的设计建立、组织运行和组织协调。建筑装饰工程项目管理组织系统的设计建立是指经过筹划设计，建成一个可以完成建筑装饰工程项目管理的组织机构，建立健全必要的规章制度，划分并明确岗位、层次、部门的责任、权利和利益，建立和形成管理信息系统与责任分担系统，并通过一定的岗位和部门内人员的规范化活动和信息流通实现组织目标。

#### 3. 建筑装饰工程项目管理组织机构的概念

建筑装饰工程项目管理组织机构主要是由完成建筑装饰工程项目各种管理工作的人员、单位、部门组织起来的群体。建筑装饰工程项目管理组织机构一般按照建筑装饰工程项目管理的职能设置职位或部门，按照建筑装饰工程项目管理的流程进行工作，各自完成属于自己管理职能范围内的工作。它的核心部门通常是项目管理小组或项目经理部。



### 二、项目管理组织职能

建筑装饰工程项目管理组织是建筑装饰工程项目管理的基本职能之一，其目的是通过设计建立合理的职权关系结构来使各方面的工作协调一致。建筑装饰工程项目管理组织的职能包括以下四个方面的内容：

#### 1. 组织设计

选定一个合理的建筑装饰工程项目管理组织系统，划分各部门的权限与职责，确立各种规章制度。

#### 2. 组织建立

规定建筑装饰工程项目管理组织机构中各部门之间的相互关系，明确信息流通和信息反馈的渠道以及它们之间的协调原则和方法。

#### 3. 组织运行

规定各组织体的工作顺序和业务管理活动的运行过程，使建筑装饰工程项目管理中的各个部门都能按照分担的责任完成各自的工作。

#### 4. 组织调整

根据工作需要和环境的变化，对原有的建筑装饰工程项目管理组织系统进行调整和重新组合以适应新的情况。

## 三、项目管理组织特点

### 1. 一次性

建筑装饰工程项目管理组织的生命期与建筑装饰工程项目完成的时间有关，项目完成就意味着建筑装饰工程项目管理组织的结束，其组织机构就会解散。

### 2. 明确的目标、任务和责任

建筑装饰工程项目管理组织的目的就是最好地完成整个建筑装饰工程项目。

### 3. 系统性

建筑装饰工程项目的系统性决定了建筑装饰工程项目管理组织的系统性。建筑装饰工程项目管理组织机构的设置应该能够完成所有的工作和任务，同时还要求结构最简、效率最高。

### 4. 高度弹性和可变性

建筑装饰工程项目管理组织机构的许多组织成员随项目任务的承接和完成，以及项目的实施过程而进入或退出项目组织，或承担不同的角色。

### 5. 各种关系的复杂性

建筑装饰工程项目管理组织不但受到其上级部门、政府行政部门、质检部门等外部环境的制约，而且由于项目的参加者来自不同的单位和部门，有着各自独立的经济利益和权利，各种合作关系和利益冲突错综复杂。

### 6. 管理组织形式的多样性

施工单位在实施施工项目管理过程中，可采用多种组织形式，如职能式、矩阵式等。施工单位可按照项目需要和自身特点选择合适的组织管理方式。

## 四、组织机构设置形式

根据组织结构中权责关系的不同，人们将组织结构划分为直线式、职能式、直线职能式、事业部式、矩阵式等类型。

### 1. 直线式组织结构

直线式组织结构如图 4—2—1 所示。其主要特点是：各级组织依层次由上级垂直领导与管辖，指挥和命令是从组织最高层到最低层按垂直方向自上而下地传达和贯彻；最高领导集指挥权与管理职能于一身，对下属负有全权，政出一门；每一层级的平行单位各自分立，各自负责，无横向联系，纵向联系也只对上级主管负责。

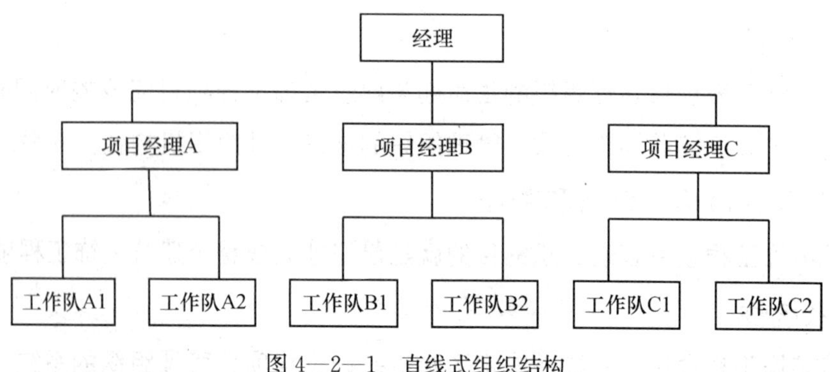


图 4—2—1　直线式组织结构

这种组织结构以权限清楚，职责明确，活动范围稳定，没有中间环节，关系简明、机构精简、节约高效见长。



其缺点是：在任务分配和人事安排上缺乏分工与协作，因而难以胜任复杂的职能；组织结构刻板，缺乏弹性，不利于调动下级的积极性；权限高度集中，易于造成家长式管理作风，形成独断专行，长官意志；使组织成员产生自主危机，在心理上形成疏远感。

直线式组织结构的适用范围是有限的，它只适用于小规模组织，或者是组织规模较大但活动内容比较单纯、简单的情况。在古代，这种组织结构是主要的组织结构形式，随着社会的发展，它逐渐居于次要的地位。

### 2. 职能式组织结构

职能式组织结构（见图 4—2—2）是在直线式组织结构的基础上发展起来的。由于管理事务的日益复杂，用直线式组织结构进行管理，便会出现管理者负荷太

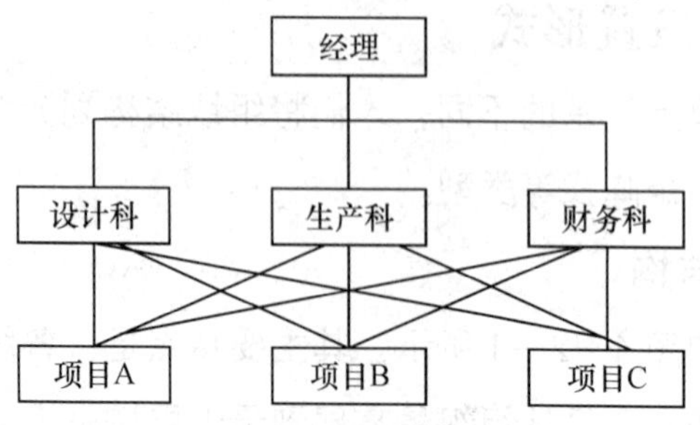


图 4—2—2　职能式组织结构

重，力不从心的问题。于是在管理者和执行者中间，便产生了一些职能机构，承担研究、设计、开发以及管理活动。在职能式结构中，按专业分工设置管理职能部门，各部门在其业务范围内有权向下级发布命令与指示，下级既要服从上级主管的指挥，又要听从上级职能部门的指挥。

职能式组织结构具有分职、专责的特点。其优点在于有利于发挥管理人员的特长，提高他们的专业能力；有利于将复杂工作简单化，提高工作效能；有利于强化专业管理，提高管理工作的计划性和预见性。它适应社会生产技术复杂、管理分工细腻的要求。并且，在心理上，职能式结构产生一种强调专业、强调专业分工、强调规划的新型管理作风。

职能式组织结构的缺点是：多头领导，削弱了必要的集中统一；不利于划分各行政负责人和职能部门的职责权限；它增加了管理层次，管理人员过多，有时影响工作效率；在心理上使组织成员产生某种轻视权威的心理。



职能式组织是一种国有企业常用的传统组织结构形式，适用于中型的，专业人员较为充足，较为成熟的组织。

对职能式结构改进的是直线职能制，它以直线制为基础，增加了为各级行政领导出谋划策但不进行指挥命令的参谋部门。

### 3. 事业部式组织结构

事业部式组织结构（见图 4—2—3）又称分权式组织结构，是适应现代社会组织规模日趋庞大、活动内容日益复杂、变化迅速，基层单位自主经营日益重要的形式而产生的。这种组织结构的最大特征在于分权化。它按照产品、地区、市场或顾客将组织划分为若干个相对独立的单位，称之为事业部。各事业部根据最高管理层制定的方针、政策和下达的任务、指标，全权指挥所管辖单位和部门的生产经营活动，并对最高管理层全面负责，各事业部在人事、财务、组织机构设置方面有较大的自主权。

事业部式组织结构的优点是：①最高管理部门和管理者可以把主要精力放在研究制定组织发展的战略方面，而不拘泥于对具体事务的管理。②由于权力下放，各事业部能独立自主地根据环境变化处理日常工作，从而使整个管理富于弹性，使组织工作更加具有灵活性和适应性。可以做到因地制宜、因时制宜。③由于权力下放，各事业部门独立性较强，可以摆脱请示汇报、公文旅行、浪费时间的陋习，提

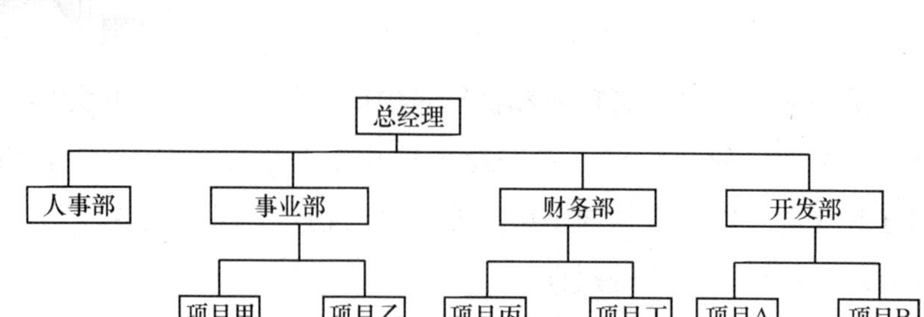

图 4—2—3　事业部式组织结构

高工作效率。④由于事业部是相对独立的经营单位，便于将组织的经营状况同组织成员的物质利益挂起钩来，从而调动大家的积极性。

但是，事业部制本身又具有缺陷，主要表现在：过分强调分权，削弱了组织的统一；强调各部门的独立，缺乏整体观念和各部门之间的协作；各事业部都存在自己的职能部门，有可能导致机构重叠，管理人员增多，人浮于事，管理费用增大等问题。



### 4. 矩阵式组织结构

矩阵式组织结构是一种比较新颖的组织机构形式（见图 4—2—4），就是由纵横两种管理系列组合而成的方形结构。一种是纵向的职能部门结构；一种是横向的项目管理结构。两者交叉重叠，便组成矩阵式组织结构。

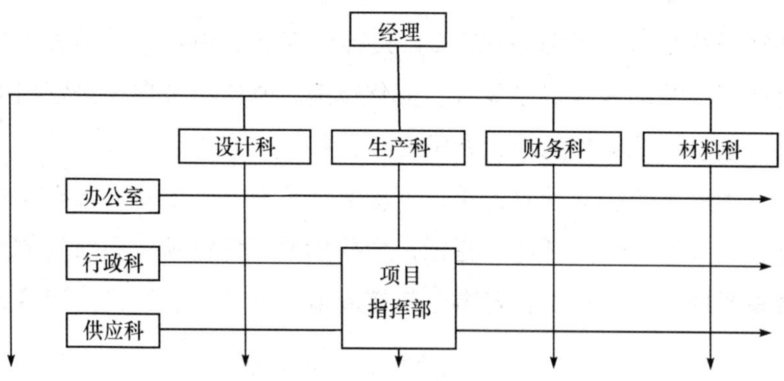

图 4—2—4　矩阵式组织结构

矩阵式组织结构的特点：①是为了完成某种特定的任务，如完成一个工程项目或开发一种新产品，由有关职能部门组成一个小组，以利于利用各方力量，协调各方面活动，保证任务的完成。②项目小组的成员接受双重领导，既服从于小组负责

人的领导，又要受所属职能部门的领导。③矩阵式组织的形式是固定的，但每个小组是临时的，在完成任务后立即撤销。

矩阵式组织结构的优点是：把组织中的横向联系和纵向联系结合起来，加强各职能部门之间的配合；把不同部门的专业人员集中在一起，有利于知识互补，开发新产品；这种组织结构具有很大的灵活性，应变迅速。

矩阵式组织结构也有不足之处：由于实行双重领导，容易由于意见分歧造成工作上的矛盾；专项组织与职能组织的权力平衡，各项工作在时间、成本、效益等方面的平衡很难实现；加之专项小组多是临时性的，小组成员容易产生临时观念，使职工角色知觉模糊、产生不稳定感和迷茫感。

## 五、管理组织形式选择

建筑装饰工程项目管理的组织形式除由项目的规模、业务范围、复杂性等因素决定外，还因用户对工程项目组织所提出的要求、标准规范、合同规定等情况的不同而存有差异。另外，企业的素质、任务、条件和基础不同以及建筑装饰工程项目的性质、规模、内容、管理方式不同，对组织机构的要求也不尽相同。选择什么样的建筑装饰工程项目管理组织形式，要根据企业和项目的具体条件因地制宜地选择。一般情况下，建筑装饰工程项目管理组织形式的选择应当遵循以下原则：

(1) 适应建筑装饰工程项目的一次性的特点，使项目的资源配置需求可以进行动态的优化组合，能够连续、均衡地完成建筑装饰工程项目管理的任务。

(2) 有利于建筑装饰工程项目管理依靠企业的正确战略决策及决策的实施能力，适应复杂多变的市场竞争环境和社会环境，以便加强建筑装饰工程项目的管理，取得综合效益。

(3) 有利于强化对内和对外的合同管理，有效地处理合同纠纷，提高企业的信誉。

(4) 组织形式要为项目经理的指挥和企业对项目经理部的管理提供有利的条件，要有利于提高管理效率。

(5) 要根据建筑装饰工程项目的规模、项目与企业本部的距离及项目经理的管理能力确定建筑装饰工程项目管理的组织形式，使层次简化，分权明确，指挥灵便。

# 第三节 组建项目经理部

**引例**

某装饰公司承接某商厦的装饰工程项目，在公司内部选派人员组成了项目部，由项目经理负责组织实施工程开工前的各项准备及现场管理工作，在施工现场搭建了项目部办公室。由于项目较小，项目部只有项目经理和安全员两人。

**思考**

1. 项目经理部主要包括哪些人员？引例中的项目部人员组成有不妥吗？

2. 项目经理应具备哪些能力？

## 一、项目经理部组成



项目经理部是由项目经理在企业法定代表人授权和职能部门的支持下按照企业的相关规定组建的、进行项目管理的一次性的组织机构，负责整个施工项目从开工到竣工的全过程施工生产经营管理。

根据项目管理的需要，项目经理部主要包括以下人员：项目经理、项目技术经理、施工员、核算员、质量员、安全员、材料员等。所有人员必须持证上岗。

如工程项目较小时，可以一人多职，但不得少于 3 人，主要指项目经理、质量员、安全员是必须配备的。项目经理部组织结构如图 4—3—1 所示。

## 二、项目经理部建立原则

### 1. 目的性明确

建筑装饰工程项目经理部的建立要根据建筑装饰工程项目的规模、复杂程度和专业特点进行设置。项目管理组织的目的是为了更好地发挥建筑装饰工程项目的管理功能，为项目管理服务，提高建筑装饰工程项目管理整体效率以达到项目管理的最终目标。建筑装饰工程项目管理组织的调整、增加合并或取消都应该以是否对其实现建筑装饰工程项目管理目标作为衡量标准。

### 2. 管理跨度适中

管理跨度也叫管理幅度，是指一个领导者能够直接而有效地领导下属人员的数量跨度大，管理人员的接触关系增多。当跨度太大时，领导者会出现应接不暇的情

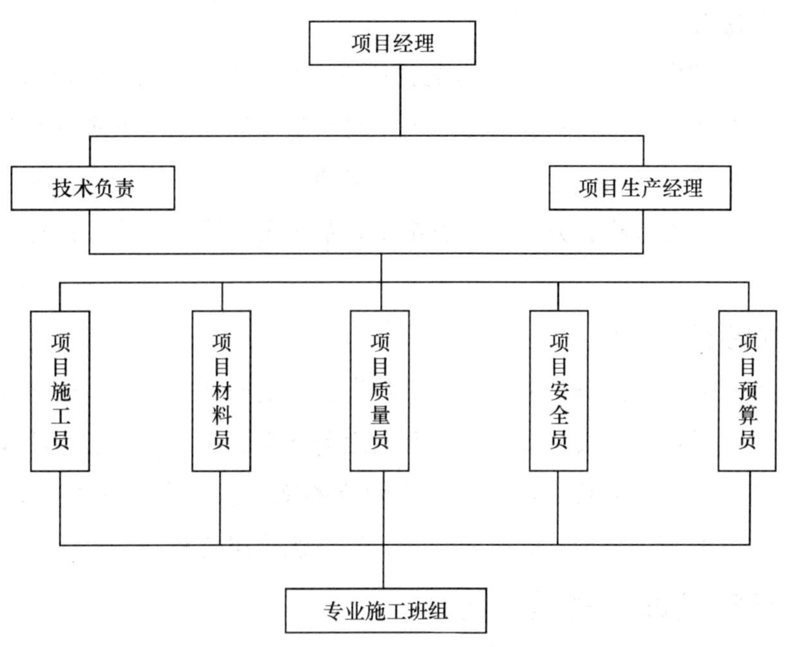


图 4—3—1　项目经理部组织结构示意图



况，造成管理效率的下降。而管理跨度太小就会造成管理机构的臃肿，同样会造成管理效率的下降。因此，适中的管理跨度对建筑装饰工程项目管理的有效执行是十分重要的。适中的管理跨度应该根据管理者的能力和建筑装饰工程项目的具体情况来确定。

### 3. 分工协作

建筑装饰工程项目管理组织要坚持分工与协作的原则，就要做到分工合理、协作明确。对每道工序、每个职工的工作内容、工作范围、相互关系、协作方法等，都有明确的规定。分工的粗细要根据员工的素质水平和管理的繁简程度来确定。

### 4. 分层统一

分层统一原则的实质就是命令统一，在管理工作中实行统一领导，建立起严格的责任制（建筑装饰项目经理部是项目经理责任制），消除多头领导或无人领导，保证全部管理工作的有效领导和正常进行。它要求管理层次的建立形成一条连续的等级链。

5. 精干高效

建筑装饰工程项目经理部的人员配置应该面向现场，满足现场的计划、调配、技术、质量、成本核算、材料、人工和安全文明施工的需要。不应设置与项目施工关系较少的非生产性部门。争取做到人员尽可能少，效率尽可能高。要坚持因事设岗，按岗定人，以责授权，力求人人有事干，事事有人管，保质又保量，负荷都饱满。

6. 一次性组织

建筑装饰工程项目经理部应该是一个具有弹性的一次性组织，能够随工程任务的变化进行调整。在建筑装饰项目施工开始之前建立，在工程竣工验收及交付使用后，项目经理部解体。项目经理部不会有固定的施工队伍，而是根据企业的安排、施工的需要，在企业内部或社会吸收人员，进行优化组合和动态管理。



## 三、建筑装饰工程项目经理

建筑装饰工程项目经理是企业法定代表人在建筑装饰工程项目上的全权委托代理人。在企业内部，项目经理是项目实施全过程、全部工作的总负责人，对外可以做企业法人的代表在授权范围内负责，处理各项事务。因此，项目经理是项目实施最高责任者和组织者。

1. 项目经理的任务

(1) 确定项目组织机构并配置相应人员，组织项目经理班子。项目经理受公司法定代表人委托，代表公司履行对外工程承包合同，对本工程项目的实施负全面责任，确保公司质量、环境、安全综合管理方针、目标的实现。

(2) 制定各项规章制度和岗位责任制，组织项目、有序地开展工作。贯彻执行国家和工程所在地的有关法律、法规、政策及企业的有关规定。对项目资源进行动态管理，加强项目成本、安全、工期、材料、设备、标准化现场等管理，提高项目整体效益。

(3) 制定项目的总目标和阶段性目标，进行目标分解，制定总体控制计划，并主持制定并实施项目管理规划，贯彻落实质量、环境、安全方针，确保综合管理体系健康有效运行。

(4) 及时、准确地做出项目管理决策，严格管理，保证合同的顺利进行。

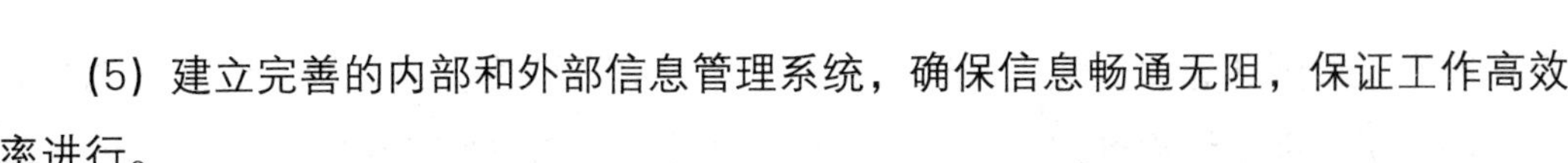

(5) 建立完善的内部和外部信息管理系统，确保信息畅通无阻，保证工作高效率进行。

### 2. 项目经理在工程项目中的地位

施工项目经理是在整个施工项目任务完成过程中的最高责任者和组织管理者，是施工项目的管理中心，在整个施工活动中占有举足轻重的地位。明确施工项目经理的地位是搞好建筑装饰施工项目管理的关键。

(1) 施工项目经理是建筑装饰施工企业法定代表人在施工项目上的全权委托代理人。他代表企业全面负责和管理该工程项目。

(2) 施工项目经理在工程项目中居中心和枢纽地位，是协调各方面关系，使之相互紧密协作、配合的桥梁和纽带。因此，项目经理要有领导力，并对建筑装饰施工项目管理目标的实现承担着全部责任。

(3) 施工项目经理对施工项目的实施进行控制，是各种信息的集散中心。

(4) 施工项目经理是施工项目责、权、利的主体。责任是构成项目经理的工作压力，权力是确保项目经理能够承担责任的条件和手段，利益是项目经理的工作动力。他处于没有退路的地位，必须勤思考、勤开会、勤检查，直接参与实践。

(5) 施工项目经理对上级管理部门而言，处于被管理者的地位。

### 3. 项目经理的选择

建造师执业资格制度建立以后，承担建设工程项目施工的项目经理仍是施工企业所承包某一具体工程的主要负责人，他的职责是根据企业法定代表人的授权，对工程项目自开工准备至竣工验收，实施全面的组织管理。而大中型工程项目的项目经理必须由取得建造师执业资格的建造师担任，即建造师在所承担的具体工程项目中行使项目经理职权。注册建造师资格是担任大中型工程项目的项目经理的必要条件。建造师需按《关于印发〈建造师执业资格制度暂行规定〉的通知》（人发〔2002〕111号文件）的规定，经统一考试和注册后才能从事担任项目经理等相关活动，是国家的强制性要求，而项目经理的聘任则是企业行为。

目前项目经理的产生主要来自公司内部选拔，也可以从外部招聘。

(1) 公司或部门内部选拔的正常程序是：公司内部自己定一个项目经理的候选人标准。这个标准包括实际工作年限、学历、参加项目的数量等，在达到上述标准

后，所在单位则认为项目经理候选人具备了项目经理资格。具体聘用时则根据具体项目的情况，采取组织选定、自荐、内部招聘或几种方式结合进行选定项目经理。

(2) 外部招聘：外部招聘项目经理要比较慎重，对一个招聘对象必须要有一个评估和了解的过程，要充分了解招聘对象的工作能力、社会关系、工作业绩、资金能力等，做一个综合评判。

## 思考与练习

### 一、填空题

1. 按工程项目施工准备工作的范围不同，施工准备工作一般可分为＿＿＿＿＿＿＿＿＿＿＿＿＿＿＿＿和＿＿＿＿＿＿＿＿＿＿。

2. 简单项目、小型项目、承包内容单一的项目，宜采用＿＿＿＿＿＿＿＿组织形式。



3. 项目经理部由＿＿＿＿领导，接受企业职能部门的指导、监督、检查、服务和考核。

4. 项目经理部是施工现场管理的一次性且具有弹性的施工生产经营管理机构，随项目的开始而＿＿＿＿，随项目的完成而＿＿＿＿＿。

### 二、简答题

1. 施工准备的基本内容有哪些?
2. 建筑装饰工程项目管理组织的职能有哪些?
3. 建筑装饰工程项目经理部的建立原则是什么?

# 第五章 流水施工

**学习目标**

1. 了解组织施工的方式及其特点
2. 掌握有节奏流水施工的特点和流水施工工期及有关参数的计算方法
3. 掌握无节奏流水施工的特点和流水施工工期及有关参数的计算方法
4. 能选择流水施工方法，能绘制简单有节奏流水和无节奏流水的横道图
5. 能够对一些简单的单位工程合理地组织流水施工



## 第一节 流水施工基本原理

**引例**

四间同样装修标准的酒店装修工程，每个包间需要 3 个施工过程，吊顶、贴墙纸、铺设复合木地板，每个施工过程用时 2 天，需要 3 人完成。

**思考**

1. 这个工程施工可以有几种组织施工方式？完成工程最长需要几天？
2. 有没有一种方法更合理地利用资源，工期也更合理？

### 一、建筑装饰工程施工组织方式

任何建筑装饰工程的施工，都可以分解成许多施工过程。在每一个施工工程中，都会有劳动力和机具调配、建筑装饰材料及构件的供应等组织问题，其中，最

基本的是劳动力的组织问题。考虑工程项目的施工特点、工艺流程、资源利用、平面或空间布置等要求，施工方式可以采用依次、平行、流水等施工组织方式。

【例 5—1—1】

有三间办公室进行同样的建筑装饰，按一个办公室为一个施工段。每间办公室建筑装饰都大致分为安装吊杆、安装木龙骨、安装胶合板、裱贴墙纸四个部分。各部分所花时间都为 2 天。安装吊杆施工班组的人数为 3 人，木龙骨安装施工班组的人数为 6 人，胶合板安装施工班组的人数为 4 人，裱贴墙纸施工班组的人数为 3 人。要求分别采用依次、平行、流水的施工方式对其组织施工，分析各种施工方式的特点。

### 1. 依次施工

（1）施工组织方式。依次施工又称顺序施工，是指将拟建工程项目的施工分解成若干个施工过程，各施工段或施工过程依次开工、依次完成的一种组织施工方式。依次施工通常有两种安排方法：



1）第一种方式。是在一个施工段完成所有的施工过程，再依次完成其余各施工段的施工过程的施工组织方式。其施工进度安排如图5—1—1 所示。

| 施工过程 | 施工进度（天） | | | | | | | | | | | |
|---|---|---|---|---|---|---|---|---|---|---|---|---|
| | 2 | 4 | 6 | 8 | 10 | 12 | 14 | 16 | 18 | 20 | 22 | 24 |
| 安装吊杆 | Ⅰ | | | | Ⅱ | | | | Ⅲ | | | |
| 安装木龙骨 | | Ⅰ | | | | Ⅱ | | | | Ⅲ | | |
| 安装胶合板 | | | Ⅰ | | | | Ⅱ | | | | Ⅲ | |
| 裱贴墙纸 | | | | Ⅰ | | | | Ⅱ | | | | Ⅲ |

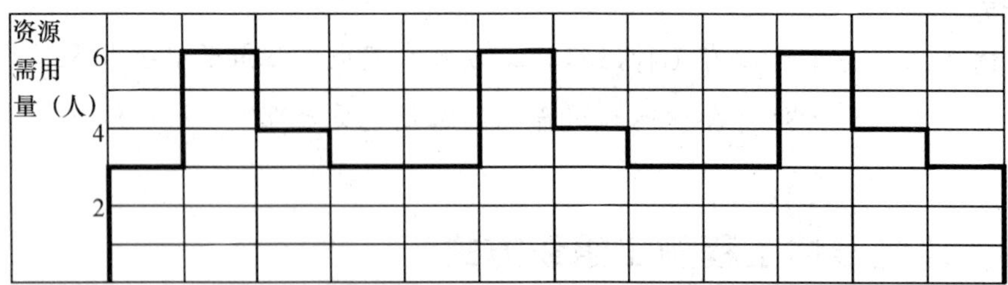


图 5—1—1　按施工段依次施工

2）第二种方式。依次完成每个施工段的第一个施工过程后，再开始第二个施工过程的施工，直至完成最后一个施工过程的组织方式。其施工进度安排如图 5—1—2 所示。

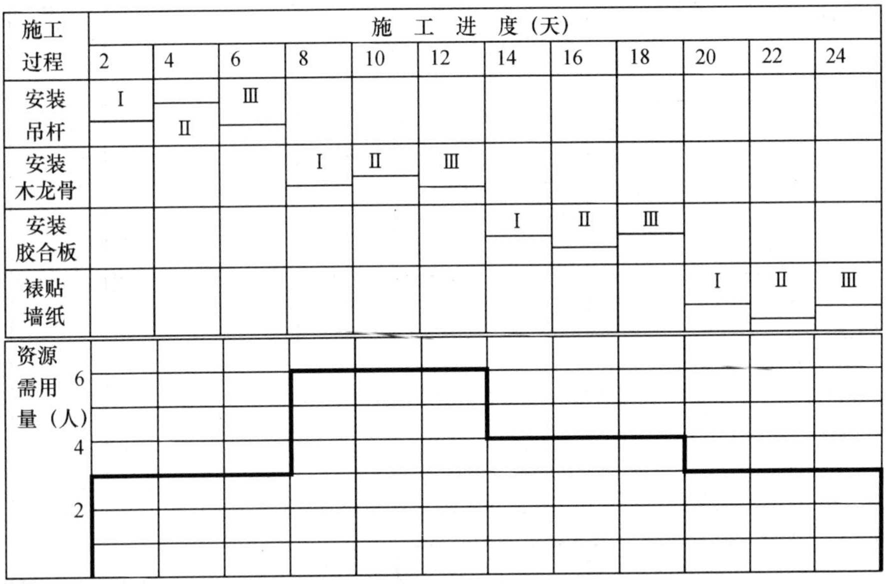

| 施工过程 | 施工进度（天） | | | | | | | | | | | |
| --- | --- | --- | --- | --- | --- | --- | --- | --- | --- | --- | --- | --- |
| | 2 | 4 | 6 | 8 | 10 | 12 | 14 | 16 | 18 | 20 | 22 | 24 |
| 安装吊杆 | Ⅰ | Ⅱ | Ⅲ | | | | | | | | | |
| 安装木龙骨 | | | | Ⅰ | Ⅱ | Ⅲ | | | | | | |
| 安装胶合板 | | | | | | | Ⅰ | Ⅱ | Ⅲ | | | |
| 裱贴墙纸 | | | | | | | | | | Ⅰ | Ⅱ | Ⅲ |
| 资源需用量（人） 6 4 2 | | | | | | | | | | | | |

图 5—1—2　按施工过程依次施工

(2) 施工组织特点。由图 5—1—1、图 5—1—2 可以看出，依次施工方式具有以下特点：

1）没有充分地利用工作面进行施工，工期长。

2）如果按专业成立工作队，则各专业队不能连续作业，有时间间歇，劳动力及施工机具等资源无法均衡使用。

3）如果由一个工作队完成全部施工任务，则不能实现专业化施工，不利于提高劳动生产率和工程质量。

4）单位时间内投入的劳动力、施工机具、材料等资源量较少，有利于资源供应的组织。

5）施工现场的组织、管理比较简单。

6）适用范围：工程规模较小或者工作面有限的工程。

### 2. 平行施工

(1) 施工组织方式。平行施工方式是指将拟建工程项目的施工分解成若干个施工过程，每个施工过程组织几个施工班组，在同一时间、不同的空间，按施工工艺要求同时完成各施工对象。如图 5—1—3 所示。

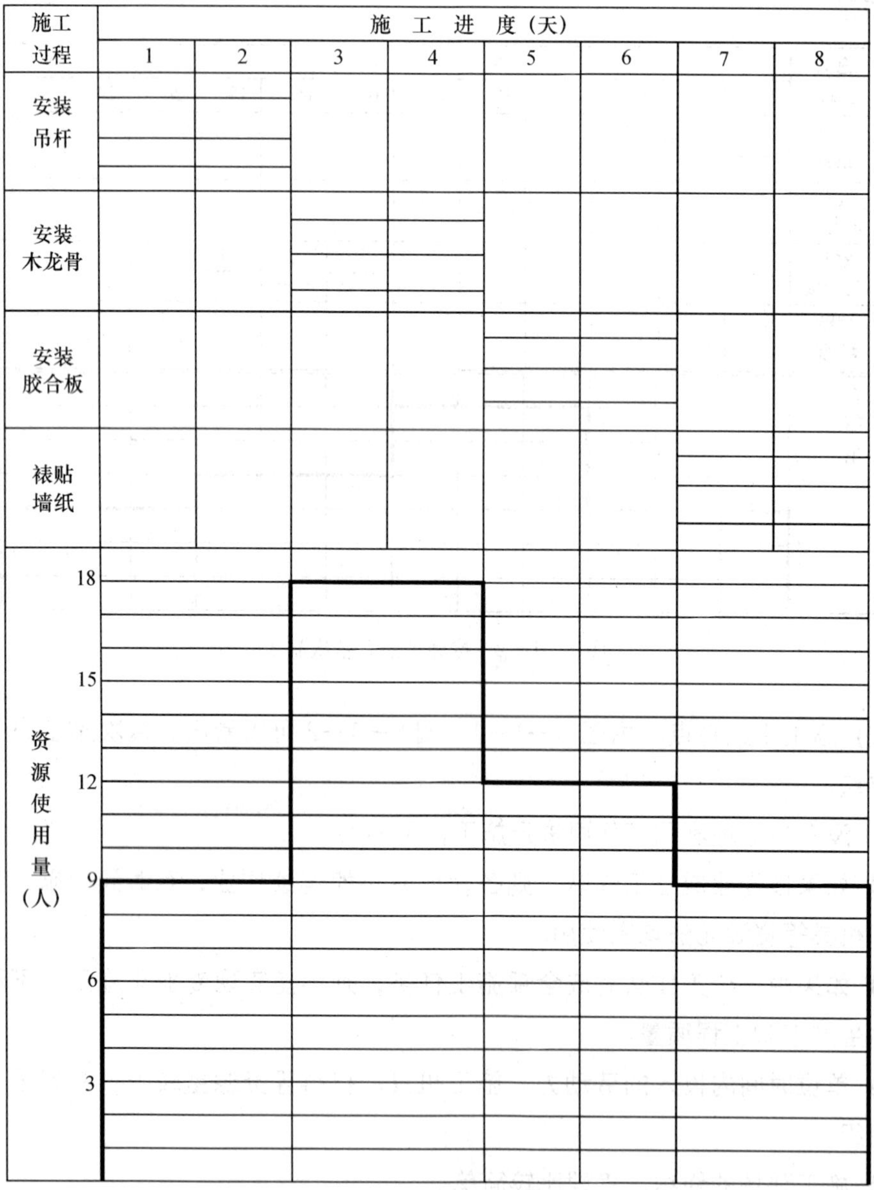

| 施工过程 | 施工进度（天） | | | | | | | |
|---|---|---|---|---|---|---|---|---|
| | 1 | 2 | 3 | 4 | 5 | 6 | 7 | 8 |
| 安装吊杆 | | | | | | | | |
| 安装木龙骨 | | | | | | | | |
| 安装胶合板 | | | | | | | | |
| 裱贴墙纸 | | | | | | | | |
| 资源使用量（人） 18 15 12 9 6 3 | | | | | | | | |

图 5—1—3　平行施工

（2）施工组织特点。由图 5—1—3 中可以看出，平行施工方式具有以下特点：

1）充分地利用工作面进行施工，可以大大缩短工期。

2）单位时间内投入的劳动力、施工机具、材料等资源量成倍地增加，不利于资源供应的组织。

3）施工现场的组织、管理比较复杂。

4）适用范围：工期紧、工作面允许、资源供应充足的工程。

### 3. 流水施工

（1）施工组织方式。流水施工方式是将拟建工程项目中的每一个施工对象分解为若干个施工过程，各个施工过程陆续开工，陆续竣工，各施工班组在不同空间按照施工顺序依次完成各个施工对象的施工过程，同时保证施工在时间和空间上连续、均衡和有节奏地进行，使相邻两专业队能最大限度地搭接施工的组织方式。如图 5—1—4 所示。

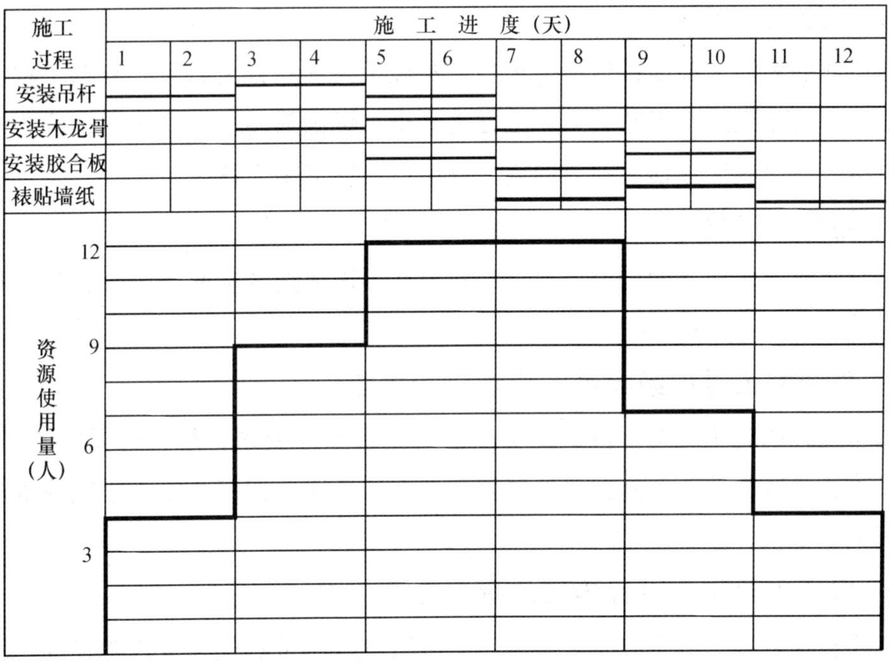

| 施工过程 | 施工进度（天） | | | | | | | | | | | |
|---|---|---|---|---|---|---|---|---|---|---|---|---|
| | 1 | 2 | 3 | 4 | 5 | 6 | 7 | 8 | 9 | 10 | 11 | 12 |
| 安装吊杆 | | | | | | | | | | | | |
| 安装木龙骨 | | | | | | | | | | | | |
| 安装胶合板 | | | | | | | | | | | | |
| 裱贴墙纸 | | | | | | | | | | | | |

资源使用量（人）

12

9

6

3

图 5—1—4　流水施工

（2）施工组织特点。由图 5—1—4 中可以看出，流水施工所需总时间比依次施工短，各施工过程平均投入的资源比平行施工少，各班组流动于整个工程不同的工作面连续、均衡地施工，前后施工过程尽可能平行搭接施工，比较充分地利用了工作面。同时又克服了平行作业法资源高度集中的缺点，是一种先进有效的施工组织方式。流水施工方式具有以下特点：

1）科学地利用了工作面，争取了时间，总工期趋于合理。

2）各工作队实现了专业化施工，有利于提高技术水平和劳动生产率，也有利于提高工程质量。

3）专业工作队能够连续施工，同时使相邻专业队的开工时间能够最大限度地合理搭接。

4）单位时间内投入的劳动力、施工机具、材料等资源量较为均衡，有利于资源供应的组织。

5）为施工现场的文明施工和科学管理创造了有利条件。

## 二、流水施工要点



### 1. 划分施工过程

将拟建的装饰工程项目根据工程特点及施工要求划分为若干个分部工程，每一个分部工程又根据施工工艺要求、工程量大小、资源需用量的情况，划分为若干个施工过程，每个施工过程由独立的施工班组负责完成施工任务。

### 2. 划分施工段

根据组织流水施工的需要，将工程对象在平面或结构空间上划分为工程量相等（或相近）的若干个施工段（流水段）。

### 3. 每个施工过程组织专业班组进行施工

每个过程的施工班组，按照施工工艺的先后顺序要求，配备必要的施工机具，各自依次、连续地从一个施工段转移到下一个施工段，在每个施工段完成本施工过程相同的施工操作。

### 4. 保证主要施工过程连续均衡

对工程量较大、施工时间较长的主要施工过程尽可能使专业班组连续、均衡地施工；对工程量较小、施工延续时间较短的一些次要的施工过程；可以考虑和相邻的施工过程合并为一个施工过程；如果不能合并，根据缩短工期的要求，可以安排为间歇性地施工。

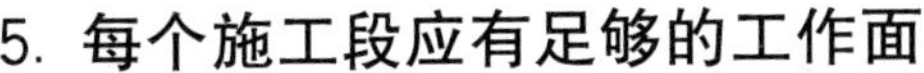

5. 每个施工段应有足够的工作面

从事某专业工种的工人在从事建筑装饰施工过程中，必须具备一定的活动空间，这个活动空间称为工作面（在施工对象上能够安排劳动力或施工机械的地段）。

## 三、流水施工表达方式

流水施工的表达方式，主要有网络图（后面章节会有详细介绍）、横道图。下面以某建筑装饰工程流水施工为例介绍横道图。

某建筑装饰工程流水施工的横道图表示法如图 5—1—5 所示。图中的横坐标表示流水施工的持续时间；纵坐标表示施工过程的名称或编号。$n$ 条带有编号的水平线段表示 $n$ 个施工过程或专业工作队的施工进度安排，其编号Ⅰ、Ⅱ……表示不同的施工段。

| 施工过程 | 施工进度（天） | | | | | | | | | | | |
|---|---|---|---|---|---|---|---|---|---|---|---|---|
| | 1 | 2 | 3 | 4 | 5 | 6 | 7 | 8 | 9 | 10 | 11 | 12 |
| 砌隔墙 | Ⅰ | | | Ⅱ | | Ⅲ | | | | | | |
| 墙体抹灰 | | | Ⅰ | | | Ⅱ | | Ⅲ | | | | |
| 安塑钢门窗 | | | | | Ⅰ | | | Ⅱ | | Ⅲ | | |
| 喷刷涂料 | | | | | | | Ⅰ | | | Ⅱ | | Ⅲ |

图 5—1—5　横道图表示方法

横道图表示法的优点是：绘图简单，施工过程及其先后顺序表达清楚，时间和空间状况形象直观，使用方便，因而被广泛用于表达施工进度计划。

# 第二节　流水施工主要参数

**引例**

某装饰工程有两层共八间办公室，采取自上而下的流水组织施工。该装饰工程的施工过程分为砌筑隔墙、室内抹灰、安装门窗、喷刷涂料四个施工过程，每个过程流水节拍为两天，组织流水施工。

**思考**

该工程的流水参数分别是什么？

在组织拟建工程项目流水施工时，用以表达流水施工在工艺流程、空间布置和时间安排等方面开展状态的参数，称为流水参数。它主要包括工艺参数、空间参数和时间参数三类。



## 一、工艺参数

在组织流水施工时，用以表达流水施工在施工工艺上开展顺序及其特征的参数，称为工艺参数。也即在组织流水施工时，拟建工程项目的整个装饰施工过程可分解为施工过程的种类、性质和数目的总称。通常，工艺参数包括施工过程数和流水强度两种。

### 1. 施工过程数（$n$）

施工过程数是指一组流水施工中施工过程的个数，以符号“$n$”表示。一个建筑装饰工程项目通常是由许多施工过程组成，并与以下因素有关：

(1) 与施工进度计划的作用有关。当编制控制性施工进度计划时，施工过程的划分可以粗一些，一般可以只列出分部工程名称，如基础工程、主体结构工程、装饰工程、屋面工程等。当编制实施性施工进度计划时，施工过程可以划分得细一些，将分部工程再进一步分解为分项工程，例如将基础工程进一步分解为挖土、垫层、钢筋混凝土基础、回填土等单项工程。

(2) 与施工方案有关。施工方案不同，其施工顺序和方法也不相同，如装配式单层工业厂房施工，如果采用分件吊装法时，施工过程按构件划分为柱子吊装、梁类构件吊装、屋面系统吊装等；如果采用综合安装法时，则施工过程按节间划分。

(3) 与劳动组织及劳动量大小有关。施工过程的划分与施工班组及施工习惯有关。例如，玻璃、油漆工程一般合并为一项，由混合班组施工；但有时需要单列，因为有的是采用专业施工班组施工。施工过程划分还与劳动量大小有关，劳动量小的施工过程，当施工流水组织有困难时，可以与其他施工过程合并。例如，基础垫层劳动量较小时，可以与挖土合并为一个施工过程，这样可以使各个施工过程的劳动量大致相当，便于组织流水施工。

**2. 流水强度（$V$）**

流水强度是指某施工过程在单位时间内所完成的工程量，如墙面抹灰施工过程，每工作班能抹灰多少立方米，一般以 $V$ 表示。

(1) 机械施工过程的流水强度（式 5—2—1）

$$V=\sum R_i S_i \qquad (5—2—1)$$

式中　$V$——某施工过程的流水强度；

$R_i$——投入施工过程 $i$ 的某施工机械的台数；

$S_i$——投入施工过程 $i$ 的某施工机械的台班产量定额。

(2) 人工施工过程的流水强度（式 5—2—2）

$$V=S_i R_i \qquad (5—2—2)$$

式中　$V$——投入某施工过程 $i$ 的人工操作流水强度；

$R_i$——投入施工过程 $i$ 的工作队人数；

$S_i$——投入施工过程 $i$ 的工作队的平均产量定额。

## 二、空间参数

在组织流水施工时，用以表达流水施工在空间布置上所处状态的参数，称为空间参数。空间参数主要有工作面、施工段等。

**1. 工作面**

某专业工种的工人在从事建筑产品生产加工过程中，必须具备一定的活动空间，这个活动空间称为工作面。其大小与工种单位时间定额操作与安全规程有关，其合理性影响劳动生产率。如内墙抹灰每个技工的工作面不小于 11 米$^2$/人。

**2. 施工段（$m$）**

施工段是组织流水施工时将施工对象在平面上划分为若干个劳动量大致相等的

施工区段。它用数目 $m$ 表示。每个施工段在某一段时间内只供一个施工队组使用。

划分施工段的目的是组织流水施工时，保证不同的施工队组在不同的施工段上同时进行施工，并使各施工班组能按一定的时间间隔转移到另一个施工段进行连续施工，既消除等待、停歇现象，又不相互干扰。

**3. 划分施工段的基本要求**

(1) 施工段的数目要适宜。施工段过多势必造成每一段上施工人员数量减少，工作面不能充分利用，工期拖长；施工段过少，则会引起劳动力、机械和材料供应的过分集中，有时还会造成“断流”的现象。

(2) 施工段划分应以主导施工过程为依据。施工段应按主导施工过程的需要来划分。主导施工过程是指对总工期起控制作用的施工过程，如框架结构的钢筋混凝土工程。

(3) 施工段落划分要有利于结构的整体性。划分施工段应该尽量与结构的界限（温度缝、沉降缝和单元尺寸）或栋号相一致；如果不能一致，则将施工缝留在门窗洞口处为宜，以保障结构的整体性。



(4) 各施工段的劳动量应大致相等，其相差幅度不宜超过 10%～15%，以保证各施工班组连续、均衡地施工。

(5) 当组织流水施工对象有层间关系时，施工段数还应使各施工队组能够在层间连续施工。当各个工作队依次进入第一层各个施工段施工，第一个队组干完第一层最后一段后，应能立即转入第二层第一段施工，那么每层的施工段数应满足：每一层最少施工段数 $m$ 必须大于或等于其施工过程数 $n$。

当 $m=n$ 时，工作队组能连续施工，全部施工段始终有工作队施工，工作面能充分利用，无闲置，也不会产生窝工现象，是一种比较理想的情况。

当 $m>n$ 时，工作队组仍能连续施工，工作面有闲置现象，但并不是不利的，有时还是必需的，可以利用闲置的工作面进行质量检查、养护、备料、抄平放线等工作。

当 $m<n$ 时，施工队组不能在层间保持连续施工而窝工。这在一个施工项目施工组织实施时是不允许的，对建筑装饰工程施工的流水施工是不适宜的。

## 三、时间参数

在流水作业施工时，用于表达流水施工在时间上所处状态的参数，称为时间参

数。它包括流水节拍、流水步距、流水工期等。

### 1. 流水节拍

流水节拍是指专业工作队在一个施工段上完成相应的施工任务所需要的工作延续时间。通常以 $t$ 表示，它是流水施工的基本参数之一。流水节拍的大小，可以反映出流水施工速度的快慢、节奏感的强弱和资源消耗量的多少，决定着施工速度和施工节奏。因此，合理地确定流水节拍对于组织流水施工具有重要的意义。

流水节拍数值的确定，主要有三种方法：定额计算法、经验估算法、工期计算法。

(1) 定额计算法。它是根据现有能够投入的资源（人力、机械数量、材料量等）和各施工段的工程量来确定的。它通常可由式 5—2—3 计算。

$$t_i = \frac{Q_i}{P_i R_i b_i} = \frac{W_i}{R_i b_i} \qquad (5—2—3)$$



式中　$t_i$——第 $i$ 施工过程的流水节拍；

$Q_i$——第 $i$ 施工过程在某施工段上的工程量；

$P_i$——第 $i$ 施工过程专业施工队的产量定额；

$R_i$——第 $i$ 施工过程专业施工队的人数或机械台数；

$b_i$——第 $i$ 施工过程每天工作的班数；

$W_i$——第 $i$ 施工过程在某施工段上的劳动量。

从公式 5—2—3 中可以看出，确定流水节拍 $t_i$ 的要点有：施工班组人数 $R_i$ 应符合该施工过程最小劳动组合的要求，应考虑工作面对班组人数 $R_i$ 的限制，应考虑各种机械设备的工作效率、各种材料、构件的供应能力和储备量。

(2) 经验估算法。即根据以往的施工经验来进行估算。为了提高估算的精度，通常是采用最长、最短、正常情况（最可能）三种时间的加权平均。一般多采用公式 5—2—4 进行估算：

$$t = (a + 4c + b)/6 \qquad (5—2—4)$$

式中　$t$——某施工过程在某施工段上的流水节拍；

$a$——某施工过程在某施工段上的最短估计时间；

$b$——某施工过程在某施工段上的最长估计时间；

$c$——某施工过程在某施工段上的正常估计时间。

(3) 工期计算法。对于某些在规定日期内必须完成的工程项目，经常采用工期倒排计算法。首先根据工期倒排进度，确定某施工过程的工作持续时间。然后确定某施工过程在某施工段上的流水节拍，若同一施工过程在各施工段上的流水节拍不等，则用经验估算法计算；若流水节拍相等，则采用工期计算法，见式 5—2—5。

$$t=\frac{T}{m} \tag{5—2—5}$$

式中 $t$——流水节拍；

$T$——某施工过程的工作延续时间；

$m$——某施工过程划分的施工段数。

(4) 确定流水节拍应考虑的因素

1) 施工班组人数要适宜，既要满足最小劳动组合人数的要求，又要满足最小工作面的要求。所谓最小劳动组合，就是指某一施工过程进行正常施工所必需的最低限度的班组人数及其合理组合。例如，模板安装就要按技工和普工的最少人数及合理比例组成施工班组，人数过少或比例不恰当都将引起劳动生产率的下降。



最小工作面是指施工班组为保障安全生产和有效的操作所需的工作面。它决定了最高限度可安排多少工人。不能为了缩短工期而无限制地增加人数，否则将造成工作面不足而产生窝工或安全事故。

2) 工作班制要恰当。工作班制的确定要根据工期的要求考虑。当工期不紧，工艺上又无连续施工要求时，可采用一班制；当组织流水施工时为了给第二天连续施工创造条件，某些施工过程可考虑在夜班进行，即采用两班制，如混凝土浇筑工作一般安排在夜班进行；当工期较紧或工艺上要求连续施工时，如采用液压滑膜施工，或为了提高施工机械的使用效率，某些项目可以考虑三班制施工。

3) 机械的台班效率或机械台班产量要满足流水节拍的需要。

4) 流水节拍一般取整数，必要时可取半班的整倍数值。

### 2. 流水步距

流水步距是指两个相邻的施工队所先后进入同一施工段开始施工的时间间隔，用符号 $K_{i,i+1}$表示（$i$ 表示前一个施工过程，$i+1$ 表示后一个施工过程）。在施工段不变的条件下流水步距越大，工期越长；流水步距越小，则工期越短。流水步距的数目等于 $N-1$ 个参加流水施工的施工队组数。确定流水步距的基本要求如下：

(1) 主要专业队连续施工的需要。流水步距的最小值，必须能使专业队进场以后，不发生停工、窝工的现象。

(2) 满足施工工艺的要求保证每个施工段的正常作业秩序，不发生前一个施工过程尚未全部完成，而后一个施工过程便提前介入的现象。有时为了缩短时间，在工艺技术条件许可的情况下，某些次要的专业队也可以穿插、搭接进行，穿插、搭接时间用 $C$ 表示。

(3) 技术间歇的需要。有些施工过程完成后，后续施工过程不能立即投入作业，必须有足够的间歇时间。例如，钢筋混凝土的养护、油漆的干燥等。

(4) 组织间歇的需要。组织间歇是指由于考虑组织技术因素，两相邻施工过程在规定的流水步距之外所增加的必要时间间隔，以便对上道工序进行检查验收，对下道工序做必要的准备工作。间歇时间用 $Z$ 来表示。

(5) 流水步距的确定原则。要满足相邻两个专业工作队在施工顺序上的制约关系；要保证相邻两个专业工作队在各个施工段上都能连续作业；要使相邻两个专业工作队在开工时间上能实现合理搭接；要保证工程质量，要满足安全生产的要求。



**3. 流水工期**

流水工期是指完成某一项目工程任务或一个流水施工所需要的时间，用式 5—2—6 计算：

$$T = \sum K_{i,\ i+1} + T_n \qquad (5\text{—}2\text{—}6)$$

式中　$T$——流水工期；

$\sum K_{i,\ i+1}$——流水施工中各流水步距之和；

$T_n$——流水施工中最后一个施工过程的持续时间。

## 第三节　流水施工组织类型

**引例**

有五幢相同的一层集体宿舍工程，其装修工程的施工过程分为：A 天棚、内墙面抹灰；B 地面面层、踢脚线；C 窗台、勒脚、明沟、散水；D 油漆。各施工过程在各个施工段上的持续时间为 4 天。

**思考**

1. 流水施工有哪些类型？

2. 根据该工程持续时间的特点，可按哪种流水施工方式组织施工？

建筑装饰工程流水作业施工主要是依靠各专业施工队的协调配合，互相按照一定规律从一个施工段转移到另一个施工段，形成一种节奏。流水施工按节奏性可分为有节奏流水、无节奏流水两类，如图 5—3—1 所示。



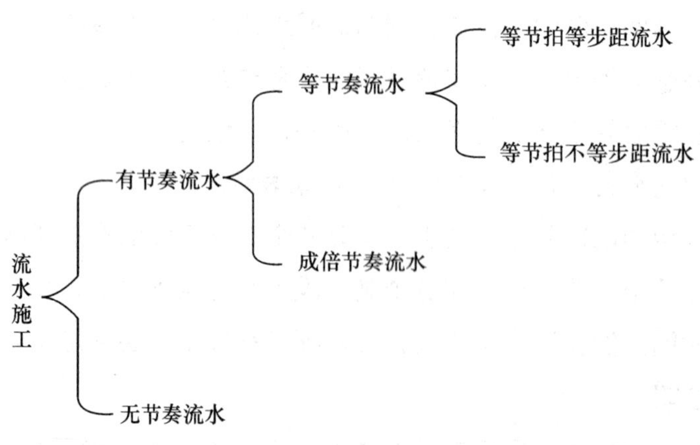


图 5—3—1　流水施工分类

## 一、有节奏流水

有节奏流水是指同一施工过程在各施工段上的流水节拍都相等的一种流水施工方式。有节奏流水又根据不同施工过程之间的流水节拍是否相等，分为等节奏流水和成倍节拍流水两大类型。

### 1. 等节奏流水（全等节拍流水施工）

当所有的施工过程在各个施工段上的流水节拍彼此相等，这时组织的流水施工方式称为全等节拍流水。

组织全等节拍流水，首先，尽量使各施工段的工程量基本相等；其次，要确定主导施工过程的流水节拍；最后，使其他施工过程的流水节拍与主导施工过程的流水节拍相等。为此，调节各专业队的人数是组织全等节拍流水的关键。根据流水步距的不同，有下列两种情况。

(1) 等节拍等步距流水。等节拍等步距流水是指各流水步距值都相等，且等于流水节拍值。

由于 $t_i=t_{i+1}=t$，$K_i=K_{i+1}=K$ 且 $k=t$

则 $K_{i,i+1}=t_i$，$\sum K_{i,i+1}=(n-1)t$

因为 $T_n=mt$，由公式 5—2—6 可知

$$T=\sum K_{i,\ i+1}+Tn=(n-1)t+mt=(n+m-1)t(K)$$

$$T=(n+m-1)t(K)$$

式中 $T$——流水施工总工期；

$m$——施工段数；

$n$——施工过程数；

$k$ 为流水步距。



**【例 5—3—1】**

某装饰工程划分为 A、B、C、D 四个施工过程，分五个施工段组织流水施工，流水节拍均为 3 天。该工程为等节拍等步距流水施工，试计算工期并绘制流水施工进度计划表。

解：(1) 计算工期：$T=(m+n-1)K=(5+4-1)\times3=24$（天）

(2) 绘制流水施工进度计划表（见图 5—3—2）

| 施工过程 | 施工进度（天） | | | | | | | |
|---|---|---|---|---|---|---|---|---|
| | 3 | 6 | 9 | 12 | 15 | 18 | 21 | 24 |
| A | Ⅰ | Ⅱ | Ⅲ | Ⅳ | Ⅴ | | | |
| B | | Ⅰ | Ⅱ | Ⅲ | Ⅳ | Ⅴ | | |
| C | | | Ⅰ | Ⅱ | Ⅲ | Ⅳ | Ⅴ | |
| D | | | | Ⅰ | Ⅱ | Ⅲ | Ⅳ | Ⅴ |

图 5—3—2 施工进度计划表

(2) 等节拍不等步距流水。等节拍不等步距流水是指所有施工过程的流水节拍都相等，但流水步距不相等。这是因为有的施工过程之间可能需要组织与技术间歇；或者某一个施工过程提前插入，和前一个施工过程平行搭接。

等节拍不等步距流水施工方式的特点为：

①节拍特征：$t=$常数

②步距特征：$K_{i,i+1}=t+t_j-t_d$

这种流水施工可由以下公式计算：

$$T=(n+m-1)t+t_j-t_d$$

式中 $t_j$——所有间歇之和；

$t_d$——所有搭接之和。

**【例 5—3—2】**

某建筑装饰工程划分为A、B、C、D四个施工过程，分为三个施工段进行流水施工，其流水节拍均为4天，其中施工过程A与B之间有2天的搭接时间，施工过程C与D之间有1天的间歇时间。试组织全等节拍流水，计算流水施工工期，绘制进度计划表。



解：(1) 计算工期：

根据已知条件可以得出：$t=4$，$n=4$，$m=3$，$t_j=1$，$t_d=2$

根据公式：$T=(n+m-1)\ t+t_j-t_d$

$=(3+4-1)\times 4+1-2=23$（天）

(2) 绘制流水施工进度计划表，如图 5—3—3 所示。

| 施工过程 | 进度计划（天） | | | | | | | | | | | | | | | | | | | | | | |
|---|---|---|---|---|---|---|---|---|---|---|---|---|---|---|---|---|---|---|---|---|---|---|---|
| | 1 | 2 | 3 | 4 | 5 | 6 | 7 | 8 | 9 | 10 | 11 | 12 | 13 | 14 | 15 | 16 | 17 | 18 | 19 | 20 | 21 | 22 | 23 |
| A | | | I | | | | Ⅱ | | | Ⅲ | | | | | | | | | | | | | |
| B | | | | I | | | | Ⅱ | | | | Ⅲ | | | | | | | | | | | |
| C | | | | | | | | I | | | | Ⅱ | | | | Ⅲ | | | | | | | |
| D | | | | | | | | | | | | | | I | | | Ⅱ | | | | Ⅲ | | |

图 5—3—3 施工进度计划表

## 2. 成倍节拍流水

成倍节拍流水是指同一施工过程在各施工段上的流水节拍都相等，不同施工过程之间的流水节拍不完全相等，但各施工过程的流水节拍均为最小流水节拍的整数倍（或节拍之间存在公约数）关系的流水施工方式。

成倍节拍流水施工的特点有：

(1) 节拍特征：各节拍为最小流水节拍的整数倍或节拍值之间存在公约数关系。

(2) 成倍节拍流水的最显著特点：各过程的施工班组数不一定是一个班组，而是根据该过程流水节拍为各流水节拍值之间的最大公约数的整数倍相应调整班组数。即：

$$b_i=\frac{t_i}{\text{最大公约数}}=\frac{t_i}{t_{\min}}$$

式中　$b_i$——表示各施工所需的班组数；

$t_i$——表示各过程的流水节拍；

$t_{\min}$——表示最小流水节拍。

(3) 流水步距特征：$K_{i,i+1}$＝最大公约数。

(4) 工期计算公式：

$$T=(b'+m-1)t_{\min}+\sum tj-\sum td$$

式中　$b'$——为施工班组之和。



**【例 5—3—3】**

已知某装饰工程可以划分为 A、B、C、D 四个施工过程，分六个施工段进行施工，各过程的流水节拍分别为：$t_A=2$ 天，$t_B=6$ 天，$t_C=4$ 天，$t_D=2$ 天。试组织成倍节拍流水，并绘制成倍节拍流水施工进度计划。

解：

(1) 确定最大公约数＝2（天）＝$t_{\min}$

(2) 求各施工过程的施工班组数：

$$b_A=\frac{t_A}{t_{\min}}=\frac{2}{2}=1\text{（个）}\qquad b_B=\frac{t_B}{t_{\min}}=\frac{6}{2}=3\text{（个）}$$

$$b_C=\frac{t_C}{t_{\min}}=\frac{4}{2}=2\text{（个）}\qquad b_D=\frac{t_D}{t_{\min}}=\frac{2}{2}=1\text{（个）}$$

(3) 求施工班组总数：$b'=\sum b_i=b_A+b_B+b_C+b_D=1+3+2+1=7$(个)

(4) 求总工期：$T=(b'+m-1)\,t_{\min}=(7+6-1)\times2=24$（天）

(5) 绘制流水施工进度计划表，如图 5—3—4 所示。

| 施工过程 | 施工班组数 | 施工进度（天） | | | | | | | | | | | | | | | | | | | | | | | |
|---|---|---|---|---|---|---|---|---|---|---|---|---|---|---|---|---|---|---|---|---|---|---|---|---|---|
| | | 1 | 2 | 3 | 4 | 5 | 6 | 7 | 8 | 9 | 10 | 11 | 12 | 13 | 14 | 15 | 16 | 17 | 18 | 19 | 20 | 21 | 22 | 23 | 24 |
| A | | | Ⅰ | | Ⅱ | Ⅲ | | Ⅳ | | Ⅴ | | Ⅵ | | | | | | | | | | | | | |
| B | B1 | | | | | Ⅰ | | | | | | Ⅳ | | | | | | | | | | | | | |
| | B2 | | | | | | | Ⅱ | | | | | | Ⅴ | | | | | | | | | | | |
| | B3 | | | | | | | | | Ⅲ | | | | | | Ⅵ | | | | | | | | | |
| C | C1 | | | | | | | | | | Ⅰ | | | | | Ⅲ | | | Ⅴ | | | | | | |
| | C2 | | | | | | | | | | | | Ⅱ | | | | | Ⅳ | | | Ⅵ | | | | |
| D | | | | | | | | | | | | | | | Ⅰ | Ⅱ | | Ⅲ | | Ⅳ | | | Ⅴ | | Ⅵ |

图 5—3—4　施工进度计划表

## 二、无节奏流水施工（分别流水）

在组织流水施工时，经常由于工程结构形式、施工条件不同等原因，使得各施工过程在各施工段上的工程量有较大差异，导致各施工过程的流水节拍差异很大，无任何规律。这时，可组织无节奏流水施工，最大限度地实现连续作业。这种无节奏流水，亦称分别流水，是工程项目流水施工的普遍方式。

### 1. 组织无节奏流水的基本要求

保证各施工过程的工艺顺序合理和各施工班组尽可能依次在各施工段上连续施工，而组织无节奏流水的关键在于流水步距的计算。

### 2. 无节奏流水的流水节拍与流水步距计算方法

无节奏流水的流水节拍的计算方法与计算公式同前面其他有节奏流水。对于无节奏流水的流水步距的计算方法，没有任何规律，无严格的计算公式，但是，经过多年实际经验的积累，人们总结出了一种计算无节奏流水施工的步距计算法，即“逐段累加，错位相减，差值取大”。

**【例 5—3—4】**

某工程可以分为四个施工过程，四个施工段，各施工过程在各施工段上的流水节拍见表 5—3—1，试计算流水步距和工期，绘制流水施工进度表。

表 5—3—1　各施工过程在各施工段上的流水节拍

| 施工过程 | 施工段 | | | |
|---|---|---|---|---|
| | Ⅰ | Ⅱ | Ⅲ | Ⅳ |
| A | 5 | 4 | 2 | 3 |
| B | 4 | 1 | 3 | 2 |
| C | 3 | 5 | 2 | 3 |
| D | 1 | 2 | 2 | 3 |

解：(1) 流水步距计算

由于每一施工过程在各施工段的流水节拍不相等，没有任何规律，因此，采用“逐段累加，错位相减，差值取大”的方法进行计算，无数据的地方补 0 计算，计算过程及结果如下：

①求 $K_{A,B}$

$$\begin{array}{rrrrrr} & 5 & 9 & 11 & 14 & \\ - & & 4 & 5 & 8 & 10 \\ \hline & 5 & 5 & 6 & 6 & \end{array}$$

$\therefore K_{A,B}=6$（天）

②求 $K_{B,C}$

$$\begin{array}{rrrrrr} & 4 & 5 & 8 & 10 & \\ - & & 3 & 8 & 10 & 13 \\ \hline & 4 & 2 & 0 & 0 & \end{array}$$

$\therefore K_{B,C}=4$（天）

③求 $K_{C,D}$

$$\begin{array}{rrrrrr} & 3 & 8 & 10 & 13 & \\ - & & 1 & 3 & 5 & 8 \\ \hline & 3 & 7 & 7 & 8 & \end{array}$$

$\therefore K_{C,D}=8$（天）

(2) 工期计算

$T=\sum K_{i,\,i+1}+T_N$

$=K_{A,\,B}+K_{B,\,C}+K_{C,\,D}+1+2+2+3$

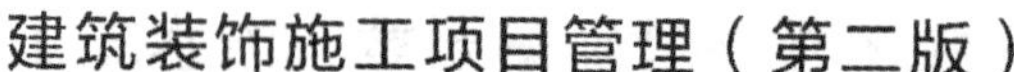

＝6＋4＋8＋8

＝26（天）

（3）绘制流水施工进度计划表，如图 5—3—5 所示。

| 施工过程 | 施工进度（天） | | | | | | | | | | | | | | | | | | | | | | | | | |
|---|---|---|---|---|---|---|---|---|---|---|---|---|---|---|---|---|---|---|---|---|---|---|---|---|---|---|
| | 1 | 2 | 3 | 4 | 5 | 6 | 7 | 8 | 9 | 10 | 11 | 12 | 13 | 14 | 15 | 16 | 17 | 18 | 19 | 20 | 21 | 22 | 23 | 24 | 25 | 26 |
| A | | | | | | | | | | | | | | | | | | | | | | | | | | |
| B | | | | | | | | | | | | | | | | | | | | | | | | | | |
| C | | | | | | | | | | | | | | | | | | | | | | | | | | |
| D | | | | | | | | | | | | | | | | | | | | | | | | | | |

图 5—3—5　施工进度计划表



## 三、流水施工类型选择的注意事项

1. 凡有条件组织等节奏流水施工时，一定要组织等节奏流水施工，以取得良好的经济效益。

2. 如果组织等节奏流水条件不足，应该考虑组织成倍节拍流水施工，以求取得与等节奏流水相似的效果。

## 思考与练习

### 一、单项选择题

1. 相邻两个施工过程进入流水施工的时间间歇称为（　　）。

A. 流水节拍　　B. 流水步距

C. 工艺间歇　　D. 流水间歇

2. 在加快成倍节拍流水中，任何两个相邻专业工作队之间的流水步距等于所有流水节拍中的（　　）。

A. 最大值　　B. 最小值

C. 最大公约数　　D. 最小公约数

3. 所谓节奏性流水施工过程，即指施工过程（　　）。

A. 在各个施工段上的持续时间相等　　B. 之间的流水节拍相等

C. 之间的流水步距相等　　D. 连续、均衡施工

4.（　　）是建筑施工流水作业组织的最大特点。

A. 划分施工过程　　B. 划分施工段

C. 组织专业工作队施工　　D. 均衡、连续施工

5. 下列选项中，（　　）参数为工艺参数。

A. 施工过程数　　B. 施工段数

C. 流水步距　　D. 流水节拍

6. 在没有技术间歇和插入时间的情况下，等节奏流水的（　　）与流水节拍相等。

A. 工期　　B. 施工段

C. 施工过程数　　D. 流水步距

7. 流水施工中，流水节拍是指（　　）。

A. 两相邻工作进入流水作业的最小时间间隔

B. 某个专业队在一个施工段上的施工作业时间

C. 某个工作队在施工段上作业时间的总和

D. 某个工作队在施工段上的技术间歇时间的总和

8. 某工程有三个施工过程，各自的流水节拍分别为 6 天、4 天、2 天；则组织流水施工时，流水步距为（　　）。

A. 1 天　　B. 2 天

C. 4 天　　D. 6 天

9. 某工程有两个施工过程，技术上不准搭接，划分为 4 个流水段，组织两个专业工作队进行等节奏流水施工，流水节拍为 4 天，则该工程的工期为（　　）。

A. 18 天　　B. 20 天

C. 22 天　　D. 24 天

10. 流水施工的施工过程和施工过程数属于（　　）。

A. 技术参数　　B. 时间参数

C. 工艺参数　　D. 空间参数

## 二、计算与绘图

1. 某分项工程由清理基层、铺设塑料薄膜地垫、粘贴复合地板三个施工过程组成，该工程在平面上划分为四个施工段组织流水施工。各施工过程在各个施工段

上的持续时间均为 3 天。

问题：

（1）根据该工程持续时间的特点，可按哪种流水施工方式组织施工？简述该种流水施工方式的组织过程。

（2）该工程项目流水施工的工期应为多少天？

（3）绘制流水施工进度计划表。

2. 某分部工程由 A、B、C、D 四个施工过程组成，它在平面上划分为四个施工段，流水节拍均为 4 天，施工过程 B 和 C 之间有 2 天的技术间歇，C 和 D 之间有 1 天的技术搭接。试组织全等节拍流水施工并绘制流水施工进度计划表。

3. 某住宅小区共有 6 幢同类型的装饰工程施工，主要施工过程为室内地坪 4 周，室内墙面 2 周，室外地坪 1 周。试按成倍节拍流水组织施工，并绘制出流水施工横道图。



4. 某装饰工程流水施工参数为：$m=6$，$n=4$。试按无节奏流水组织施工，请根据下表绘制出流水施工横道图。

| 施工过程编号 | 流水节拍（天） | | | | | |
|---|---|---|---|---|---|---|
| | ① | ② | ③ | ④ | ⑤ | ⑥ |
| Ⅰ | 4 | 3 | 2 | 3 | 2 | 3 |
| Ⅱ | 2 | 4 | 3 | 2 | 3 | 4 |
| Ⅲ | 3 | 3 | 2 | 2 | 3 | 3 |
| Ⅳ | 3 | 4 | 4 | 2 | 4 | 4 |

# 第六章　网络计划技术

**学习目标**

1. 了解网络图的作用
2. 掌握网络图的基本要素
3. 掌握网络图中工作之间的逻辑关系
4. 能运用所学知识判断网络图的正误
5. 能正确绘制网络图
6. 能计算网络图的时间参数



## 第一节　网络计划技术基本原理

**引例**

| 施工过程 | 施工进度（天） | | | | | | | |
|---|---|---|---|---|---|---|---|---|
| | 3 | 6 | 9 | 12 | 15 | 18 | 21 | 24 |
| A | Ⅰ | Ⅱ | Ⅲ | Ⅳ | Ⅴ | | | |
| B | | Ⅰ | Ⅱ | Ⅲ | Ⅳ | Ⅴ | | |
| C | | | Ⅰ | Ⅱ | Ⅲ | Ⅳ | Ⅴ | |
| D | | | | Ⅰ | Ⅱ | Ⅲ | Ⅳ | Ⅴ |

**思考**

1. 例图是什么图？所表现的内容是什么？
2. 是否可以改用网络图的方法表现此内容？如果可以，应怎样绘制？

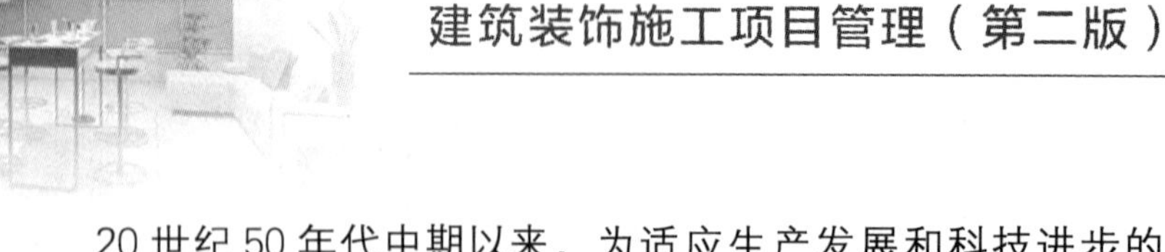


20 世纪 50 年代中期以来，为适应生产发展和科技进步的需要，国外陆续采用了一些用网络图表达的计划管理的新方法。由于这些新方法都是建立在网络图的基础上，因此，在国际上把这种方法统称为“网络计划方法”或“网络计划技术”。

我国自 20 世纪 60 年代开始应用网络计划技术，经过多年的实践和应用，至今已得到了不断扩大和发展。为了使网络计划技术在工程计划编制与控制的实际应用中遵循统一的技术规定，做到概念正确、计算原则一致和表达方式统一，以保证网络计划管理的科学性、规范性，原国家建设部于 1999 年颁发了《工程网络计划技术规程》(JGJ/T 121—1999)。

在建筑装饰工程中，网络计划技术主要用来编制建筑装饰企业的工程进度计划，并对计划进行适当优化、调整和控制，以达到缩短工期、提高效率、降低成本、增加经济效益的目的。



## 一、网络计划技术的概念与分类

### 1. 网络计划的概念

在网络图上加注工作的时间参数而编制成的施工进度计划，称为网络计划。用网络计划对项目的工作进度进行安排和控制，以保证实现预定目标的科学计划管理技术，称为网络计划技术。

制定网络计划时，首先根据各工作间的相互关系及其工作先后顺序流程绘制工程项目施工进度计划网络图；其次，通过计算找出计划中的关键工作及关键线路；最后，通过不断调整、改善网络计划，选择最优的方案付诸实施。在网络计划实施过程中进行有效的监督与控制，确保工程项目按合同条件顺利完成。

### 2. 网络图的分类

网络图是由箭线和节点按照一定规则组成的、用来表示工作流程的、有向有序的网状图形。网络图的分类如下：

(1) 按绘制网络图的代号不同分类。可分为双代号网络计划和单代号网络计划。双代号网络计划是以双代号网络图表示的计划，每项工作均由一根箭线和两个节点表示，其中箭线代表工作，节点表示工作间的逻辑关系，如图 6—1—1 所示。

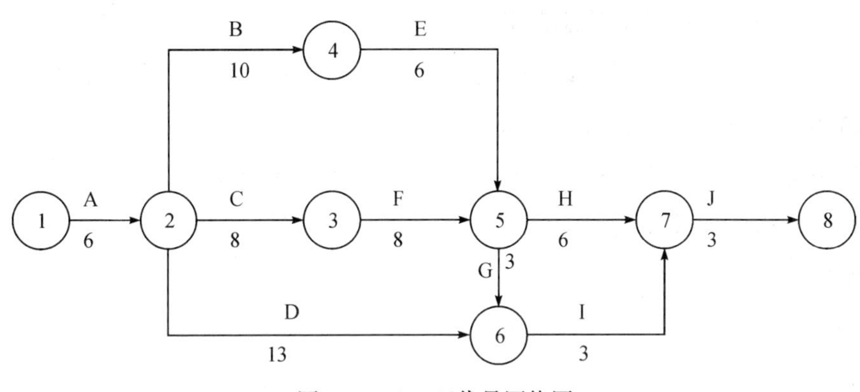

图 6—1—1　双代号网络图

单代号网络计划是以单代号网络图表示的计划，单代号网络图是每项工作由一个节点组成，以节点代表工作，箭线表示工作间的逻辑关系，如图 6—1—2 所示。



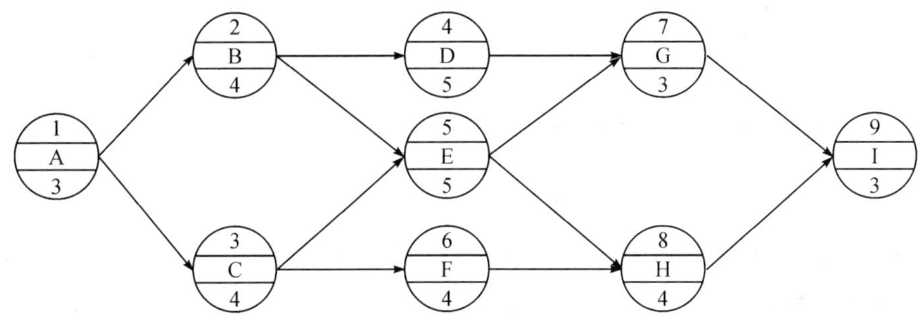

图 6—1—2　单代号网络图

(2) 按计划目标多少分类。可分为单目标网络图和多目标网络图。网络图中只有一个计划目标的称为单目标网络图；有两个以上计划目标的称为多目标网络图。

(3) 按工程项目组成及应用范围分类。分为网络图、单位工程网络图、单项工程网络图及综合网络图等。局部网络图是指以一个建筑物或构筑物中的一部分，或以一个分部工程为对象编制的网络图。单位工程图是指以一个单位工程或单体工程为对象编制的网络图。综合网络图是指以一个单项工程或一个建设项目为对象编制的网络图。

## 二、网络计划与横道计划的比较

网络计划方法既是一种科学的计划方法，又是一种有效的生产管理方法。网络计划方法作为一种进度计划的编制和表达方法与横道计划法具有同样的功能。对一项工程的进度安排，用这两种计划方法中的任何一种都可以把它表达出来。例如：某酒店的客房进行装修，有吊顶、铺贴墙纸、复合木地板三个施工过程，各个过程的流水节拍都是 2 天。该工程用横道图表示的施工进度计划如图 6—1—3 所示；用网络图表示的施工进度计划如图 6—1—4 所示。在图中，$A_1$ 代表施工过程 A 在第一施工段的施工。

| 施工过程 | 施工进度（天） | | | | | | | | | |
|---|---|---|---|---|---|---|---|---|---|---|
| | 1 | 2 | 3 | 4 | 5 | 6 | 7 | 8 | 9 | 10 |
| 吊顶（A） | $A_1$ | | $A_2$ | | $A_3$ | | | | | |
| 铺贴墙纸(B) | | | $B_1$ | | $B_2$ | | $B_3$ | | | |
| 复合木地板(C) | | | | | $C_1$ | | $C_2$ | | $C_3$ | |

图 6—1—3　横道图示例

由图 6—1—3 和图 6—1—4 中可以看出，工程计划的内容完全相同，但表达的方式却不同。横道计划是将工程的每个分部分项结合时间坐标，用一系列水平线段分别表示各施工过程的起止时间和先后顺序；而网络计划是用一系列箭线和节点组成的网状图形来表示各施工过程先后顺序的逻辑关系。

### 1. 横道计划的特点

横道计划以横向线条结合时间坐标来表示各项工作的施工起讫时间和先后顺序，整个计划由一系列的横道组成。

(1) 优点。比较容易编制，简单、明了、直观、易懂；因为有时间坐标，各项工作的起讫、作业持续时间工作进度、总工期，以及流水作业都能一目了然；对人力和其他资源的计算也便于据图叠加。

(2) 缺点。主要是不能全面地反映出各项工作之间错综复杂、相互联系、相互制约的关系；不便进行各种时间参数的计算；不能反映出哪些工作是主要的、关键性的，也不能从图中看出计划中的潜力所在；不能使用计算机进行计算和优化。

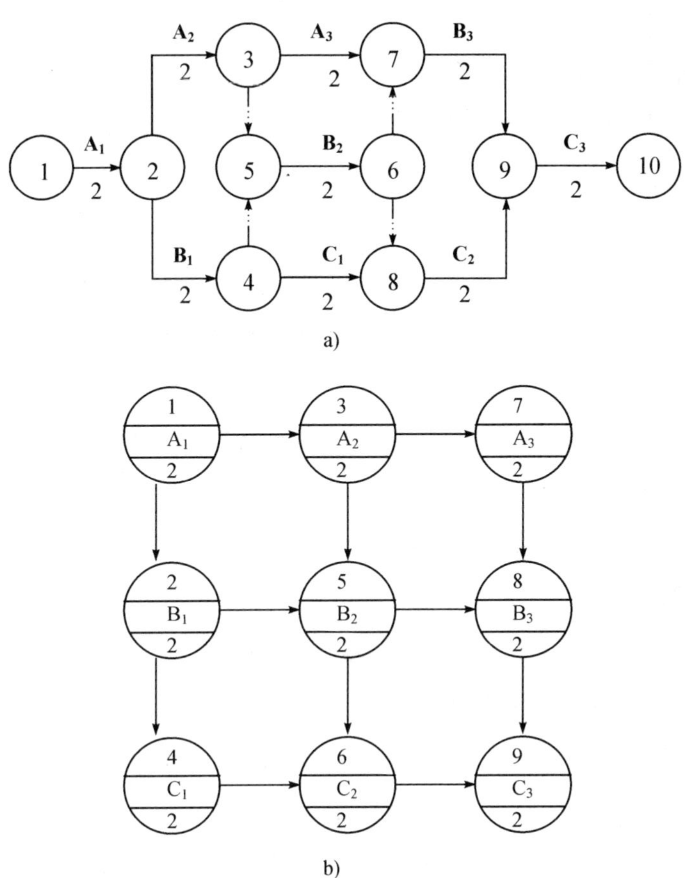


图 6—1—4　网络图表示的施工进度计划

a）双代号网络图　b）单代号网络图



(3) 应用范围。横道图的优缺点决定了它既有广泛的应用范围和很强的生命力，同时又有局限性。它可直接应用于一些简单的小项目。由于活动较少，可以直接用它安排工期计划。项目初期由于还没有做详细的项目结构分解，工程活动之间复杂的逻辑关系尚未分析出来，一般用横道图制订总体计划。

## 2. 网络计划技术的特点

网络计划技术的最大特点是克服了横道计划法的缺点，与横道计划相比，网络计划具有以下特点：

(1) 网络计划把施工过程中的各个有关工作组成一个有机的整体，能全面而明确地表达出各项工作开展的先后顺序和反映出各项工作之间的相互制约、相互依赖

的关系。

(2) 能进行各种时间参数的计算。

(3) 在名目繁多、错综复杂的计划中找出决定工程进度的关键工作，便于计划管理者集中力量抓主要矛盾，确保工期，避免盲目施工。

(4) 能从众多可行方案中，选出最优方案。

(5) 在计划执行过程中，某一项工作由于某种原因推迟或提前完成时，可以预见到它对整个计划的影响程度，而且能根据变化的情况迅速进行调整，保证自始至终对计划进行有效的监督和控制。

(6) 利用网络计划中反映出的各项工作的时间储备，可以更好地调配人力、物力，以达到降低成本的目的。

(7) 更重要的是，它的出现和发展使现代化的计算工具——计算机在建设工程施工计划管理中得以应用。



(8) 但网络计划在计算劳动力、资源消耗时，比较困难。

### 3. 网络计划的工程进度控制作用

(1) 网络计划可以把整个计划任务按照生产的客观规律严密地组织起来。同时，使生产计划的制订和贯彻执行建立在科学计算和综合平衡的基础上，能预见计划实施过程中的关键所在。抓住了关键工作和关键线路就可以从全局出发，统筹兼顾，科学地组织指挥施工。

(2) 通过网络计划，可以看出各工序之间的相互关系，管理人员可了解生产的进度安排和生产对自己工作的要求，工人可清楚地了解自己在全局中所处的地位和作用。

(3) 通过网络时间的计算，可帮助领导人员作出有科学根据的决策，避免盲目性、瞎指挥；可以发挥各项工作在时间配合上的潜力，为合理调配资源和缩短工期提供科学依据；通过网络计划的优化，可以从多种计划方案中择取最优方案，保证时间与资源，时间与成本的最佳结合。

(4) 网络计划在实施过程中，某项工作提前或拖后完成时，可以通过计算测定其对整个进度计划的影响并通过信息反馈，迅速作出判断和必要的调整，始终对计划实行有效的监督与控制。

## 三、网络计划编制步骤

### 1. 研究编制网络计划所做准备工作

计划编制前要全面熟悉和审查图样，并与设计单位、建设单位联系，了解拟建项目工期、质量、成本等要求，掌握编制网络计划的必要资料。

### 2. 确定施工组织及施工方案

根据拟建工程的特点和现场施工条件，编制施工组织设计，确定施工方案，根据施工方案确定合理的施工顺序，这是编制网络计划的基础。

### 3. 划分施工工序并编制工艺流程

施工方案决定了工程项目的施工顺序、施工方法、资源供应方式及主要指标的控制量等。按确定的施工方案编制符合施工工艺及施工组织条件的工艺流程，即按施工方案分解若干单项工作，确定工作项目，接着确定这些工作之间的逻辑关系。既要确定各工作的紧前工作，或者工作之后有哪些紧后工作，又要定出各项工作可平行施工的工作内容，以便找出工作之间的相互关系。



### 4. 计算工序持续时间

当各项工作之间的逻辑关系确定之后，还应确定各项工作的持续时间。工作持续时间直接影响到网络计划的质量，若时间太短，会造成工作无法完成或者影响工程质量；如果时间太长，又造成时间的浪费。所以，应按正常情况合理地确定工作持续时间。

### 5. 编制网络计划初始方案

根据工作关系表首先确定哪些工作为起始工作，然后寻找起始工作之后紧跟的哪些工作，使网络图逐节生长，直到各条线路绘至网络图的终点为止。

### 6. 整理草图并检查其正确性

对绘制好的草图进行必要的布局调整，使图面整齐美观，再用工作逻辑关系检查布局合理的网络图的正确性，出现工作关系逻辑错误时引入虚箭线进行修改。

### 7. 绘制正确的网络图并将节点编号

经过反复检查确认网络图完全符合工作之间的逻辑关系后，则可对正确的网络图进行节点编号。

## 第二节　双代号网络计划

引例

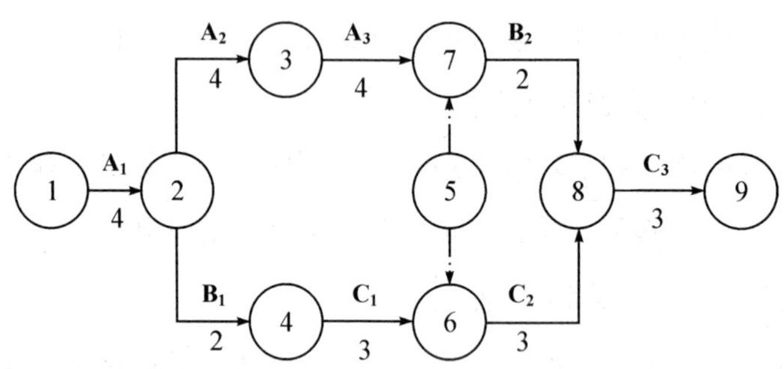


思考



1. 例图是某装饰工程的双代号网络图，你知道 $A_2$ 和 $A_1$，$B_1$ 和 $B_2$ 分别是什么关系吗?

2. 试计算该工程的工期并找出关键线路。

### 一、双代号网络图的组成

在建筑工程施工过程中，要完成一个工程或一项任务，需要进行许多施工过程或工作过程。用一个箭线表示一个施工过程，施工过程的名称写在箭杆的上方，完成该施工过程的所需时间写在箭杆的下方，箭尾表示施工过程的开始，箭头表示施工过程的结束，在箭头和箭尾衔接的地方，画上圆圈并编上序号，并用箭尾的序号 $i$ 和箭头的序号 $j$ 作为这个施工过程的代号（$i-j$），这种表示方式称为“双代号表示法”。将所有施工过程根据施工顺序和相互关系，用“双代号表示法”从左向右绘制成的图形，称为“双代号网络图”，如图 6—2—1 所示。

双代号网络图由箭线、节点和线路三个要素组成，它们分别有不同的含义及特征。

#### 1. 箭线

（1）箭线是网络图的重要组成部分，在双代号网络图中，用箭线“→”表示一

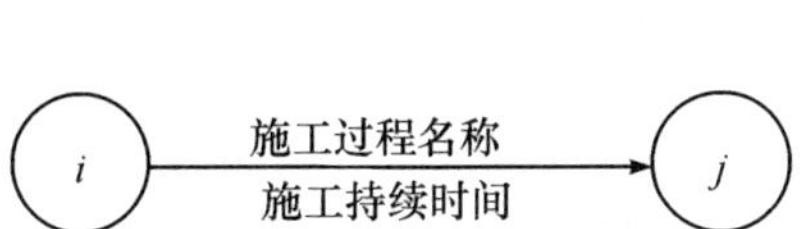

图6—2—1　双代号网络图的表达方式

道工序（一项工作），如弹线钻孔、固定地龙骨、地板铺设等。箭线的箭尾节点表示该工作的开始，箭线的箭头节点表示该工作的结束。

（2）工作通常分为三种：第一种是既消耗时间又消耗资源的工作（如地板铺设）；第二种是只消耗时间而不消耗资源的工作（如油漆干燥）；第三种是既不消耗时间也不消耗资源的工作。在工程实践中，前两种工作是实际存在的，称为实工作，用实箭杆表示；后一种工作是根据需要人为虚设的，只表示相邻工作之间的逻辑关系，称为虚工作，一般不标注名称，其持续时间为零，或者用虚箭杆表示，如图6—2—2所示。



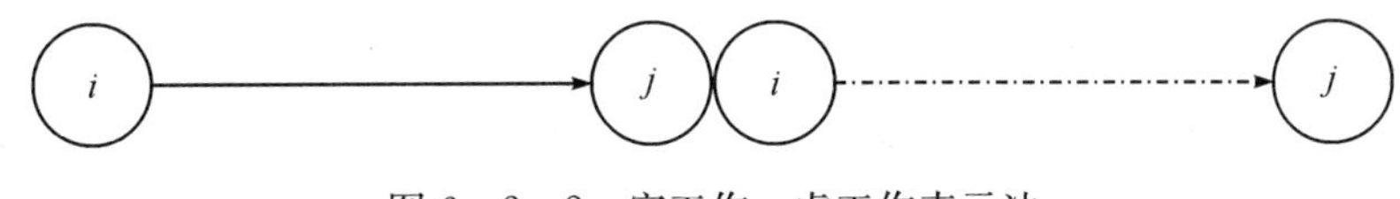


图6—2—2　实工作、虚工作表示法

（3）箭线的方向表示工序进行的方向，箭线的长短和曲折对网络图没有影响（时标网络图除外）。

**2. 节点**

节点是在双代号网络图中，表示工作的开始、结束和连接关系的圆圈，也称为“事件”。它表示工作之间的逻辑关系，反映前后工作交接过程的顺序，表示前项工作的结束和后项工作开始的瞬间。

结点有起点结点、中间结点和终点结点三种。网络图中的第一个结点为起点结点，表示一项任务的开始；最后一个结点是终点结点，表示一项任务的结束；其余结点都是中间结点，既表示前面工作的结束结点，又表示后面工作的开始结点，如图6—2—3所示。工序A称为工序B的紧前工序，而工序C则称为工序B的紧后工序。

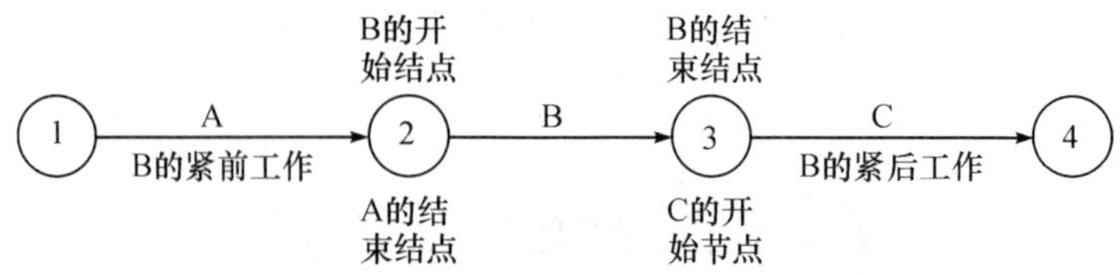


图 6—2—3　双代号网络图节点示意图

在双代号网络图中，可能有许多箭杆指向某节点，这些箭杆称为内向箭杆或内向工序，同样也可能存在许多箭杆由同一节点出发，这些箭杆称为外向箭杆或外向工序。

绘制双代号网络图时，需要进行节点编号，其目的是赋予每道工序一个代号，以便对网络图进行计算。节点的编号代表工序的名称，编号的要求是：由小到大、从左至右，箭头的号码大于箭尾的号码，不允许重号，但可不必连续编号，以便增减新的节点。



3. 线路

在网络图中从起点结点开始，沿箭头方向顺序通过一系列箭线与结点，最后到达结点的通路称为线路。线路上各工作持续时间之和，称为该线路的长度。沿着箭杆的方向有很多条线路，通过对各条线路的工期计算，可以找到工期最长的线路，这种线路则称为“关键线路”，位于关键线路上的工作称为关键工作。关键工作没有机动时间，这些工作完成的快慢，直接影响整个工程项目的计划工期。关键工作常用粗箭线或双线表示，以突出其重要性。但关键线路不是一成不变的，在一定条件下会转化。非关键线路上的工序有一定的机动时间，称为时差，它意味着该工序（线路）开工时间或完成日期容许适当提前或延期而不影响整个计划的按期结束。

时差是网络计划优化的基础，如果将非关键工序在时差范围内放慢施工速度，增加工序的持续时间，并把部分人力、机具转移到关键工序上去，加快关键工序的进行，就可达到均衡施工和缩短工期的目的。

## 二、双代号网络图的绘制

### 1. 网络图的逻辑关系

（1）网络图逻辑关系分类。网络图中的逻辑关系是指工作之间相互制约或依赖

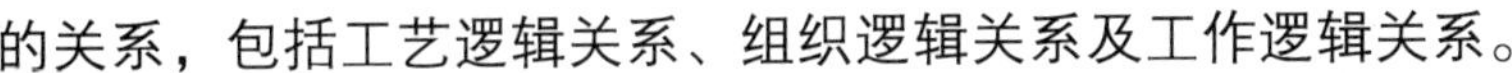

的关系，包括工艺逻辑关系、组织逻辑关系及工作逻辑关系。

1）工艺逻辑关系。是由施工工艺所决定的各个施工过程之间客观上存在的先后顺序关系。例如，建筑装饰工程中墙面石材湿贴施工时，先做基层处理再进行弹线，然后石材铺贴，最后养护。对于一个具体的工程项目而言，当确定施工方法之后，各个施工过程的先后顺序一般是固定的，有的是绝对不允许颠倒的。

2）组织逻辑关系。是指施工组织安排中，考虑劳动力、机具、材料及工期等方面的影响，在各施工过程之间主观上安排的施工顺序。这种关系不受施工工艺的限制，不是由工程性质本身决定的，而是在保证工作质量、安全和工期等的前提下，可以人为安排的顺序关系。

3）工作逻辑关系。是工作进行时客观存在的一种先后顺序关系。在表示工程进度计划的网络图中，工作之间的逻辑关系是由施工组织、施工技术、工艺流程、资源供应、施工场地等决定的。各项工作之间逻辑关系表达正确与否，是网络计划图能否反映工程项目实际情况的关键。如果工作逻辑关系表示错了，则网络计划图的时间参数计算就会发生错误，关键线路和工程计划总工期也跟着发生错误。



(2）逻辑关系表示方法。在网络图中，各个施工过程之间有多种逻辑关系。在绘制网络图时，必须正确反映各施工过程之间的逻辑关系。几种常见的逻辑关系表示方法如下：

1）施工过程 A、B、C 依次完成，即施工过程 B 在施工过程 A 完成后开始，施工过程 C 在施工过程 B 完成后进行，其逻辑关系如图 6—2—4 所示。

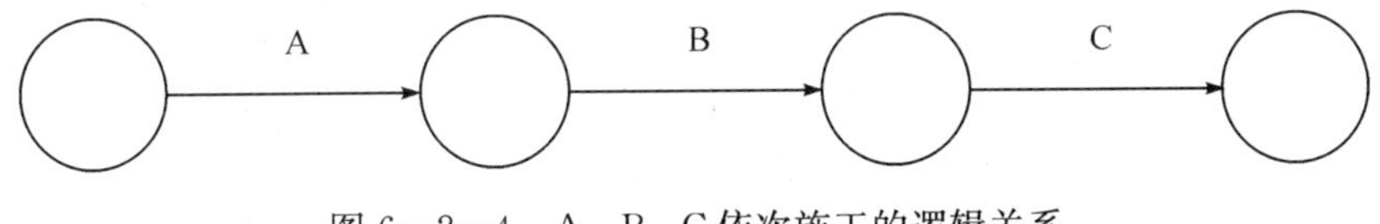


图 6—2—4　A、B、C 依次施工的逻辑关系

2）A、B、C 三项工作同时开始进行，如图 6—2—5 所示。

3）如果施工过程 A、B 完成后，施工过程 C 开始，则其逻辑关系如图 6—2—6 所示。

4）如果施工过程 A 完成后，施工过程 B 和 C 同时开始，则其逻辑关系如图 6—2—7 所示。

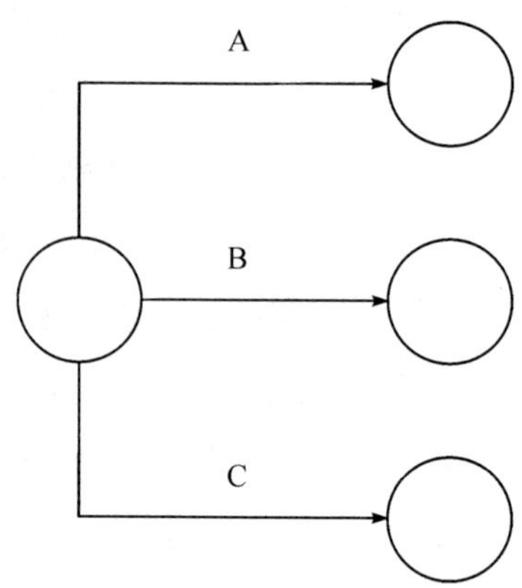


图 6—2—5　A、B、C 同时施工的逻辑关系



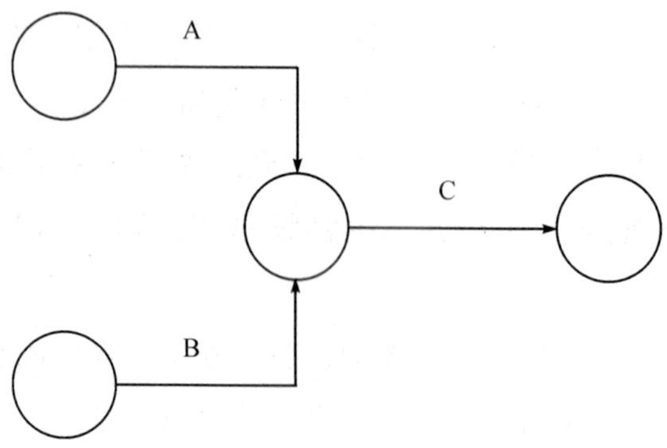


图 6—2—6　A、B 完成后 C 开始施工的逻辑关系

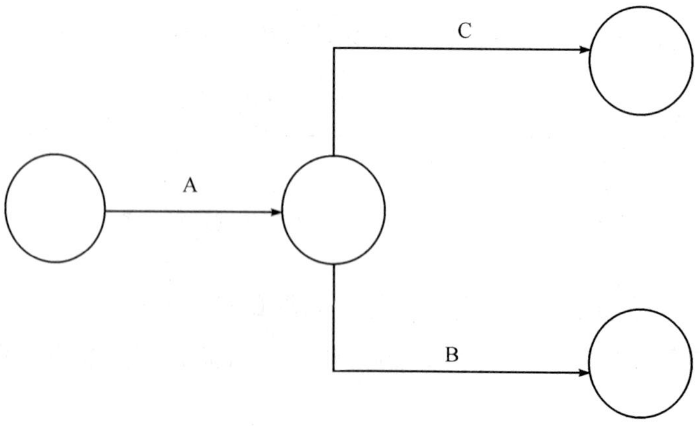


图 6—2—7　A 完成后 B、C 开始施工的逻辑关系

5）施工过程 A、B 完成后，施工过程 C、D 同时开始施工，则其逻辑关系如图 6—2—8 所示。

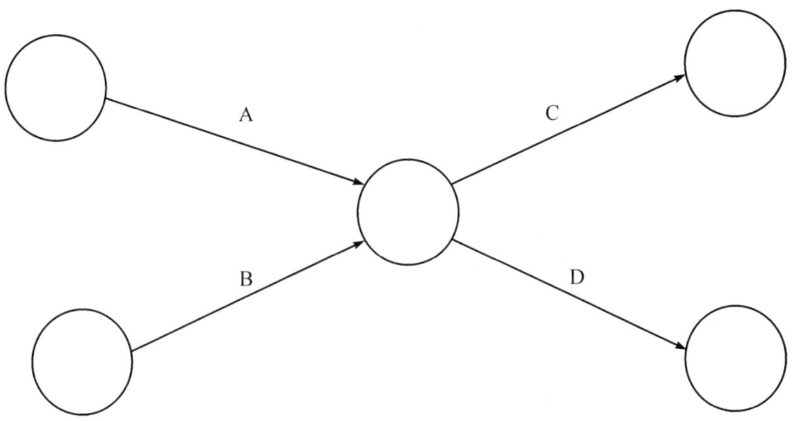


图 6—2—8　A、B 完成后 C、D 同时开始施工的逻辑关系



### 2. 虚箭线的应用

在绘制工程进度计划网络图时，可根据工作关系的需要增设虚箭线，用于解决工作间逻辑关系的连接。

（1）如果施工过程 D，在施工过程 A 和 B 完成后才开始，而施工过程 C 在施工过程 A 完成后就可以开始，即施工过程 D 受施工过程 A 和 B 的共同制约，而施工过程 C 只受施工过程 A 的制约而与 B 无关。在绘制网络图时，要明确地表达施工过程 A、D 之间的先后顺序，需引入虚工作，虚工作用虚箭线来表示，如图 6—2—9 所示。这时，虚箭线就起了逻辑连接的作用。

（2）如果有 A、B、C、D、E 五个施工过程，如果 C 在 A 完成后开始，E 在 B 完成后开始，而 A、B 完成后 D 才能开始，即 D 受 A 和 B 的共同制约，而 C 与 B 无关，E 又与 A 无关，因此应分别引入虚箭杆连接 A、D 和 B、D，才能正确反映它们之间的逻辑关系。如图 6—2—10 所示。

在绘制双代号网络计划图时，引用虚箭线是非常重要的。但是，在什么地方、在什么情况下引用虚箭线的判断比较困难，一般是先增设虚箭线，待网络计划图构成以后，再删除不必要的虚箭线。因为多余的虚箭线会增加绘图工作量和计算工作量，而且没有必要的虚箭线还会使网络图复杂，所以应将其删除。

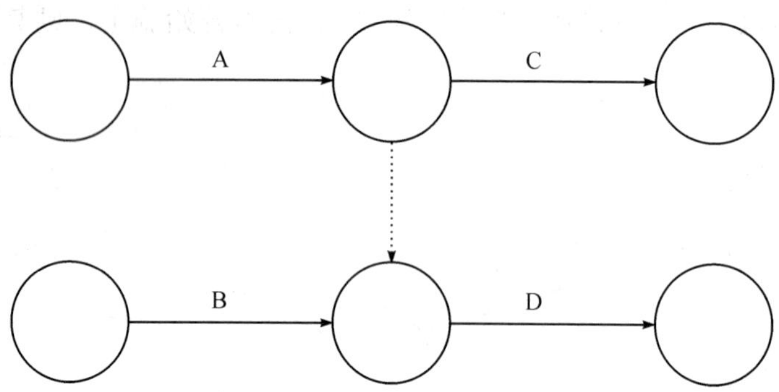


图 6—2—9　虚箭线的逻辑连接（一）

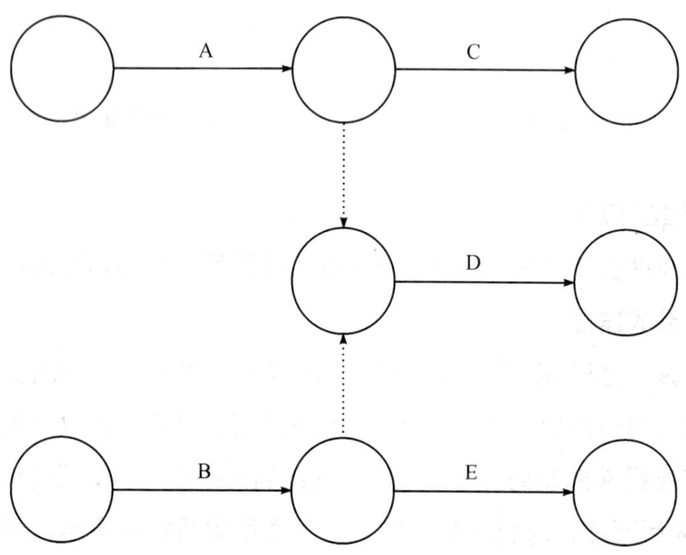


图 6—2—10　虚箭线的逻辑连接（二）



### 3. 绘制双代号网络图的基本规则

绘制双代号网络图时，应正确地表达工作间的逻辑关系和引用虚工作并遵循有关绘图的基本规则，否则，绘制的网络图就不能正确地反映工程项目的施工流程和进行时间参数的计算。除了正确反映工作之间的各种逻辑关系外，还必须遵循以下基本规则：

(1) 网络图只允许有唯一的一个起始点，表示一项工程的开始；也只能有唯一的一个终点，表示一项工程的结束。例如，在一个双代号网络图中，只允许有一个起点节点和一个终点节点。如图 6—2—11 所示，出现了①、③两个起点节点，出现了⑥、⑦两个终点节点都是错误的。

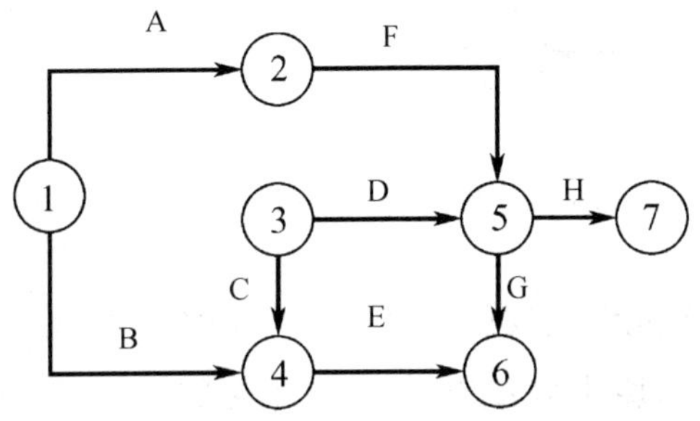


图 6—2—11　网络图只允许有唯一的一个起始节点和终点节点

(2) 一对节点之间只允许有一条箭线。在双代号网络图中，两个代号表示一项唯一的工作，如果一对节点之间有两条甚至更多条箭线同时存在，则无法分清这两个代号究竟代表哪一项工作。这种情况下正确的表达方法是引入虚箭线。例如：C 工作在 A 工作之后。那么，图 6—2—12a 是错误的，正确的表达为图 6—2—12b 中所示。



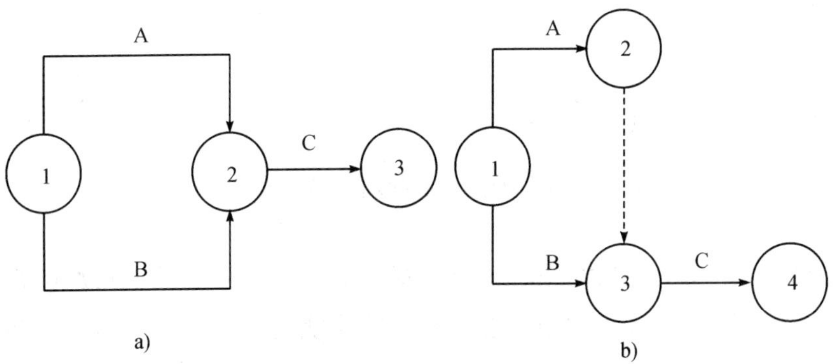


图 6—2—12　一对节点之间只允许有一条箭线

(3) 一项工作只能用唯一的一条箭线表示，任何箭线必须从一个节点开始到另一个节点结束；一项工作全部完成后，紧接它后面的工作才能开始，不得从一条箭杆的中间引出另一条箭杆。如图 6—2—13a 中，工作 A 与 B 的表达是错误的，正确的表达为图 6—2—13b 中所示。

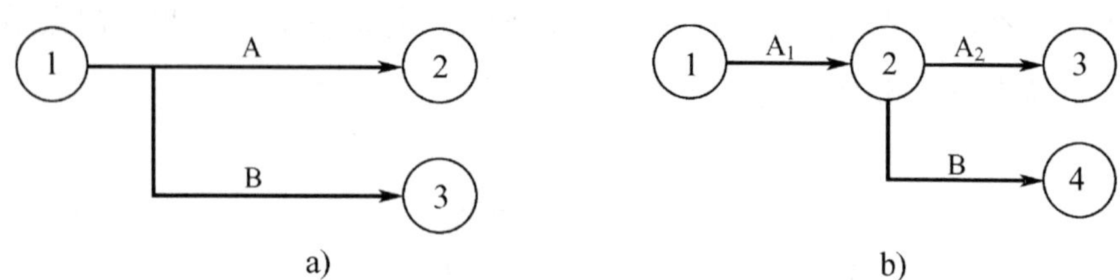


图 6—2—13　一项工作只能用唯一的一条箭线表示

(4) 网络计划图中不允许出现闭合回路。在网络计划图中，如果从一个节点出发沿某一条线路又能回到原出发的节点，称此线路为闭合回路。图 6—2—14 中，节点 2、3、5 是一条闭合回路，它表示的工作关系是错误的，工艺流程相互矛盾，工作 B、E、F 中每一项都无法开始，也无法结束，此时若用计算机计算网络图时间参数时只进行循环运行，不能输出计算结果。遇到这种情况的处理办法一般是更改箭线方向消除闭合回路。



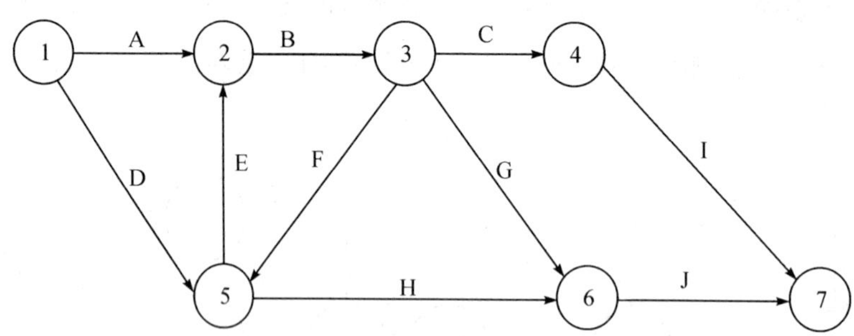


图 6—2—14　网络计划图中不允许出现闭合回路

(5) 网络计划图中不允许出现线段、双向箭头，并应避免使用反向箭线。表示工程进度计划的网络图是一种施工进程方向的网状流程图，有向线段中箭头方向为施工前进方向，所以不允许出现无箭头的线段和双向箭头的箭线。如图 6—2—15a 中的箭线是错误的。箭线所表达的工作需要占用时间，而时间是不可逆的，应避免使用反向箭线，否则容易引起闭合回路。如图 6—2—15b 中的②→③，因为反向箭线容易发生错误，造成循环回路。

(6) 网络计划图的布局应合理，尽量避免箭线交叉。网络图布局调整的目的，除避免箭线交叉外，还应尽量使图面整齐美观，当箭杆线交叉不可避免时，应采用“过桥”“断线”“指向”等方法加以处理，如图 6—2—16 所示。

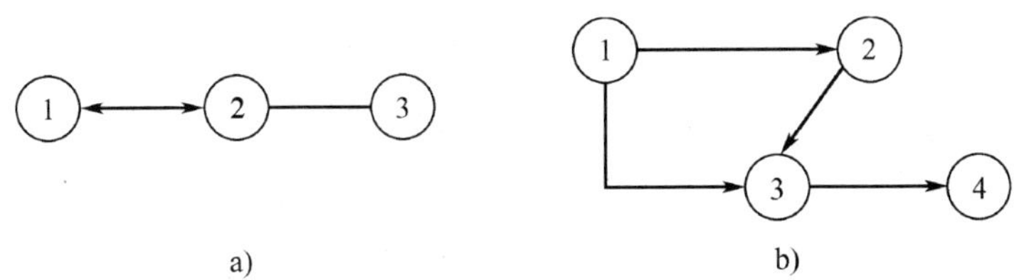


图 6—2—15　网络计划图中不允许出现线段、双向箭头并应避免使用反向箭线

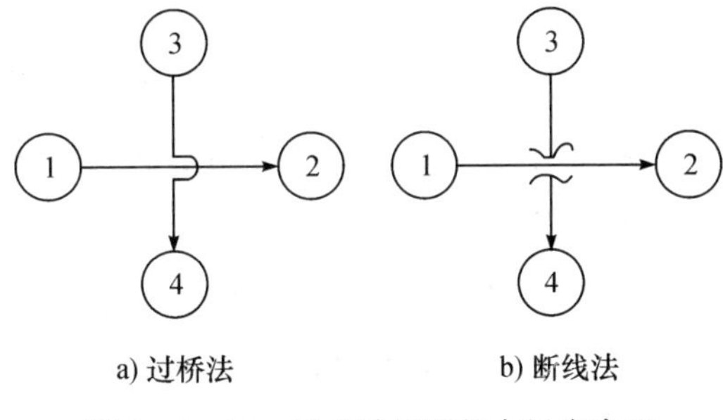


图 6—2—16　网络计划图的布局应合理



(7) 在双代号网络图中，不允许出现没有箭尾节点的箭线和没有箭头节点的箭线，如图 6—2—17a、图 6—2—17b 所示均是错误的。

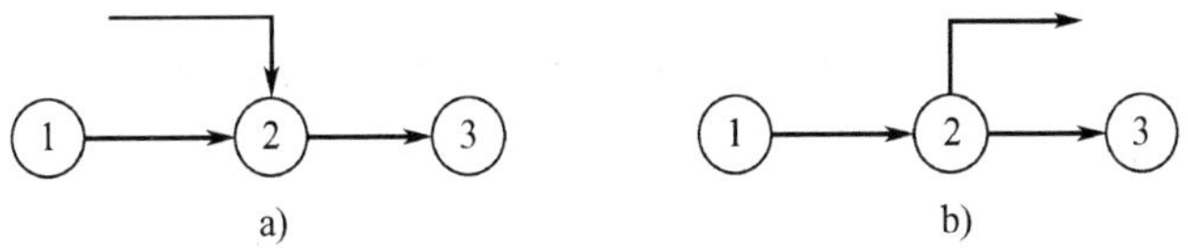


图 6—2—17　双代号网络图中，不允许出现没有箭尾节点的箭线和没有箭头节点的箭线

(8) 当网络图的起点节点有多条外向箭线，或终点节点有多条内向箭线时，为使图形简洁正确，可用母线法绘制，如图 6—2—18 所示。

### 4. 双代号网络图绘制方法与实例

(1) 双代号网络图的绘制方法。网络图布局要规整，层次清楚，重点突出。尽量采用水平箭线和垂直箭线，少用斜箭线，避免交叉箭线。在构成工作关系及工作持续时间之后，绘制网络计划图通常采用以下方法。

1) 前进法。前进法是从网络图起点开始顺箭线方向逐节生长法绘图，直到各

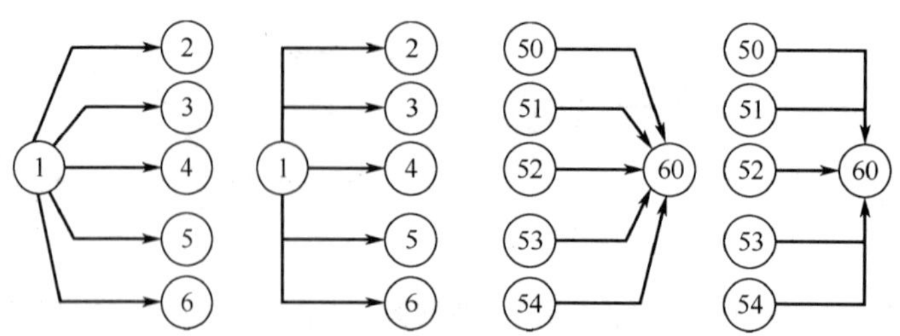

图 6—2—18　母线法绘制

条线路均达到网络图的终点为止。一般当工作关系表中列出本工作与紧后工作的关系时，可方便地采用前进法绘制网络图。前进法绘图的关键是第一步，要正确而又清楚地确定出哪些工作为开始工作。

2）后退法。后退法是从网络图终点节点开始逆箭线方向逐节后退，直到各条线路均退回到网络图的起点为止。一般当工作关系表中列出本工作与紧前工作关系时，使用后退法较为方便。后退法绘网络图的关键是后退的第一步，也应正确又清楚地确定出哪些工作为最后结束的工作。



3）先粗后细法。在工程进度计划实际网络图绘制中，可先粗略划分工程项目，然后逐步细分，先绘制分项或分部工程的子网络图，再拼成单位工程或单项工程总网络图。工程上实际绘制网络计划图时广泛采用先粗后细法。

（2）绘制实例

**【例 6—2—1】**

试根据表 6—2—1 中各施工过程的逻辑关系，绘制双代号网络图。

表 6—2—1　　各工作逻辑关系及持续时间表

| 工作 | A | B | C | D | E | F | G | H |
|---|---|---|---|---|---|---|---|---|
| 紧前工作 | — | — | A | A | B、C | B、C | D、E | F、G |
| 时间 | 6 | 4 | 2 | 3 | 1 | 5 | 2 | 4 |

解：根据各施工过程的逻辑关系，绘制双代号网络图，如图 6—2—19 所示。

**【例 6—2—2】**

试根据表 6—2—2 中各施工过程的逻辑关系，绘制双代号网络图。

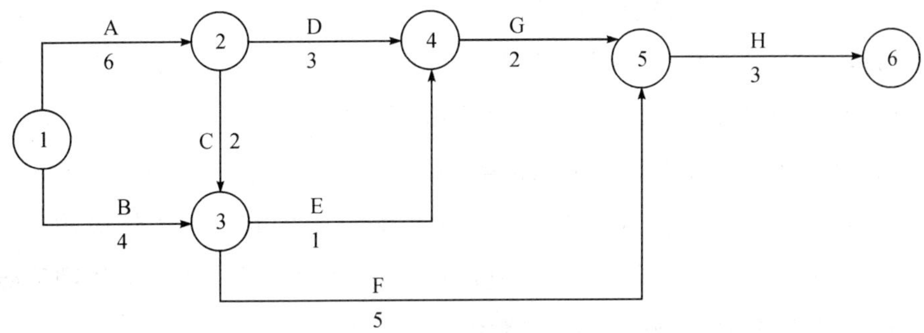


图 6—2—19　某工程双代号网络图

表 6—2—2　　各工作逻辑关系及持续时间表

| 工作代号 | A | B | C | D | E | F | G | H |
|---|---|---|---|---|---|---|---|---|
| 紧前工作 | — | A | A | B | C | A、C | E | F、G |
| 持续时间 | 4 | 2 | 4 | 2 | 6 | 1 | 3 | 2 |



解：根据各施工过程的逻辑关系，绘制双代号网络图，如图 6—2—20 所示。

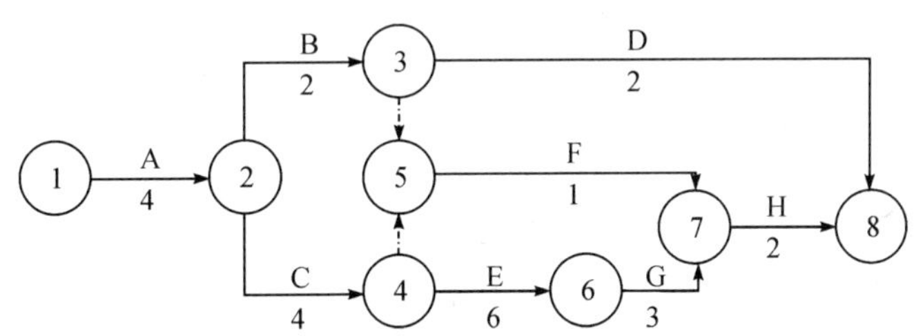


图 6—2—20　某工程双代号网络图

## 三、双代号网络时间参数的计算

网络图的时间参数，是确定工程项目计划工期和关键线路（工作）的基础，也是确定非关键工作机动时间、进行网络计划优化和科学合理对工程进行计划管理的依据。

### 1. 时间参数的计算目的

(1) 确定完成整个计划的总工期，各项工作的最早可能开始时间和最早可能完成时间。

(2) 确定各工作的最迟必须开始时间和最迟必须完成时间，各项工作的各种机动时间与计划中的关键工作及关键线路。

(3) 是绘制时标网络计划图的基础。网络图只有经过时间参数计算后，才可绘制时间坐标网络计划图，以便为网络计划下达执行提供依据。

(4) 是网络计划调整与优化的前提条件。时间参数计算后发现工期超出合同工期，工程费用消耗过高，由时标图上绘出的资源调配图看出资源供应明显不均衡等，必须对原网络计划图进行必要的调整与优化，以达到既定的计划管理目标。

**2. 双代号网络图时间参数计算内容与方法**

主要包括各项工作最早可能开始时间、最早可能结束时间、最迟必须开始时间、最迟必须结束时间，各结点最早开始时间、最早结束时间，工作总时差和工作自由时差。

**3. 时间参数的计算**



(1) 双代号网络图时间参数常用符号（见表 6—2—3）

表 6—2—3　　双代号网络图时间参数常用符号

| 序号 | 时间参数符号 | 所表示时间参数 |
|---|---|---|
| 1 | $D_{i-j}$ | 工作 $i-j$ 的持续时间 |
| 2 | $ET_j$ | 节点的最早开始时间 |
| 3 | $LT_j$ | 节点的最迟结束时间 |
| 4 | $EF_{i-j}$ | 工作 $i-j$ 的最早可能结束时间 |
| 5 | $ES_{i-j}$ | 工作 $i-j$ 的最早可能开始时间 |
| 6 | $LF_{i-j}$ | 工作 $i-j$ 的最迟必须结束时间 |
| 7 | $LS_{i-j}$ | 工作 $i-j$ 的最迟必须开始时间 |
| 8 | $TF_{i-j}$ | 工作 $i-j$ 的总时差 |
| 9 | $FF_{i-j}$ | 工作 $i-j$ 的自由时差 |

(2) 各节点时间参数的计算

1) 参数标注（见图 6—2—21）。

$ET_i$：以 $i$ 节点为开始节点的各项工作的最早开始时间。

$LT_i$：以 $i$ 节点为完成节点的各项工作的最迟完成时间。

现以图 6—2—22 所示的网络图为例，进行节点时间参数的计算，计算结果如

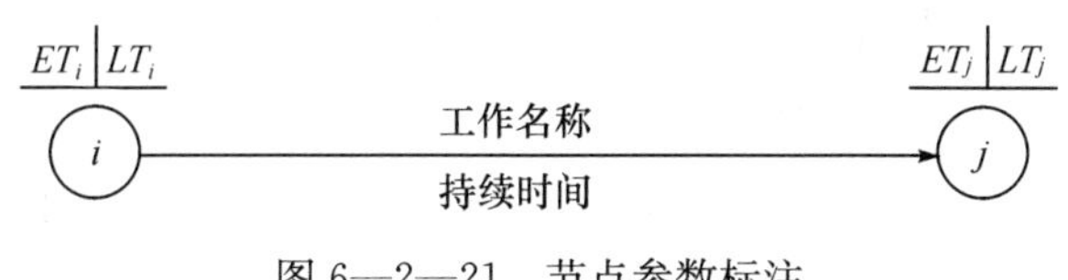


图 6—2—21　节点参数标注

图 6—2—22 节点参数所示。

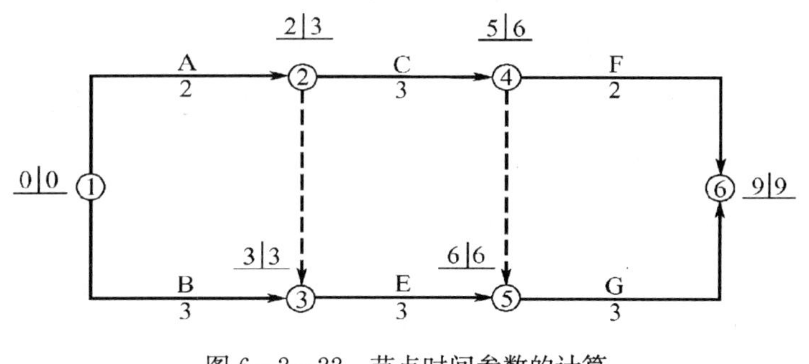


图 6—2—22　节点时间参数的计算



2）节点最早时间的计算。节点最早时间是指在双代号网络计划中，以该节点为开始节点的各项工作的最早开始时间。节点最早时间的计算，应当符合下列规定：

①节点 $i$ 的最早开始时间 $ET_i$ 应从网络计划的起始节点开始，顺着箭线方向依次相加逐项计算。从左到右，依次进行。其方法为顺着箭线相加，逢箭头相碰的节点取最大值。

②如果起始节点 $i$ 没有规定最早时间 $ET_i$ 时，其值应等于零，即：

$ET_i=0$　　　　　　（如图 6—2—22 的①节点）

③当节点 $j$ 只有一条内向箭线时，其最早时间 $ET_j$ 应为：

$ET_j=ET_i+D_{i-j}$　　　　　　（如图 6—2—22 的②、④节点）

当节点 $j$ 有多条内向箭线时，其最早时间 $ET_j$ 应为：

$ET_j=\max\{ET_i+D_{i-j}\}$　　　（如图 6—2—22 的③、⑤、⑥节点）

④按图 6—2—22 所示网络图中节点的最早时间，其计算结果如下：

$ET_1=0$；

$ET_2=ET_1+D_{1-2}=0+2=2$；

$ET_3=\max\{ET_1+D_{2-3},\ ET_2+D_{2-3}\}=\max\{0+3,\ 2+0\}=3$；

$ET_4=ET_2+D_{2-4}=2+3=5$；

$ET_5=\max\{ET_3+D_{3-5},\ ET_4+D_{4-5}\}=\max\{3+3,\ 5+0\}=6$；

$ET_6=\max\{ET_4+D_{4-6},\ ET_5+D_{5-6}\}=\max\{5+2,\ 6+3\}=9$。

3）节点的最迟实现时间（$LT$）：是指在计划工期确定的情况下，从网络计划图结束节点开始，逆着箭线相减，逢箭尾相碰的节点取最小值。推算即得各节点的最迟实现时间。先给定 $LT(n)=ET(n)=T$，由此递推：

①终点节点 $n$ 的最迟时间 $LT_n$ 应按网络计划的计划工期 $T_p$ 确定，即：

$LT_n=T_p$ （如图 6—2—22 所示⑥节点）

②其他节点的最迟时间 $LT_i$ 应为：

$$LT_i=\max\{LT_j-D_{i-j}\}$$

式中 $LT_j$——工作 $i-j$ 的箭头节点 $j$ 的最迟时间。



③按公式计算图 6—2—22 所示网络图中各节点的最迟时间，其计算结果如下：

$LT_6=T_p=9$；

$LT_5=LT_6-D_{5-6}=9-3=6$；

$LT_4=\max\{LT_6-D_{5-6},\ LT_5-D_{4-5}\}=\max\{9-2,\ 6-0\}=6$；

$LT_3=LT_5-D_{3-5}=6-3=3$；

$LT_2=\max\{LT_4-D_{2-4},\ LT_3-D_{2-3}\}=\max\{6-3,\ 3-0\}=3$；

$LT_1=\max\{LT_2-D_{1-2},\ LT_3-D_{1-3}\}=\max\{3-2,\ 3-3\}=0$。

(3) 工作时间参数计算。在计算各工作时间参数时，为了与数学坐标轴的规定一致，规定无论是工作的开始时间还是完成时间，都一律以时间单位的终了时刻为准。例如，坐标上某工作的开始时间为第 6 天，指的是第 6 个工作日的下班时间，也是第 7 个工作日的上班时间，计算中均规定网络计划的起始工作从第 0 天开始，实际上指的是从第一个工作日的上班时间开始。

按图上计算法计算各工作的时间参数，应在确定各项工作的持续时间之后进行。虚工作必须同其他工作一样进行计算，其工作持续时间为零。按图上计算法计算各工作的时间参数，其计算结果应标注在箭杆的上面，如图 6—2—23 所示。

1）工作的最早可能开始时间（$ES$）：是指一项工作在其紧前工作都结束后，可以开始工作的最早时间。很显然工作（$i$，$j$）的最早可能开始时间就等于箭尾节点

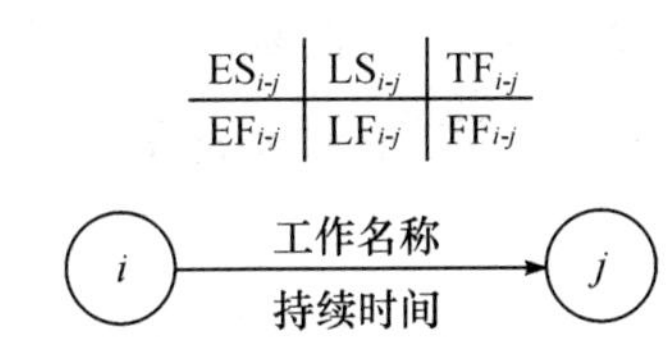


图 6—2—23　按图上计算法的时间参数标注

($i$) 的最早可能实现时间，即：$ES_{i-j}=ET_i$。

2) 工作的最早可能结束时间 ($EF$)：正常情况下，工作 ($i$，$j$) 若能在最早可能开始时间开始，对应就有一个最早可能结束时间，它就等于箭尾节点的最早可能实现时间或者工作的最早可能开始时间加上工作 ($i$，$j$) 的持续时间 t ($i$，$j$)，即

$$EF_{i-j}=ES_{i-j}+D_{i-j}$$

如图 6—2—24 所示的网络计划中，各工作的最早开始和最早结束时间计算过程如下：



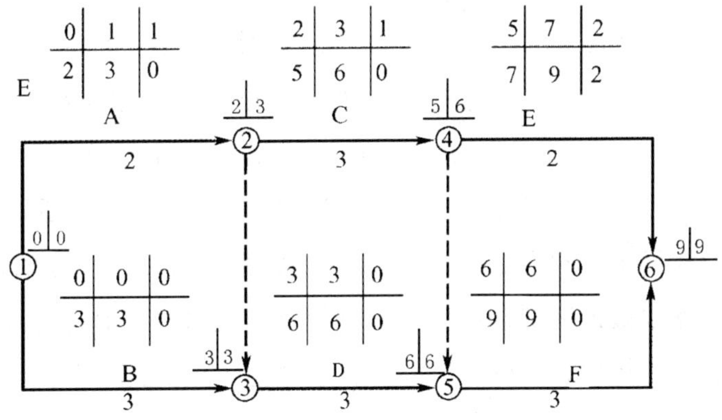

图 6—2—24　双代号网络计划工作时间参数计算

工作 A：$ES_{1-2}=ET_1=0$　　$EF_{1-2}=ES_{1-2}+D_{1-2}=0+2=2$

工作 B：$ES_{1-3}=ET_1=0$　　$EF_{1-3}=ES_{1-3}+D_{1-3}=0+3=3$

工作 C：$ES_{2-4}=ET_2=2$　　$EF_{2-4}=ES_{2-4}+D_{2-4}=2+3=5$

工作 D：$ES_{3-5}=ET_3=3$　　$EF_{3-5}=ES_{3-5}+D_{3-5}=3+3=6$

工作 E：$ES_{4-6}=ET_4=5$　　$EF_{4-6}=ES_{4-6}+D_{4-6}=5+2=7$

工作 F：$ES_{5-6}=ET_1=6$　　$EF_{5-6}=ES_{5-6}+D_{5-6}=6+3=9$

3) 工作的最迟必须结束时间 ($LF$)：是指一项工作在不影响工程按总工期结束

的条件下，最迟必须结束的时间，它必须在紧后工作开始之前完成。从工作终节点逆箭线计算，工作（$i$，$j$）最迟必须结束时间应等于节点 $j$ 的最迟必须实现时间，即

$$LF_{i-j}=LT_j$$

4）工作的最迟必须开始时间（$LS$）：在正常情况下，与工作的最迟必须结束时间相对应，有工作的最迟必须开始时间。它即为工作最迟结束时间减去该工作的持续时间。即

$$LS_{i-j}=LF_{i-j}-D_{i-j}$$

如图 6—2—24 所示的网络计划中，各工作的最迟结束时间和最迟开始时间计算过程如下：



工作 A：$LF_{1-2}=LT_2=3$　　$LS_{1-2}=LF_{1-2}-D_{1-2}=3-2=1$

工作 B：$LF_{1-3}=LT_3=3$　　$LS_{1-3}=LF_{1-3}-D_{1-3}=3-3=0$

工作 C：$LF_{2-4}=LT_4=6$　　$LS_{2-4}=LF_{2-4}-D_{2-4}=6-3=3$

工作 D：$LF_{3-5}=LT_5=6$　　$LS_{3-5}=LF_{3-5}-D_{3-5}=6-3=3$

工作 E：$LF_{4-6}=LT_6=9$　　$LS_{4-6}=LF_{4-6}-D_{4-6}=9-2=7$

工作 F：$LF_{5-6}=LT_6=9$　　$LS_{5-6}=LF_{5-6}-D_{5-6}=9-3=6$

5）计算总时差（$TF$）。工作的总时差 $TF$（$i$，$j$）是指在不影响任何一个紧后工作的最迟开始时间的条件下，工作（$i$，$j$）所拥有的最大机动时间。具体地说，它是在保证本工作以最迟完成时间完工的前提下，允许该工作推迟其最早开始时间或延长其持续时间的幅度，工作（$i$，$j$）的总时差计算公式如下：

$$TF_{i-j}=LS_{i-j}-ES_{i-j}$$

如图 2—2—24 所示的网络计划中，各工作的总时差计算过程如下：

工作 A：$TF_{1-2}=LS_{1-2}-ES_{1-2}=3-2=1$

工作 B：$TF_{1-3}=LS_{1-3}-ES_{1-3}=3-3=0$

工作 C：$TF_{2-4}=LS_{2-4}-ES_{2-4}=6-5=1$

工作 D：$TF_{3-5}=LS_{3-5}-ES_{3-5}=6-6=0$

工作 E：$TF_{4-6}=LS_{4-6}-ES_{4-6}=9-7=2$

工作 F：$TF_{5-6}=LS_{5-6}-ES_{5-6}=9-9=0$

通过以上计算可以看出，工作总时差具有以下特点：

①总时差等于零的工作为关键工作。

②如果工作总时差为零，其自由时差一定等于零。

③总时差不但属于本项工作，而且与前后工作均有联系，它为一条线路所共有。

6）计算自由时差（$FF$）。工作的自由时差 $FF$（$i$，$j$）是指在不影响其紧后工作的最早可能开始时间的条件下，工作（$i$，$j$）所具有的机动时间。具体地说，它是在不影响紧后工作按最早开始时间开工的前提下，允许该工作推迟最早开始时间或延长其持续时间的幅度。工作（$i$，$j$）的自由时差计算公式如下：

$$FF_{i-j}=ET_{i-j}-EF_{i-j}$$

如图 6—2—24 所示的网络计划中，各工作的自由时差计算过程如下：

工作 A：$FF_{1-2}=ET_2-EF_{1-2}=2-2=0$

工作 B：$FF_{1-3}=ET_3-EF_{1-3}=3-3=0$

工作 C：$FF_{2-4}=ET_4-EF_{2-4}=5-5=0$

工作 D：$FF_{3-5}=ET_5-EF_{3-5}=6-6=0$

工作 E：$FF_{4-6}=ET_6-EF_{4-6}=9-7=2$

工作 F：$FF_{5-6}=ET_6-EF_{5-6}=9-9=0$

通过以上计算可以看出，工作自由时差具有以下特点：

①工作的自由时差小于或等于工作的总时差。

②关键线路上的节点为结束节点的工作，其自由时差与总时差相等。

③使用自由时差对后续工作没有影响，后续工作仍可按其最早开始时间开始。

综上所述，工作时差大小的计算有十分重要的意义，计划管理人员根据时差的大小来协调施工组织，控制项目的总工期。例如，在时差范围内改变工作的开始或完成时间以达到施工均衡性的目的；或在机动时间内适当增加非关键工作的持续时间，相应地将其部分劳动力和设备、材料转移到关键工作中去，以确保关键工作进行，从而达到按期或提前完成工程进度计划的目的。

## 四、关键线路的确定

任何一个网络计划中至少有一条最长的线路；这条线路的总持续时间决定了这个网络计划的总工期。在这种线路中，没有任何机动时间，线路上的任何工作有延误就会使总工期相应地延长；任何工作的持续时间如有缩短，则可使总工期缩短，这种线路是按期完成计划的关键所在，因而称为关键线路。在关键线路上的各项工作称为关键工作，关键工作没有任何机动时间，即工作的总时差为零。关键线路确定的方法有很多，下面介绍两种简单易行的方法：

（1）关键线路上所有工作的总时差均为零，反过来，如果工作的总时差为零，则它必是关键工作。由此，只要连接网络计划中总时差为零的工作，就可以确定出关键线路。

（2）关键线路上所有节点的两个时间参数均相等，反过来，如果节点的两个时间参数相等，该节点一定是关键线路上的节点，即成为关键线路上的关键节点，但是由任意两个关键节点组成的工作，并非是关键工作。如果由此判别还需加上条件：箭尾节点时间＋工作持续时间＝箭头节点时间。满足这两个条件的工作，即为关键工作。



在网络计划中，除了关键线路之外的线路都称为非关键线路。在非关键线路中总是或多或少地存在有时差，其中存在时差的工作称为非关键工作，需要指出的是非关键线路并不是全由非关键工作组成。在任何一条线路上，只要有一项非关键工作，这条线路就是非关键线路，它的总长度小于关键线路。所以，只有全部由关键工作组成的线路才能称为关键线路。

## 第三节　单代号网络计划

**引例**

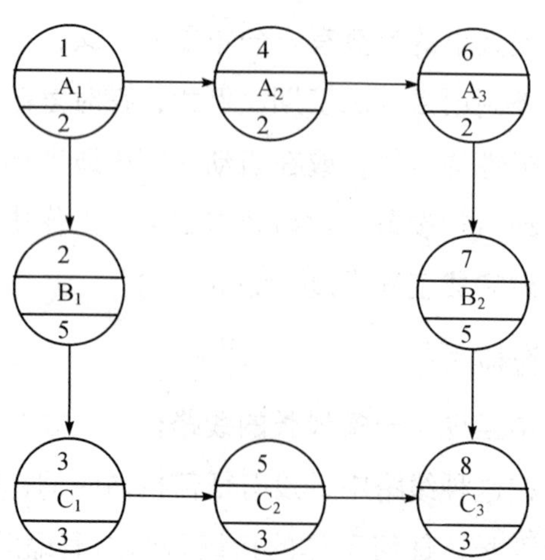

**思考**

例图是某装饰工程的单代号网络图。你知道单代号网络图的三要素是什么吗?

## 一、单代号网络计划图的构成

单代号网络计划图和双代号网络计划图一样，也由节点、箭线和线路三个基本要素构成，但其含义不同。

### 1. 节点

单代号网络计划图中的节点可以用圆圈或方框表示，一个节点表示一项具体的工作过程。节点所表示的工作名称、持续时间和代号一般都标注在圆圈内。值得注意的是，单代号网络计划图的开始节点和结束节点不同于双代号网络图，而是要视网络图中最先开始的工作数量或者最后结束的工作数量的多少来决定节点的选择方式，如图 6—3—1 所示。



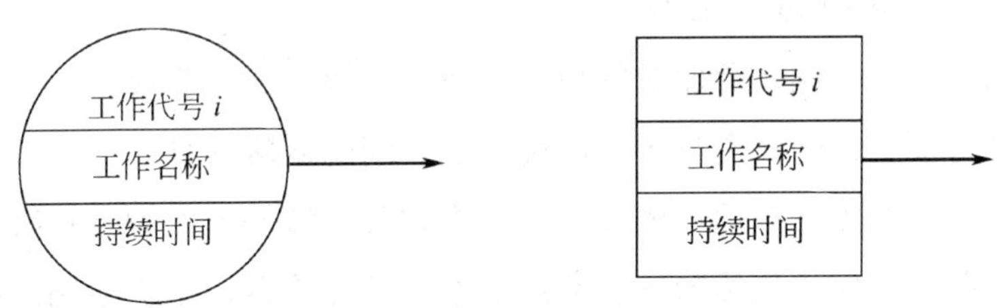


图 6—3—1　单代号网络计划图工作的表示方法

### 2. 箭线

在单代号网络图中，箭线表示两相邻工作之间的逻辑关系。箭线应画成水平线、折线或斜线。箭线水平投影的方向应自左向右，表示工作的进行方向，在单代号网络图中只有实箭线而无虚箭线。

### 3. 线路

单代号网络图中的线路与双代号网络图中线路的含义是相同的。在单代号网络图中，各条线路应当用该线路上的节点编号自小到大依次表述。

## 二、单代号网络计划图的绘制

单代号网络计划图与双代号网络计划图表达的计划内容是一致的，两者的区别仅在于绘图的符号所表示的意义不同。单代号网络计划图的绘制过程和双代号网络

计划图一样，先将计划任务分解成若干项具体的工作，然后确定这些工作之间的相互关系，以及各项工作的持续时间，持续时间的确定仍然应按正常情况下来进行。

### 1. 单代号网络图的绘图规则

(1) 单代号网络图必须正确表述已定的逻辑关系。

(2) 单代号网络图中严禁出现循环回路。

(3) 单代号网络图中严禁出现双向箭线或无箭头的连线。

(4) 单代号网络图中严禁出现没有箭尾节点的箭线和没有箭头节点的箭线。

(5) 绘制网络图时，箭线不宜交叉。当交叉不可避免时，可采用过桥法或指向法等绘制（具体方法同双代号网络图）。

(6) 单代号网络图中，只能有一个起点节点和一个终点节点。当网络图中出现多项无内向箭线的工作或多项无外向箭线的工作时，应在网络图的左端或右端分设一项虚拟工作，作为该网络图的起点节点与终点节点。



### 2. 单代号网络图的绘制步骤

单代号网络图的绘制步骤比较简单，一般分为以下三个步骤：

(1) 分析各项工作的先后顺序，明确它们之间的逻辑关系。

(2) 根据工作的先后顺序和逻辑关系，确定各工作的节点编号及其位置。

(3) 根据各项工作的先后顺序、节点编号及节点位置，依次绘制网络图。

例如，根据表6—3—1中所列的各项工作的逻辑关系，按以上步骤绘制单代号网络图，如图6—3—2所示。

表6—3—1　　某分部工程各项工作的逻辑关系

| 工作名称 | 紧前工作 | 紧后工作 | 持续时间 |
|---|---|---|---|
| A | — | B、C | 2 |
| B | A | D | 3 |
| C | A | D、E | 2 |
| D | B、C | F | 1 |
| E | C | F | 2 |
| F | D、E | — | 1 |

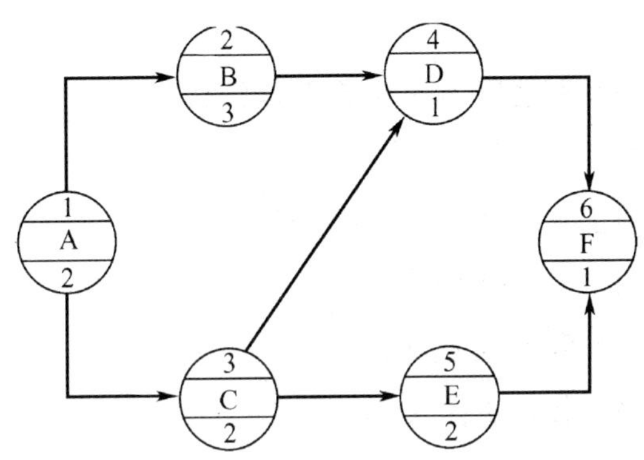

图 6—3—2　某分部工程单代号网络图

## 思考与练习

### 一、单项选择题



1. 在双代号网络图中，工作 $i—j$ 中 $i$ 和 $j$ 的大小关系是（　　）

A. $i=j$　　　　B. $i>j$

C. $i<j$　　　　D. $i$ 和 $j$ 大小关系不能确定

2. 在工程网络计划执行过程中，如果某工作进度拖后，势必影响的工作是该工作的（　　）。

A. 先行工作　　　　B. 紧后工作

C. 平行工作　　　　D. 紧前工作

3. 已知某工程网络计划中工作 M 的自由时差为 3 天，总时差为 5 天，现实际进度影响总工期 1 天，在其他工作均正常的前提下，工作 M 的实际进度比计划进度拖延了（　　）。

A. 3 天　　　　B. 4 天

C. 5 天　　　　D. 6 天

4. 下列对双代号网络图绘制规则的描述不正确的是（　　）。

A. 不允许出现循环回路

B. 节点之间可以出现带双箭头的连线

C. 不允许出现箭头无节点或箭尾无节点的箭线

D. 尽量减少交叉箭线

## 二、简答题

1. 网络计划的方法有哪些？其基本原理是什么？
2. 网络计划的特点有哪些？
3. 双代号网络图中工作逻辑关系有哪些？
4. 虚箭线在网络图中有哪些用途？
5. 绘制网络图的步骤和方法是什么？
6. 什么是关键线路？如何确定关键线路？

## 三、绘图题

已知各工作间的逻辑关系如图，请画出双代号网络图。

| 工作 | A | B | C | D |
|---|---|---|---|---|
| 紧前工作 | — | — | A、B | B |

# 第七章　施工组织设计

**学习目标**

1. 了解建筑装饰工程施工组织设计的概念、分类
2. 掌握建筑装饰工程施工组织设计的内容及编制程序
3. 能够运用所学知识编制简单的施工组织设计

建筑装饰工程的施工过程是一项复杂的生产活动，只有认真调查了解工程实际情况，搜集相关资料，认真地分析工程特点和施工要求，编制切实可行的施工组织设计并认真地加以贯彻执行，才能做到有条不紊地进行施工并取得令人满意的效果。因此，建筑装饰施工组织设计在建筑装饰施工中具有重要的作用。本章重点学习建筑装饰工程施工组织设计的内容及编制程序。通过学习后，能够运用所学知识编制简单的单位工程施工组织设计，为以后从事本专业的工作打好坚实的基础。



## 第一节　概　　述

**引例**

某建筑装饰公司项目部在项目经理的指挥下，项目的技术负责人负责编制施工组织设计，项目部很多人都参与了编制。在编制过程中质量员拿了一份投标文件中的施工组织设计文件作为参考。

**思考**

1. 投标时和施工准备时编制的施工组织设计的编制目的有什么不同？
2. 施工组织设计的作用有哪些？

施工组织设计是以施工项目为对象编制的，用以指导施工的技术、经济和管理的综合治理性文件。施工组织设计是对施工活动实行科学管理的重要手段，它具有

战略部署和战术安排的双重作用。它体现了实现基本建设计划和设计的要求，提供了各阶段的施工准备工作内容，协调施工过程中各施工单位、各施工工种、各项资源之间的相互关系。

## 一、施工组织设计概念

一个建筑装饰项目的施工，可以有不同的施工顺序（如建筑装饰工程施工顺序可以先室内后室外，先室外后室内或者室内室外同时进行）；每一个施工过程可以采用不同的施工方案；运输工作可以采用不同的方式和工具；现场施工机械、各种堆物、临时设施和水电线路等可以有不同的布置方案等。不同的施工方案，其施工的效果也是不一样的。怎样结合工程的特点，从经济和技术统一的全局出发，从许多可能的方案中选定最合理的方案，对施工的各项活动做出全面的部署，编制出规划和指导施工的技术经济文件（即施工组织设计），这是施工企业开始施工之前必须解决的问题。



建筑装饰施工组织设计是指在开工前由施工企业编制。施工企业对拟建的建筑装饰工程施工全过程的构思设想和具体安排，是反映建筑装饰工程施工全过程中经济、技术、管理等方面内涵的综合性文件。它反映着建筑装饰施工企业的综合水平。

## 二、施工组织设计作用

建筑装饰施工组织设计是对拟建工程施工的全过程进行科学管理的重要手段。通过施工组织设计的编制，可以全面考虑拟建工程的各种具体施工条件，扬长避短地拟定合理的施工方案，确定施工顺序、施工方法、劳动组织和技术经济的组织措施，合理地统筹安排拟定施工进度计划，保证拟建工程按期投产或交付使用。

如果施工组织设计编制得合理，能正确反映客观实际，符合建设单位和设计单位的要求，并且在施工过程中认真地贯彻执行，会对保质、保量、按时完成整个建筑装饰工程具有决定性的作用。其作用主要表现为以下几个方面：

（1）施工组织设计是沟通设计和施工的桥梁，也可以用来衡量设计方案的施工可能性和经济合理性。

（2）施工组织设计是对拟建装饰工程从施工准备到竣工验收全过程进行科学管理的重要手段。

(3) 施工组织设计是施工准备工作的重要组成部分，对及时做好各项施工准备工作起到促进作用。

(4) 施工组织设计是编制建筑装饰概算、预算的重要依据之一。

(5) 施工组织设计明确了建筑装饰施工全过程所采取的技术、组织、质量等措施，是编制施工作业计划的主要依据。

(6) 施工组织设计可以协调建筑装饰工程施工中各工种、各资源消耗之间的关系。

## 三、施工组织设计分类

施工组织设计根据设计阶段和编制对象的大小可分为施工组织总设计、单位工程施工组织设计和分部分项工程施工组织设计三类。

### 1. 施工组织总设计

施工组织总设计是以一个建设项目为编制对象，规划施工全过程中各项活动的技术、经济的全局性、控制性文件。它是整个建设项目施工的战略部署，涉及范围较广，内容比较概括。它一般是在初步设计或扩大初步设计批准后，由总承包单位的总工程师负责，会同建设、设计和分包单位的工程师共同编制的。它也是施工单位编制年度施工计划和单位工程施工组织设计的依据。



### 2. 单位工程施工组织设计

单位工程施工组织设计是以单位工程为编制对象，用来指导施工全过程中各项活动的技术、经济的局部性、指导性文件。它是拟建工程施工的战术安排，是施工单位年度施工计划和施工组织总设计的具体化，内容应详细。它是在施工图设计完成后，由工程项目主管工程师负责编制的，可作为编制季度、月度计划和分部分项工程施工组织设计的依据。

### 3. 分部分项工程施工组织设计

分部分项工程施工组织设计是以分部分项工程为编制对象，用来指导施工活动的技术、经济文件。它结合施工单位的月、旬作业计划，把单位工程施工组织设计进一步具体化，是专业工程的具体施工设计。一般在单位工程施工组织设计确定了施工方案后，由施工队技术队长负责编制。

## 四、施工组织设计编制注意事项

### 1. 施工组织总设计

（1）施工总体部署和施工程序的合理性。

（2）建设工期及施工均衡性。

（3）主要工程施工方案的可行性、经济性。

（4）质量、安全措施的针对性与有效性。

（5）施工总平面布置的合理性及施工用地情况。

### 2. 单位工程施工组织设计

（1）计划施工工期是否满足合同工期要求。

（2）施工方案的可行性、可靠性与经济性。

（3）施工质量和安全管理的重点是否明确，保证措施的针对性与有效性。



（4）季节性施工措施的有效性。

### 3. 投标施工组织设计与实施性施工组织设计的编制差异

施工组织设计有投标施工组织设计及实施性施工组织设计之分。投标施工组织设计是在工程投标阶段施工单位按照业主的招标文件及相关规范进行编制的，而实施性施工组织设计是根据相关的施工合同及相关的规范进行编制的。两者就某一工程项目而言，其编制的对象是相同的，但是在施工组织设计的编制目的、面向对象、编制依据、编制深度、编制条件等方面均存在很大的不同。

（1）两种施工组织设计编制目的不同。投标施工组织设计是施工企业（工程承包商）以中标为目的，根据所投工程的特点、工程施工的需要，在满足业主的需求、最大限度地响应招标文件关于工程施工的各项指标并结合自身技术水平和管理经验而编制的施工组织设计。实施性施工组织设计主要是在工程中标后，工程开工前施工单位根据工程设计的施工图，为了指导现场施工，首要目的突出的是项目施工过程组织的纲领性、合理性、严肃性和可实施性。它注重施工组织设计的合理性和可实施性。

（2）两种施工组织设计面向的对象不同。投标施工组织设计面向人群是评标委员会和业主，所以更多考虑的是对招标文件的响应，通常会严格按评标办法的计分点进行编制。为了赢得项目的中标，除了施工技术方案外，施工组织机构、安全质量控制体系及计划、工期计划、文明施工及环境保护等内容也占有相当大的比例。实施性施工组织设计主要面向项目执行群体，考虑的重点是方案的技术可行性与施工安全可靠性，同样还要考虑项目实施过程中、完毕后的经济效益。实施性施工组织设计的编制就是指导实施项目的施工队伍怎么组织施工、制订具体的项目实施方案以及如何实施等方面。它关键突出在工序和方法工艺上对施工人员进行指导限定，是一种指导性的也是纲领性的技术文件。由于施工组织设计针对的是具体实施项目的施工人员，它的文字要力求简单易懂，对方案方法的描述上语气必须明确、肯定。

(3) 两种施工组织设计编制依据不同。投标施工组织设计编制的依据是业主的招标文件、国家和相关部委颁布的法律规范、现场踏勘调查得到的相关资料以及标前的业主补遗等资料。实施性的施工组织设计是施工单位在工程开工前，根据工程施工合同要求，投标施工组织设计、工程施工的实际要求和项目管理的需要编制。



(4) 两种施工组织设计编制重点不同。投标的目的是为了中标，中标的前提是投标文件得到高分，所以但凡涉及投标文件评分的地方都会有详尽的阐述。组建合理高效的项目管理机构、采取先进的施工方法和工艺、投入先进的机械设备及合理的投标报价是最终赢得项目中标的保证。实施性施工组织设计完全以项目实施为准则，从工程施工的实际考虑出发，以自己对工程的解读和剖析进行设计，因此实施性施工组织设计体现了施工方法的针对性以及可操作性。

(5) 两种施工组织设计编制内容不同。投标施工组织设计描述工程施工的整体思路，着重体现工程管理目标、工程重难点分析与对策、工程整体部署等。投标施工组织设计对施工的过程只做一般性的描述，没有特别的针对性，通用性的方案方法较多。实施性施工组织设计主要阐述的重点应为施工安排、劳动力、机械等资源的配置情况、各工序施工的具体方式、细部节点的做法等。由于实施性施工组织设计是指导具体的项目施工，必须为现场施工进行统筹和规划，具有很强的针对性。

## 第二节　施工组织设计编制

**引例**

某建筑装饰施工单位作为总承包商，承接一写字楼工程，该工程为相邻的两栋高层建筑，合同规定该工程的开工日期为2013年12月1日，竣工日期为2014年9月25日。施工单位编制了施工组织设计，其中施工部署中确定的项目目标为“质量目标为合格”，创优目标为主体结构创该市的“白玉兰杯”；由于租赁的施工机械可能进场时间推迟，进度目标确定为2013年12月6日开工，2014年9月30日竣工。该工程工期紧迫，需安排较多的工人从上向下进行内装修的施工，拟先进行A座施工，然后进行B座的施工。

**思考**



1. 该工程施工项目目标有何不妥之处和需要补充的内容？

2. 如果工期较紧张，在该施工单位采取管理措施可以保证质量的前提下，应该如何安排施工组织设计较为合理？

单位工程施工组织设计是建筑施工企业组织和指导单位工程施工全过程各项活动的技术经济文件。

单位工程施工组织设计一般由施工单位的工程项目主管工程师负责编制，并根据工程项目的大小，报公司总工程师审批或备案。它必须在工程开工前编制完成，并应经该工程监理单位的总监理工程师批准方可实施。

### 一、施工组织设计编制依据和程序

#### 1. 编制依据

(1) 主管部门的批示文件及建设单位的要求。主要是指上级主管部门对拟建工程的批示，包括装饰工程计划书，概预算指标和投资等。

(2) 施工图样及设计单位对施工的要求。

(3) 施工企业年度生产计划对该工程项目的安排和规定的有关指标。

(4) 资源配备情况。

(5) 建设单位可能提供的条件和水、电供应情况。

(6) 施工现场条件和勘察资料。

(7) 预算文件和国家规范等资料，其中工程的预算文件等提供了工程量和预算成本。

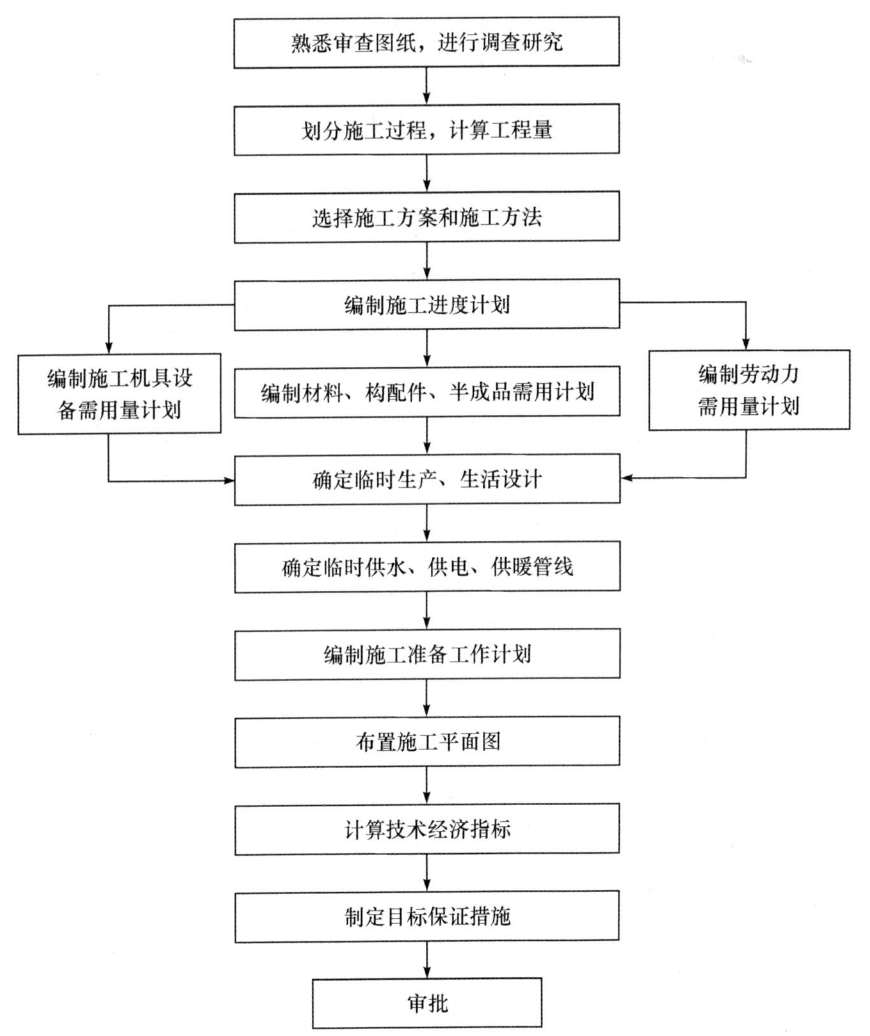


图 7—2—1 单位建筑装饰工程施工组织设计的编制程序

## 2. 编制程序（见图 7—2—1）

(1) 收集和熟悉编制施工组织总设计所需的有关资料和图样，进行项目特点和施工条件的调查研究。

(2) 计算工程量，进行工料分析和统计，通常可以利用工程预算中的工程量。工程量计算准确，才能保证劳动力和资源需要量计算的正确和分层分段流水作业的合理组织，故工程必须根据图样和较为准确的定额资料进行计算。

(3) 制订施工方案，如果施工组织总设计已有原则规定，则该项工作的任务就是进一步具体化，否则应全面加以考虑。需要特别加以研究的是主要分部、分项工程的施工方法和施工机械的选择，因为它对整个单位工程的施工具有决定性的作用。具体施工顺序的安排和流水段的划分，也是需要考虑的重点。

(4) 编制施工进度计划。根据流水作业的基本原理，按照工期要求、工作面的情况、工程结构对分层分段的影响以及其他因素，组织流水作业，决定劳动力和机械的具体需要量以及各工序的作业时间，编制网络计划，并按工作日排出施工进度。



(5) 编制资源需求量计划。依据采用的劳动定额和工程量及进度可以决定劳动量（以工日为单位）和每日的工人需要量。依据有关定额和工程量及进度，计算确定材料和加工预制品的主要种类与数量及其供应计划。

(6) 编制施工准备工作计划。

(7) 施工总平面图设计。

(8) 计算主要技术经济指标。

(9) 制定目标保证措施。

(10) 报上级部门审批。

在编制施工组织设计的过程中有些顺序是不可逆转的，如：拟订施工方案后才可编制施工进度计划（因为进度的安排取决于施工的方案）；也有些顺序应该根据具体项目而定，如确定施工的总体部署和拟订施工方案，两者有紧密的联系，有时可以交叉进行。

## 二、工程概况和施工方案选择

### 1. 工程概况

工程概况是主要针对工程的装饰特点，对拟建装饰工程的地点、特征和施工条件等结合施工现场的具体条件所做的一个简明扼要、突出重点的文字介绍。编制工程概况的目的是找出关键性的问题加以说明，并对新材料、新工艺、新技术和施工重点、难点进行分析研究。

工程概况的主要内容包括以下几个方面（见表 7—2—1）：对拟建装饰工程装饰的目的和意义的说明；拟建装饰工程的建设单位；拟建装饰工程的设计单位；拟建装饰工程的施工单位；拟建装饰工程的监理单位；拟建装饰工程的名称；拟建装饰工程的投资额；拟建装饰工程的性质和用途；拟建装饰工程的地点；装饰设计图样的情况以及施工期限；业主提供现场临时设施情况等。

表 7—2—1　　工程概况表

| 建设单位 | | 工程名称 | |
|---|---|---|---|
| 施工单位 | | 工程地址 | |
| 监理单位 | | 结构类型 | |
| 设计单位 | | 建筑面积 | |
| 出图日期 | | 合同造价 | |
| 开工日期 | | 计划竣工日期 | |
| 工程范围和主要施工内容 | | | |
| 涉及装饰子分部及其他分部工程 | | | |
| 主要装饰材料 | | | |
| 采用新工艺及新材料 | | | |

单位工程负责人：　　　　　　　　　　制表人：

通过对工程概况的分析，在深入了解装饰工程基本情况的基础上，掌握工程施工的特点和施工的关键问题，以便在选择施工方案、编排施工进度计划和资源需用量计划时采取相应的有效措施进行统筹安排。

### 2. 施工方案选择

施工方案的选择是单位施工组织设计的核心内容。建筑装饰工程施工方案选择的合理与否，直接影响到工程进度、施工质量、施工成本和安全生产，是整个建筑装饰施工组织设计成败的关键。

建筑装饰工程施工方案的选择主要包括确定施工流向和施工顺序、施工方法与施工机具的选择、施工段的划分及流水施工的组织安排等。

(1) 确定起点流向。施工流向是解决建筑装饰工程在空间的合理施工顺序问题。确定施工起点的流向，就是确定建筑装饰工程在平面上和竖向上施工开始的部位和进展方向。对于单层建筑物或长线工程，确定在平面上的施工流向；对于多层，除确定每层的水平流向外，还需确定垂直流向。施工流向涉及一系列施工活动的展开和进程，是组织施工的重要环节，确定单位工程施工起点流向时应考虑以下因素：

1) 生产性房屋应注意生产工艺流程情况。影响其他工段试车投产的工段应优先施工；当房屋有高低层或高低跨并列时应先从并列处开始施工。如房屋的防水层施工应按先低后高的方向施工。

2) 满足用户使用上的需要。

3) 技术复杂、耗时间长的区段或部位应优先施工。

4) 施工组织和现场的实际条件。

5) 分部（分项）工程的特点和相互关系。

在流水施工中，施工起点流向决定了各施工段的施工顺序。施工流向是对时间和空间的充分利用，特别是采用平行流水立体交叉作业时，合理的施工流向，不仅是工程质量的保证，也是安全施工的保证。施工起点流向也不是一成不变的，在现场的施工过程中，可根据现场的实际条件灵活安排。对于局部区段或部位需提前交付的工程，施工流向安排要符合部分工程提前使用的需要。

室外建筑装饰工程一般按自上而下的流水程序施工。

室内建筑装饰工程施工起点流向一般有以下三种方案：

①第一种方案。室内自上而下的流水施工。同室外建筑装饰工程一样，这种方案的优点是易于保证建筑装饰工程质量，且与主体结构施工互不影响，便于组织施工且工程完工后清理也较方便。缺点是必须等主体结构施工完成后，方可进行建筑装饰施工，所以总工期较长。还要注意建筑物顶部几层主体完工时间不长，可能较

潮湿，因而对某些装饰有影响的因素。

②第二种方案。对多层建筑而言采用自下而上的流水施工，即当主体结构施工到一定楼层后，建筑装饰工程从一层开始，逐层往上进行。这种方案的优点是主体结构和建筑装饰施工交叉进行，总工期相对较短。其缺点是结构、建筑装饰工序之间交叉多，较难组织施工，不安全因素多，且不易保证建筑装饰工程质量。在装饰工程上中应考虑防止雨水以及施工用水从楼层板渗漏。对于上下两相邻楼层，应先做好上层地面，再做下层天棚建筑装饰。

③第三种方案。自中而下，再自上而中施工，一般情况下高层建筑主体完成并通过验收后，装饰施工采用此种施工顺序。

（2）确定施工程序。施工程序是指施工中不同阶段的不同工作内容，按照其固有的先后次序，循序渐进地向前开展。在建筑装饰工程施工中，施工程序一般按“先地下，后地上”“先主体，后围护”“先结构，后装饰”“先土建，后设备”的原则进行。上述施工程序是一般原则，不是一成不变的。在工程施工过程中，需要结合具体工程结构特征、施工条件和建设要求，合理确定该工程的施工程序。建筑装饰工程主要包括以下工程：内外墙抹灰，安装门窗，油漆，粉刷墙面，室内地坪，踢脚线，屋面防水，安装落水管、阳台、雨篷、明沟及水、暖、电等。关于室内地坪和抹灰工程的施工顺序，通常是先做天棚和墙面抹灰，然后是地坪和踢脚抹灰。



（3）确定施工顺序。施工顺序是单位装饰工程中各分部分项工程或施工阶段的施工的先后次序。主要是解决时间上的搭接问题。确定施工顺序时，一般应考虑以下几项因素，见表 7—2—2。

表 7—2—2　　**确定施工顺序时应考虑因素**

| 序号 | 确定施工顺序时应考虑因素 |
| --- | --- |
| 1 | 遵循施工程序 |
| 2 | 符合施工工艺要求 |
| 3 | 与施工方法一致 |
| 4 | 按照施工组织的要求 |
| 5 | 考虑施工安全和质量 |
| 6 | 考虑当地气候的影响 |

1）装饰工程可分室外装饰和室内装饰。室内外装饰工程的施工顺序有先内后外，先外后内，内外同时进行三种顺序。

2）室外装饰工程在由上往下每层装饰、落水管等分项工程全部完成后，即开始拆除该层的脚手架。然后进行散水坡及台阶的施工。

3）室内装饰施工工序多、劳动量大、工期长，因此，确定好室内装饰施工的顺序非常关键。一般是先抹灰饰面、吊顶和隔断工程施工，接着门窗和玻璃工程施工，再是涂料及隔断罩面板的安装工程施工，最后是裱糊施工。同一层的室内空间施工顺序有“地面→天棚→墙面”和“天棚→墙面→地面”两种。底层地面一般多是在各层天棚、地面、楼面做好之后进行，门窗安装一般在抹灰之前或之后进行，视气候和条件而定。

（4）施工方法和施工机具的选择。选择施工方法和施工机具是施工方案中的一个关键问题。在建筑装饰工程施工中，施工方法及机具选择的主要根据是施工对象的建筑结构特征、工程量的大小、工期的长短、资源供应的条件、现场的条件以及施工企业的技术装备水平等因素。选择施工方法是解决施工工艺的问题，选择施工机具是解决操作手段的问题，二者都属于施工技术上的内容，如楼地面建筑装饰工程采用什么方案，顶棚龙骨的安装采用什么机具完成等。所以，要把施工方法和施工机具紧密结合起来。在实际操作中，可先提出几个可行的方案，通过比较，择优选用。

1）选择施工方法时应着重考虑影响整个单位建筑装饰工程的分部分项工程的施工方法，一般应注意以下几个方面：

①工程量大的，在单位工程中占重要地位的分部分项工程。

②施工技术复杂或采用新技术、新工艺、新材料的分部分项工程。

③工程质量起关键作用的分部分项工程。

2）施工机具的选择应符合施工规范及规程的要求和设计文件的要求，还需从施工组织角度注意以下几个问题：

①明确进入施工现场的时间、施工的先后顺序与成品保护的要求、是否要与结构施工穿插和交叉。

②施工机具的适用性和多用性的兼顾，尽可能充分发挥施工机具的效率和利用率。

③施工单位的技术特点和施工习惯以及现有机具可能利用的情况。

④施工方法的技术先进性和经济合理性的统一。

## 三、施工进度计划编制

施工进度计划是指在承包合同规定的条款下，在已确定施工方案的基础上，根据规定的工期和各种资源供应条件，对单位工程中的各分部分项工程的施工顺序、施工起止时间及衔接关系进行合理安排的计划。它为整个施工活动及其分项活动指明了确定的施工日期。

### 1. 施工进度计划的作用

(1) 控制建筑装饰工程施工进度，保证在规定的工期内完成符合质量要求的工程任务。

(2) 按照建筑装饰工程的施工顺序，确定各分部分项工程施工过程中的持续时间以及它们之间的配合关系。

(3) 确定施工所必需的各类资源（人力、材料、机械设备、水电等）的需要量，控制施工进度，确保施工任务按期完成。

(4) 为编制季度、月度生产作业计划提供依据。

### 2. 施工进度计划编制依据

单位工程建筑装饰施工进度计划的编制依据主要包括：设计文件、施工组织总设计对本工程的要求及施工总进度计划；单位工程施工方案；合同工期或定额工期；施工定额；施工图和施工预算；施工现场条件；资源供应条件；气象资料等。

### 3. 建筑装饰工程施工进度计划的编制程序（见图 7—2—2）

(1) 收集原始资料。了解和分析工程任务的构成和施工的客观条件，掌握编制进度计划所需的各种资料。特别要对施工图进行透彻研究，并尽可能对施工中可能发生的问题作出预测，考虑解决问题的对策等。

(2) 划分施工过程。根据工程内容和施工方案，将工程任务划分为若干道工序。一个项目划分为多少道工序，由项目的规模和复杂程度，以及计划管理的需要来决定，只要能满足工作需要就可以了，不必过分详细。大体上要求每一道工序都有明确的任务内容，有一定的实物工程量和形象进度目标，能够满足指导施工作业的需要，完成与否有明确的判别标志。

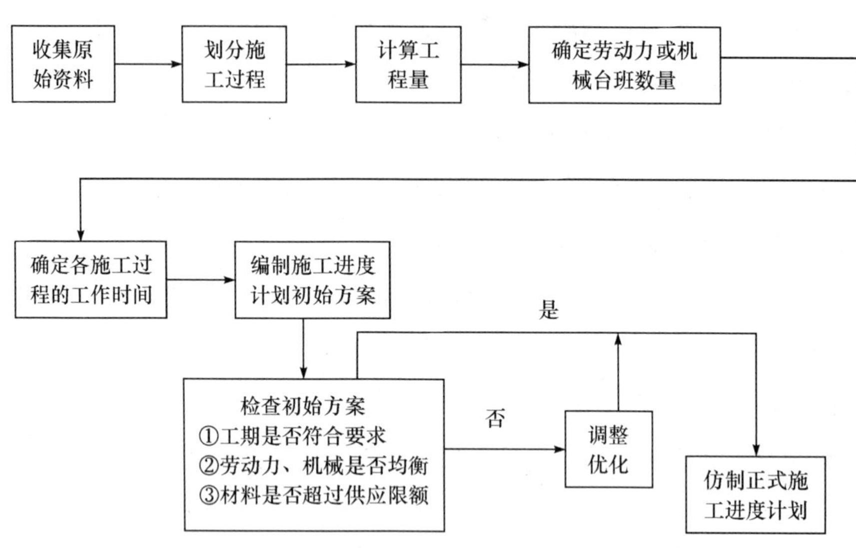


图7—2—2 建筑装饰工程施工进度计划的编制程序



(3) 计算工程量。即估算完成每道工序所需要的工作时间，也就是每项工作延续时间，这是对计划进行定量分析的基础。

(4) 确定劳动力或机械台班数量。劳动量一般可按企业施工定额进行计算，也可按交通行业现行的预算定额和劳动定额计算。劳动量的计量单位是：当为人工时为“工日”，为机械时为“台班”。

(5) 确定各施工过程的工作时间。施工期限根据合同工期确定，同时还要考虑工程特点、施工方法、施工管理水平、施工机械化程度及施工现场条件等因素。

根据工作项目所需要的劳动量或机械台班数，以及该工作项目每天安排的工人数或配备的机械台数，计算各工作项目持续时间。

有时，根据施工组织要求，如组织流水施工时，也可采用倒排方式安排进度，即先确定各工作项目持续时间，依次确定各工作项目所需要的工人数和机械台数。

(6) 编制施工进度计划初始方案。绘制施工进度计划图，首先选择施工进度计划表达形式，常用的有横道图和网络图。横道图比较简单直观，多年来广泛地用于表达施工进度计划，作为控制工程进度的主要依据。但由于横道图控制工程进度的局限性，随着计算机的广泛应用，更多地采用网络计划图表示。全工地性的流水作业安排应以工程量大、工期长的工程为主导，组织若干条流水线。

(7) 调整优化。可行的计划不一定是最优的计划。计划的优化是提高经济效益的关键步骤。所以，要判别计划是否最优。如果不是，就要进一步优化，如果计划的优化程度已经可以令人满意（往往不一定是最优），就得到了可以用来指导施工、控制进度的施工网络图了。施工进度计划初始方案编制好后，需要对其进行检查与优化调整，使进度计划更加合理。需检查调整的内容包括：

1) 各工作项目的施工顺序、平行搭接和技术间歇是否合理。

2) 总工期是否满足合同规定。

3) 主要工序的工人数能否满足连续、均衡施工的要求。

4) 主要机具、材料等的利用是否均衡和充分。

(8) 编制正式施工进度计划。在经过精密的调整优化后，开始编制正式施工进度计划。施工进度计划表的编制要注意紧凑、美观。这也是装饰施工企业工作质量的一种具体体现。



### 4. 施工进度计划表示方法

施工进度计划常采用横道图或网络图的形式。在此介绍用横道图编制施工进度计划的方法和步骤。横道图的表示方法见表 7—2—3。

表 7—2—3　　施工进度计划的表示方法

<table>
<tr><th rowspan="3">序号</th><th rowspan="3">分部分项工程名称</th><th colspan="2">工程量</th><th rowspan="3">时间定额</th><th colspan="2">劳动量</th><th colspan="2">需用机械</th><th rowspan="3">每天工作班次</th><th rowspan="3">每班工人数</th><th rowspan="3">工作天数</th><th colspan="7">施工进度</th></tr>
<tr><th rowspan="2">单位</th><th rowspan="2">数量</th><th rowspan="2">工种</th><th rowspan="2">数量（工日）</th><th rowspan="2">机械名称</th><th rowspan="2">台班数</th><th colspan="3">月</th><th colspan="3">月</th><th>月</th></tr>
<tr><th>10</th><th>20</th><th>30</th><th>10</th><th>20</th><th>30</th><th>10</th></tr>
<tr><td></td><td></td><td></td><td></td><td></td><td></td><td></td><td></td><td></td><td></td><td></td><td></td><td></td><td></td><td></td><td></td><td></td><td></td><td></td></tr>
<tr><td></td><td></td><td></td><td></td><td></td><td></td><td></td><td></td><td></td><td></td><td></td><td></td><td></td><td></td><td></td><td></td><td></td><td></td><td></td></tr>
</table>

从表 7—2—3 中可以看出，它由左右两部分组成。左边部分反映各分部分项工程相应的工程量、定额、劳动量、采用的定额、需要的劳动量或机械台班数以及参加施工的工人数和施工机械等。右边上部是从规定的开工之日起至竣工之日止的时间表；下部是用横向线条表示的进度指示图表，是按左边的计算数据设计出来的，它用线条形象地表示出各个分部分项工程的施工进度和总工期，它反映出各分部分项工程项目间的相互关系以及各个施工队在时间和空间上开展工作的相互配合关系。表的右边部分有月、日，用分格表示。每格可代表一天、五天或一周、一旬。

## 四、施工资源计划编制

单位建筑工程施工进度计划确定后，即可编制所需各种资源需要量计划。资源需要量计划中包括劳动力资源需要量计划、主要材料需要量计划、主要构配件需要量计划、施工机具需要量计划等。

### 1. 劳动力资源需要量计划

它是将建筑装饰工程各施工进度表内所列的各项施工进程中每天所安排的工人人数汇总而成（细致要求时可按工种绘制）。其主要用于劳动力调配和工地生活设施的安排，劳动力资源需要量计划，见表 7—2—4。



表 7—2—4　　劳动力资源需要量计划

| 序号 | 分项工程名称 | 工种 | 需要量 | | 需要时间 | | | | | | 备注 |
|---|---|---|---|---|---|---|---|---|---|---|---|
| | | | | | ×月 | | | ×月 | | | |
| | | | 单位 | 数量 | 上旬 | 中旬 | 下旬 | 上旬 | 中旬 | 下旬 | |
| | | | | | | | | | | | |
| | | | | | | | | | | | |

### 2. 主要材料需要量计划

主要材料需要量计划是备料、供料和确定仓库、堆场面积及组织运输的依据，见表 7—2—5。

表 7—2—5　　主要材料需要量计划

| 序号 | 材料名称 | 规格 | 需要量 | | 供应时间 | 备注 |
|---|---|---|---|---|---|---|
| | | | 单位 | 数量 | | |
| | | | | | | |
| | | | | | | |
| | | | | | | |

### 3. 主要构配件需要量计划

为了与加工单位签订供应合同、确定场地的堆积面积、组织运输等，也可编制主要构配件需要量计划，见表 7—2—6。

表 7—2—6　　主要构配件需要量计划

| 序号 | 名称 | 规格 | 图号型号 | 需要量 | | 使用部位 | 加工单位 | 供应日期 | 备注 |
|---|---|---|---|---|---|---|---|---|---|
| | | | | 单位 | 数量 | | | | |
| | | | | | | | | | |

#### 4. 施工机械需要量计划

建筑装饰工程施工机械是指队组或个人经常使用，并便于配备到队组或个人保管的机械工具。施工机械需要量计划主要是根据施工进度和施工方案确定施工的类型、数量及进退场时间。一般是将单位工程施工进度表中的每一个施工过程、每天所需的机械类型、数量和施工日期进行汇总，见表 7—2—7。

表 7—2—7　　施工机械需要量计划

| 序号 | 机械名称 | 类型、型号 | 需要量 | | 货源 | 使用起止日期 | 备注 |
|---|---|---|---|---|---|---|---|
| | | | 单位 | 数量 | | | |
| | | | | | | | |



### 五、施工平面图设计与绘制

施工平面图是工程项目施工组织设计的一项重要内容，实践证明，科学合理的施工平面图设计对于提高施工生产效率，降低工程建设成本，保证工程质量和施工安全等方面起着十分关键的作用。单位工程施工平面图是对一个建筑物或构筑物的施工现场的平面规划和空间布置图。

#### 1. 单位建筑装饰工程施工平面图设计原则

单位建筑装饰工程施工平面图是单位工程施工组织设计的重要组成部分，是施工准备工作的一项重要内容。单位工程施工平面图的绘制比例一般比施工总平面图的比例大，内容更具体、详细。如果工程建设项目由多个单位工程组成，则单位工程施工平面图属于全工地性施工总平面图的一部分，应受到施工总平面图的约束和限制。单位工程施工平面图的设计原则可归纳为四个方面：

(1) 根据施工现场实际条件，结合施工方案和施工进度计划的要求，合理布置施工平面，要求占地省，有利于施工，有利于现场管理。

(2) 在满足施工需要的情况下，使临时设施工程量最小。尽量利用已有或拟建的房屋和各种管线。

(3) 最大限度地缩短场地内部运输距离，尽可能避免两次搬运。

(4) 要符合劳动保护、技术安全及消防、环保、卫生、市容等国家有关规定和法规要求。

**2. 单位建筑装饰工程施工平面图设计内容**

(1) 已建及拟建的永久性建筑物、构筑物及其他设施的位置和尺寸。

(2) 一切为工程施工服务的临时设施，包括材料仓库、堆场、钢筋加工棚、木工房、生活及行政办公用房等。

(3) 临时道路，可利用的永久性或原有道路，以及其与场外交通的连接。



(4) 临时给水排水管线、供电线路、蒸汽及压缩空气管道等。

(5) 起重机开行路线及轨道铺设，垂直运输设施的位置，起重机回转半径。

(6) 测量轴线及定位线标志，永久性水准点位置。

(7) 一切安全防火设施的位置。

**3. 单位建筑装饰工程施工平面图绘制要求**

(1) 绘图比例常用 1∶200～1∶500，视工程规模大小而定。

(2) 拟建工程放置于施工平面图的中心位置，各项临时设施围绕它设置。

(3) 对于较复杂、施工工期较长以及施工现场狭小难以布置的单位工程可以分阶段绘制。

## 第三节 案 例

### 一、工程概况

**1. 工程概述**

(1) 工程名称：××建设工程质量检测中心室内装饰工程

(2) 建设地点：××市新区××路口

(3) 建设单位：××市××中心有限公司

(4) 总包单位：××市××公司总承包

(5) 监理单位：××市建筑监理有限公司

2. 结构类型及装饰面积

本工程结构由业务主楼和业务辅楼组成。业务主楼建筑面积 12 000 米$^2$，框架 8 层，地下一层，主楼内设有 2 台垂直电梯及 2 处楼道。业务辅楼建筑面积 4 000 米$^2$，框架二层，有 2 处楼道。本装饰工程是新建筑初装饰工程，由地面工程、墙面工程、天花吊顶工程、强电工程、给排水工程等组成。

3. 工作内容

业务主楼：其中底层是大堂与服务大厅，二层是底层功能的延续区，包含评标室与多功能会议厅。自二层开始，在主楼中部设有景观庭院，景观庭院直达第八层是主楼的中心景观。自第三层至第六层，基本上是办公室，配有视频会议室与贵宾接待室。最高的第八层是活动房层。在主楼内设有 2 台垂直电梯及 2 处楼道，以及卫生间与储藏更衣等辅房。



业务辅楼：二层是检测中心的生产部门，在其底层设有车间、员工餐厅和门厅，在二层设办公室、会议室与分析室。在屋顶设庭院。

(1) 具体装饰为：①地坪：大理石地坪、地砖地坪、塑胶地板、木地板、防静电架空地板等。②墙面：干挂大理石、墙砖饰面、木饰面花式、吸音板饰面、软包和墙纸、玻璃隔墙、乳胶漆墙面等。③平顶：轻钢龙骨石膏板刷乳胶漆复杂吊顶、长条铝扣板和方块铝扣板吊顶、长条铝方管格栅吊顶、T 形龙骨矿棉板吊顶等。④其他：木制灯槽、窗帘盒、壁橱、大理石窗台等细部装饰。

(2) 业务主楼中庭玻璃围栏工程。

(3) 与上述装修内容相配套的建筑安装工程；供配电动力照明系统；给排水系统。

4. 施工现场条件

目前，二层业务辅楼结构已验收，达到优质结构标准；主楼主体结构也已验收通过。施工用电、用水条件良好，外围护建筑、主体安装管线、屋盖防水正待进行。外脚手架存在，建筑物东侧设有 1 台提升井架。辅楼方面业主方要求提前于 2013 年 8 月 10 日完工，目前其底层有部分地盘系土建安装加工区。地盘条件还应考虑外围护、安装与电梯安装。此外，在夏季施工不利油漆等作业施工，一旦多雨，则缺干燥作业条件。

### 5. 业主的主要工程目标

（1）业主的工程质量标准。要求质量标准：一次合格，争取省级优质工程。

（2）期望工期：拟定 2013 年 6 月 1 日开工，要求工期到 2013 年 10 月 10 日完工，业务辅楼必须在 2013 年 8 月 10 日竣工。

## 二、施工方案

### 1. 施工准备

（1）现场准备：完成现场临时用电、临时照明的布置；完成办公设施的搭建；完成生活区设施的搭建；划分现场位置，在业主允许的位置搭建仓库、材料加工区等。



（2）技术准备：复核业主提供的一米标高线，再据此引至全楼层，复查轴线控制网是否存在偏差；完成临电专项方案、临时设施搭设专项方案及施工组织设计的编制；整理现场施工所需的图样深化清单，并着手开始相关图样深化；完成现场专项方案的编制（轻钢结构）；根据设计提供的材料小样，寻找材料报价，给业主和设计单位确认；对所有进场人员进行安全交底。

（3）人力、设备和材料供应准备：根据现场施工条件、公司合格劳务分包推荐名录进行综合评价，选择、确定可靠的劳务分包；根据专业分包的技术实力、报价文件以及施工能力进行综合评价，选择、确定可靠的专业分包；根据外加工材料数量、规格，以及合格材料供应商名录进行综合考察，选择、确定可靠的材料供应商。

### 2. 项目管理职责

（1）项目经理

1）全面负责管理本项目的施工运行，确保项目按合同要求履行。

2）决定项目资源配备，明确职能部门的管理职能。

3）确定项目质量方针、目标并保证质量方针和目标协调，采取必要的组织、管理和教育措施，使质量方针为全体员工掌握并贯彻执行。

4）控制工程成本，合理管理项目资金运转。

5）做好项目管理人员的人事管理工作。

6）全面组织管理施工现场的生产活动，合理调配劳动力资源。

7）负责使项目的生产组织、生产管理和生产活动符合施工方案实施要求。

8）负责项目的安全生产活动，管理项目的安全管理组织系统。

9）参与制定、贯彻项目质量方针目标，并组织实施质量体系。

10）负责项目的行政决策、日常管理及内部管理。

11）进行施工现场的标准化管理，确保本工地现场获区文明工地称号。

（2）项目工程师

1）全面负责项目日常技术质量管理，具体协调施工技术管理工作。

2）负责施工组织设计的编制以及单项施工方案的编制。

3）负责总进度计划和月进度计划的编制。

4）负责材料进场计划的编制和外加工制品进场计划的编制。

5）解决工程施工过程中出现的重要技术问题。

6）负责施工过程中的全面质量监控，加强对施工过程的监控。



（3）工程技术员

1）具体负责工程项目的专业施工技术管理工作，完成现场的施工布置验收、检查工作。

2）在项目工程师的领导下，负责编制施工交底方案，并审核施工方案是否符合工程实际现状。

3）完成与项目有关的计量、试验工作。

4）负责解决施工现场出现的技术问题，与设计、监理协作解决有关技术问题。

（4）施工质量员

1）有效、动态地对现场施工活动实施全方位、全过程管理。

2）合理安排施工搭接，确保每道工序质量，形成最终优质建筑产品。

3）实施作业过程中的施工指导，确保工序管理点的顺利实施。

4）合理调配劳动力资源，使工程建设有组织地按计划进行。

5）按质量文件和合同要求，实施施工全过程的质量控制检查和监督工作。

6）负责对分部、分项及最终产品的检验并参与最终产品的质量评定工作，独立行使施工过程中的质量监督权力。

（5）材料员

1）按质量设计和施工方案，提供合格的材料与设备。

2）根据物资采购程序强化原材料、半成品质量管理，提高设备的完好及使用率。

3）严格控制无质保文件和不符合技术规范指标的材料投入施工，杜绝设备带病运行。

4）实施工程项目现场管理标准化，使操作现场工作环境不影响工程质量。

(6) 安全员

1）负责项目的安全生产和施工现场的安全保卫工作。

2）负责各种安全记录资料的填制、收集、立卷工作。

3）负责对进场工人的安全技术交底。

4）负责施工现场安全作业的监督和检查。



### 3. 施工组织和流程

确保施工面正常流水搭接，组织工序之间的流水搭接，安装工程的施工顺序与装饰工程形成良好的流水搭接，进行立体弹线，为安装提供方便，确保上道、下道工序展开。

工艺流程的原则：先上后下（即先天花后墙身地面），先内后外（即先骨架后封板），先湿作业后干作业，先管线（水、电）后洁具、灯具，家具在场外中加工，易受污染或保护不易的工作如壁纸、地毯、玻璃等尽量往后排。

## 三、主要施工工艺

### 1. 地毯铺设施工技术方案

(1) 施工工序（见图 7—3—1）

(2) 操作要点

1）在铺设地毯前，首先调整标高。此时应注意铺设地毯的区域其平顶墙体涂料油漆等应已完成，此后应先把基层清理干净，面上黏结的油脂、油漆蜡质等应用丙酮、松节油或用砂轮机清净。基层要求平整，基层上有突出的杂物应剔凿掉。凹坑或孔洞应用 107 胶水泥腻子补平。干燥后，使基层含水率小于 8%，再进行铺设。

2）地毯的品种、规格、颜色及辅料应符合一定的规定，如动态负载下厚度减少量一般应小于 2 毫米，中等静负载下厚度减少小于 1 毫米，绒筑拔出力≥25 牛，

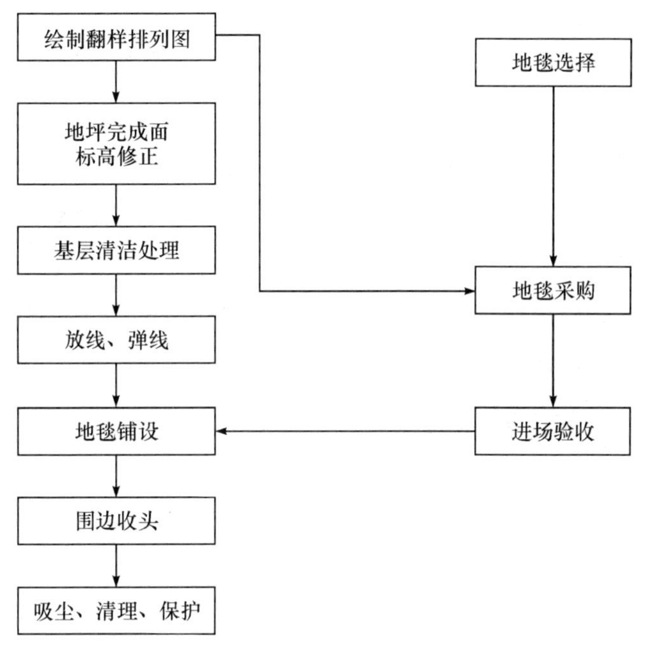


图 7—3—1　地毯铺设施工工序



色泽牢度≥4 级，背衬剥离强度≥25 牛，同时防静电、具阻燃性，并符合国家现行的其他有关标准。根据地毯翻样图，弹出纵横中心线，使之在墙边、柱子处等距离相对称。

3）采用的地毯可能有卷毯和块毯两种。卷毯用于围边。块毯可采用固定式铺贴或非固定式铺贴。具体按块毯种类及其铺设要求确定。在施工前应先选定相应的地毯品种及规格。

4）在采用块毯的区域，施工铺贴时应考虑到大面与走边的对称关系，裁好地毯摆好，然后先从中间部位铺开，由中间部位再往四边推铺，地毯铺贴所用胶粘剂应该按地毯说明书指定的合格产品配套采用，并按其规定的方法与时间操作，铺贴时使用扁铲将地毯顺序轻轻击实，内部不含气，不鼓胶，使地毯平整舒展不起皱，边缘接口紧密，毛绒走向一致，并以相应收口条收边。拼缝拼花应相接吻合，不显拼缝。与墙体的相接处，地毯应用扁铲压实入预留的饰面材料间隙之内。

5）在铺贴卷毯的区域施工铺贴时，应作地毯翻样图，据图弹出围边控制线，以控制施工。铺设时，先在基层上铺设配套胶垫，在顶点或边缘部位钉上刺毛条，接着，根据房间的具体尺寸，裁好地毯，对好位置，再由中间部位向四边推铺，用毯撑将地毯推扯平整舒展，表面张力均匀，最后与刺毛条粘紧固定。地毯铺贴时，要注意地毯背面箭头标志的指向，保证躺毛方向一致。避免出现方向性色差，另外如果围边卷毯与块毯厚度不一致，则应与设计商定，采用不带胶垫的卷毯，同时采用厚度和黏结方法与块毯黏结方法相近的卷毯。地毯与墙边踢脚板的接合处应平齐，不应有波浪边现象，地毯边缘应用扁铲打入接合处踢脚下口预留的空隙内，预留空隙大小根据地毯厚度情况而定。门口与走道地毯相接处应对缝，门在关闭时，缝的位置应处于门的下边。

### 2. 地坪大理石施工技术方案

（1）施工工序（见图 7—3—2）

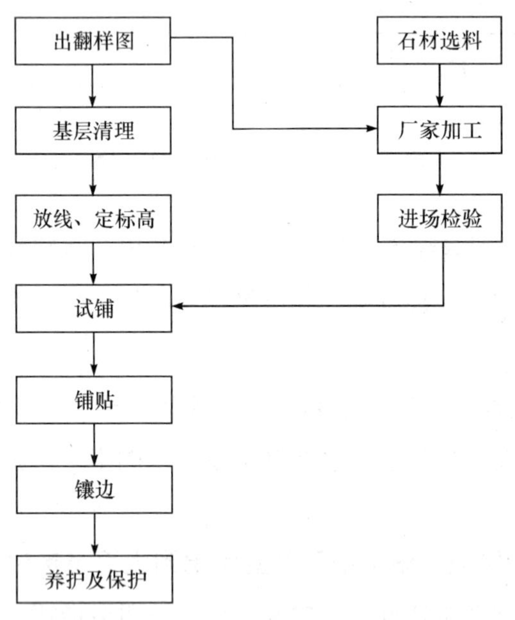


图 7—3—2 地坪大理石施工工序

（2）施工工艺

1）工厂加工用料必须按封样材料，加工时必须按翻样图编号排列加工，以保护花纹自然、色泽一致。

2）标高确定应考虑楼梯口、电梯口、房间门口等高度。

3）基层应清理干净，凿除浮灰。

4）铺贴时，应清水湿润基层，铺贴应用干硬性砂浆。

5）铺贴时应先试铺，检查无误后，方可正式铺贴。

6）与其他材料地坪交界处，应先完成不锈钢分界条。

7）铺贴后一般三天内不得上人行走，七天之内不得有重载。

### 3. 木地板地坪铺贴施工技术方案

（1）施工工序（见图7—3—3）

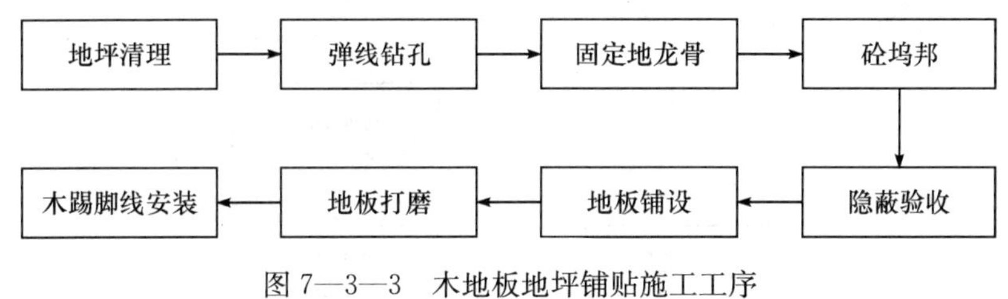


图7—3—3　木地板地坪铺贴施工工序



（2）施工工艺

1）材料

①硬木地板：材质要求坚实，无超限节痕、无裂缝、无腐朽、基本无斜纹、几何尺寸和颜色与设计要求相符。

②木龙骨：规格不小于45毫米×25毫米。

③木料防腐剂：采用"××"牌或其他合格名牌防腐剂。

2）操作要点

①砼地面强度合格、表面平整（误差不超过1厘米），无起砂、起壳、开裂等现象。

②基层表面的灰尘、垃圾清除干净。

③木龙骨间距不大于300毫米，含水率不大于20%，按设计及规范要求安装，龙骨底部必须做好防腐处理。

④木龙骨安装后应坞邦，坞邦后待砼胶干后（一般放置21～28天）方可铺地板，铺设前应检查木龙骨的含水率、平整度及牢度。

⑤木龙骨应离墙不小于30毫米的缝隙，木地板端头应错缝，且距墙不小于10毫米。

⑥单层木地板应将木板钉牢在其下每一根木龙骨上。并将木地板做好两道防腐

处理。

⑦踢脚板叠角条应设透气孔。

⑧地板在铺设后应防止雨水淋湿。

⑨地板打蜡应清扫干净，铺加重毯垫用电动打蜡机上二层高级树脂蜡。

⑩做好木地板地面隐蔽工程验收记录和分项工程质量检验评定。

### 4. 墙砖粘贴施工技术方案

（1）施工工序（见图 7—3—4）



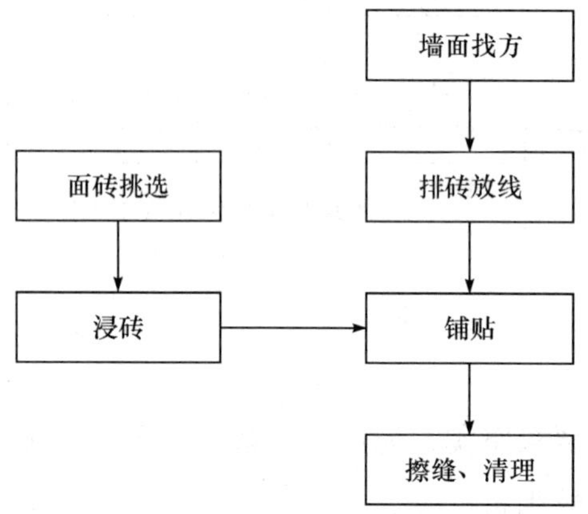


图 7—3—4　墙砖粘贴施工工序

（2）操作要点

1）房间应兜方，基层应平整、无空鼓、无浮灰。

2）铺贴前应先予排砖。排砖原则：上下排列，有腰线的以腰线为分界线，分别向上、下排砖；无腰线的可以台面挡水板上口或平顶标高向上 5 厘米开始排砖，但最后一排砖高不小于 1/3 砖（或≥10 厘米）。横向排列，有门、窗的墙面，以门窗中心向左右排列；无门窗的墙面，从阳角向阴角排列或从门口起明面向暗面排列，最后一排砖应大于 1/2 砖，在阳角的交角饰面砖应加工成 45°相交。

3）面砖必须插严，使之表面平整，色泽一致，无爆边缺角，且有合格证。

4）铺贴前面砖应浸水，使之吸足水分，然后待表面晾干后方可使用。

5）擦清前必须勒清缝隙，然后用同色水泥浆嵌缝。

6）面砖铺贴前墙内管道应先行完工。

7）面砖底标高应考虑泛水。

### 5. 地砖铺贴施工工艺及方法

（1）施工工序（见图 7—3—5）

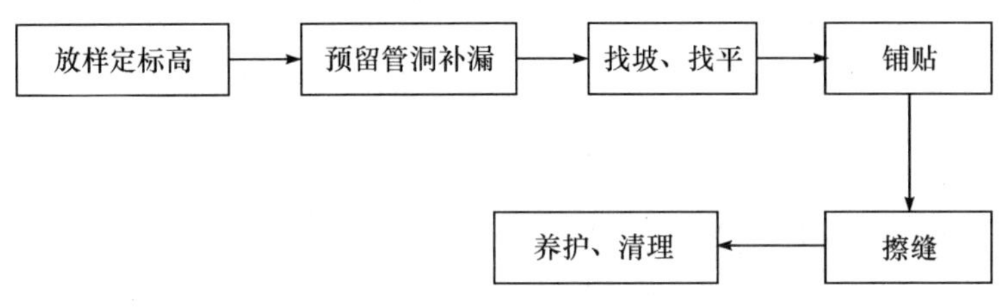


图 7—3—5　地砖铺贴施工工序

（2）操作要点

1）铺贴前应先确定标高，有地漏应考虑泛水，卫生间应落低 2 厘米。所有预留洞应先行修补，并无渗漏。



2）铺贴一般以门口整砖向内，切割砖应留在地面。

3）找平、找坡砂浆有一定强度后方可铺地砖。

4）陶质地砖应浸水，铺贴前地面应湿润。

5）铺贴应平整、密实、无空鼓，卫生间门口应设置挡水坎条。

6）擦缝应待铺贴三天之后方可进行。

### 6. 石材墙面（干挂）施工技术方案

（1）施工工序（见图 7—3—6）

（2）操作要点

1）加工图除应遵循图样要求外，还需按实际情况调整，以保证各个块面之间的石材分块面大小均匀相称，同时注意每个块面在上下顶面及左右边块的块面尺寸对称、美观，且应由业主、设计师认定。

2）干挂石材基层为砼时，可采用膨胀螺栓直接安设石材连接件的工艺安装；其他部位则需在墙面先安装钢架，再用连接件安装石材。

3）干挂石材采用不锈钢锚固件，每块板不少于 2 个挂点，板侧钻孔应注意不损坏板面。转角石材线脚处，在板端不能打洞生根，改在板背面打槽嵌入连接件，此时以强力石材膏配合成形。干挂石材施工时，随即在板与墙柱的间隙内做好收边

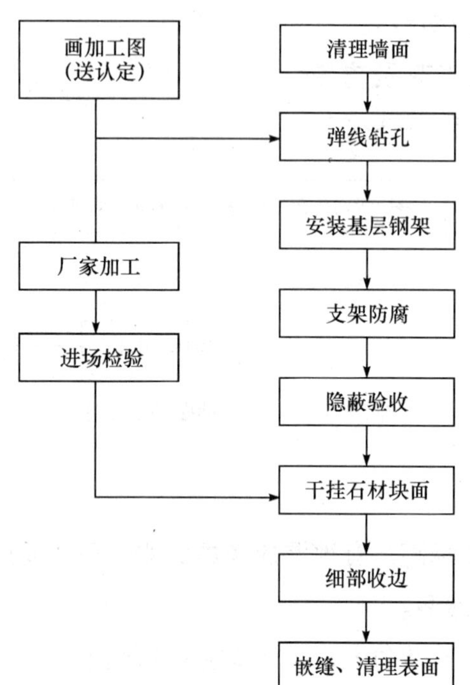


图 7—3—6　石材墙面（干挂）施工工序



准备，此处可以打密封胶，进行收边。

4）栏杆扶手根部石材开孔处石材不宜分断，具体待图样深化时进行局部设计处理，再行施工。

5）对门、洞、孔各类留洞处钢架，要留有调整余地，并予以加强。

6）施工完毕后应做好石材板面清洁保护措施。

7）隐蔽验收包括安装工程内容。

## 7. T 形龙骨活动平顶施工技术方案

（1）施工工序（见图 7—3—7）

（2）施工工艺

1）深化图排板时应考虑灯孔、风口及其他设备留孔位置，避免犯界，同时兼顾美观合理性。

2）吊杆可用♯8 镀锌铁丝或 $\phi$6 圆钢（视吊杆长度而定）、$\phi$6 膨胀螺丝。具体按供货商配套材料及要求确定。

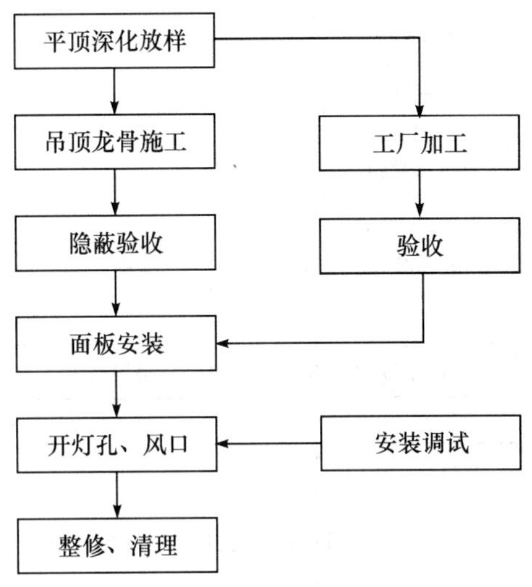


图 7—3—7　T 形龙骨活动平顶施工工序



3）吊杆间距不大于 1 200 毫米，大面积平顶应起拱。

4）T 形金属龙骨首选 × × 牌或与之同性能、同外观、同档次的同类产品。

5）放置面板时，应先放置要开孔的面板，并配合安装开孔，等安装完工后，再放置其他面板。

6）平顶应要求供应商对饰面做产品保护，避免运输安装、安装调试过程中的产品污染，产品保护宜在调试结束后再拆除。

7）饰面板安装工序应在安装调试确实完成后进行。安装饰面时操作工人戴清洁手套。

**8. 轻钢龙骨石膏板平顶施工技术方案**

（1）施工工序（见图 7—3—8）

（2）施工准备

1）材料

①按要求，各种材料级别、规格以及零配件应符合设计要求，其中主材必须达到国家或行业优等指标规定。外观质量不得有波纹、沟槽、污痕和划伤等缺陷。其中的防水石膏板应经过有关专项检查合格。

②各种材料应有产品质检合格证书和有关技术资料，配套齐备。在使用过程中不改变供货厂家、牌号。

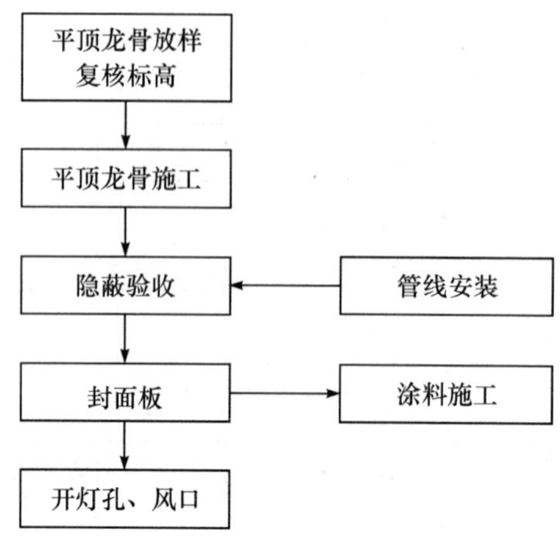


图 7—3—8 轻钢龙骨石膏板平顶施工工序



③所有用料运输进场不得随意乱扔、乱撞，防止踏踩，堆放不正，防止材料变形、损坏、污染、缺损，罩面板应按品种、规格分类存放在地面平整、干燥、通风处，并根据不同罩面板的性质，分别采取措施，防止受潮变形。

2）作业条件

①首先应熟识图样、所用材料、施工工具、工程量、劳动力情况、施工工序、现场情况、工期等。

②该建筑物原始资料应齐全。

③所有现场配制的用于贴缝处理的黏合剂，其配合比应先由有关部门进行试配，试验合格后才能使用。

④吊顶施工，应在上一工序完成进行中间验收后进行。

⑤检查原有孔洞填补完整，无裂漏现象。

⑥检查原有的（埋）吊杆（件）应符合设计要求。

⑦对上工序安装的管线应进行工艺质量验收；所预留出口、风口高度应符合吊顶设计标高。

(3) 操作工艺

1）龙骨安装

①根据吊顶的设计标高要求，在四周墙上弹线，弹线应清楚，其水平允许偏差5毫米。根据安装末端位置弹线，主龙骨犯界时应进行避让。安装末端位置应根据

图样结合实际情况，会同设计师进行调整，做到整齐、美观、合理。

②根据设计要求定出吊杆的吊点坐标位置。

③主龙骨端部吊点离墙边不应大于 300 毫米。

④主龙骨安装完成应作整体校正其位置和标高，并应在跨中按规定起拱，起拱高度应不小于房间短向跨度的 1/200～1/300，层高较低时用前者值。

⑤各种金属龙骨如需接驳，应使用同型号之接驳配件，如产品确无配件，应作适当处理。

⑥如主龙骨在安装时与设备、预留孔洞或其他吊件、灯组、工艺吊件有矛盾，应通知设计人员协调处理吊点构造或增设吊杆。主龙骨顶面与管线底间隙一般应≥50 毫米。

⑦主龙骨与吊杆应尽量在同一平面垂直位置。如发现偏离应作适当调整。

吊杆直径一般不小于 6 毫米，长度大于 1 米时，宜用 8 毫米圆钢吊杆所用的钢筋、角铁等作防锈处理。吊杆间距应小于 1.2 米，必须增大时，可经计算以型钢代替主龙骨。使用柔性吊杆作为主吊杆的，应作足够的刚性支撑，以免在安装罩面板时吊顶整体变形。吊顶内有对流风的平顶，应多加反撑。吊筋安设应用弹线确定点位，保证美观及受力合理。

⑧主龙骨安装应留有副（次）龙骨及罩面板的安装尺寸。

⑨如设计无明确要求，主龙骨设置应平行于石膏板长边。本工程用 C60 系列龙骨，中小龙骨间距可为 300 毫米或 400 毫米，平顶有留孔的，大孔洞周边应补强。

⑩安装金属次龙骨，应使用同型号产品的配件，并应卡接牢固。

2）罩面板施工

用石膏板吊顶的罩面板时，用钉接形式。如工程覆双层石膏板，板缝应错位，不得在同一根龙骨上接缝，第二层钉子长为 40 毫米。

①用石膏板作吊顶罩面板，所选的螺丝应先进行防锈处理，钉与板边距为 10～15 毫米，钉与钉距为 150～170 毫米，板中钉距为 200～300 毫米。螺钉应与板面垂直。

②石膏板上钉固定应从板的中间开始，收钉于板边，以使板材在平直状态下固定，防止弯棱鼓凸。钉长据板厚调整。钉用镀黑钉为好，钉眼用防锈漆点漆处理。

③石膏板与墙面须留有膨胀间隙，大面积平顶（250 米$^2$）或长通道长于 16 米，

应考虑设伸缩缝，平顶有转角时，转角处石膏板宜截成 L 形，跨过过渡区以尽可能预防后期裂缝开展。所有板缝都要认真按情况填缝处理。

（4）质量标准

1）保证项目

①所有的品种、规格、颜色、质量及其骨架构造、固定方法应符合设计要求和质量标准。

②吊顶龙骨及罩面板安装必须牢固、外形整齐、美观、不变形、不脱色、不残缺、不折裂。

③轻钢骨架不得弯曲变形，纸面板不得受潮、翘曲变形、缺棱掉角，无脱层，不开裂，厚薄一致。

2）基本项目

①吊顶安装完毕不允许外来物体撞击、污染。



②在完成吊顶安装后，应进行实测。通常情况下，通道在 10 米内，大面积的部位或两轴之间的抽查不小于 10% 的测检点。

（5）施工注意事项

1）避免工程质量通病

①各种外露的铁件必须用防锈漆处理；各种预埋木砖，必须作防腐处理。用于金属弯板平顶、木吊板平顶的吊筋应按实际情况加强加密，以避免不同覆面材料之间出现裂缝。

②吊顶内的一切空调、消防、用电通信设备，必须自行独立架设。

③如果原建筑物有开裂等情况，必须经修补合格后方可进行吊顶安装。

④控制吊顶不平，施工中应拉通线检查，做到标高位置正确、大面平整。

2）主要安全技术措施

①所有龙骨不能作施工或其他重物悬吊支点。

②施工部位已安装的门窗、地面、墙面、窗台等应注意保护，防止损坏。

③已装好的轻钢骨架上禁止上人踩踏或重力攀拉，其他工种的吊接件不得吊于轻钢骨架上。

④一切结构未经设计审核，不能乱打乱凿。

⑤罩面板安装后，应采取保护措施，防止损坏、污染。

### 9. 木质护墙板施工技术方案

(1) 施工准备

1) 木材的木种、规格、等级应按设计图样要求，并应符合下列规定：

①骨架料一般用红白松烘干料，含水率不大于 12%，厚度应根据设计要求，不得有腐朽、节疤、劈裂、扭曲等疵病，并预先经防腐处理。

②面板一般采用胶合板，厚度不小于 3 毫米，颜色、花纹要尽量相似。用原木板材作面板时，一般采用烘干的红白松、椴木和硬杂木，含水率不大于 12%。其厚度为：不超过 150 毫米宽时，板厚不小于 15 毫米，需要拼接的面板，厚度不小于 20 毫米，且要求纹理顺直、颜色均匀、花经纬度近似，不得有节疤、扭曲、裂缝、变色等疵病。

③辅料有防潮纸或油毡、乳胶、钉子（钉子长应为面层厚的 2～2.5）、木螺钉、木砂纸、防火涂料、防腐剂或石油沥青（一般采用 10 号、30 号建筑石油沥青）等。



2) 作业条件

①所有需要安装护墙板的结构面及洞口过梁处均应预埋好木砖或铁件。当设计无规定用预埋件时，可用膨胀螺栓安装骨架。

②骨架安装应在门窗框安装完成后进行，护墙面板应在室内抹灰及地面做完后进行。

③木材的干燥应满足规定的含水率，护墙板龙骨应在需铺贴面刨平后三面刷防腐剂。

④所需机具设备要在使用前安装好，接好电源，并进行试运转。

⑤如施工量大且较复杂时，施工前应绘制大样图，并应先做样板，经检验合格后才能大面积进行作业。

(2) 操作工艺

1) 检查洞口及埋件：检查门窗洞口是否方正垂直，预埋木砖或连接铁件是否符合要求。

2) 弹线：护墙板应根据设计要求事先弹出安装高度的水平线。

3) 制作及安装木龙骨

①局部木护墙板根据高度和房间大小，做成龙骨架，整体或分片安装。

②全高木护墙板根据房间四角和上下龙骨先找平、找直，按面板分块大小由上

到下做好木标筋，然后在空档内根据设计要求钉横竖龙骨。

③木护墙龙骨间距，当设计无要求时，一般横龙骨间距为300毫米，竖龙骨间距为400毫米。如面板厚度在10毫米以上时，横龙骨间距可放大到400毫米。

④安装木龙骨必须找方找直，除预留出板面厚度外，骨架与木砖间的空隙应垫以木垫，用钉子钉牢，每块木砖至少钉两个钉子。

4）安装面板

①面板不论是原木板材或胶合板，均应挑选颜色、花纹近似的用在同一房间内；安装护墙板时，木板的年轮凸面应向内放置，相邻面板的木纹和色泽应近似。

②裁板时要略大于龙骨架的实际尺寸，大面净光，小面刨直；长度方向需要对接时，花纹应通顺，其接头位置应避开视线平视范围，木护墙板拼缝一般离地面1.2米以下。同时，接头位置必须在横龙骨上。木护墙板需要分块留缝时，如设计无要求，一般可做成6～10毫米的平槽或八字槽，槽的位置应在竖龙骨架上。



③配好的面板要刨净光，经试装合适后，在护墙板背面贴一层防潮纸，即可正式安装。接头处要涂胶黏剂钉牢，固定板钉子长度约为面板厚度的2～2.5倍，间距一般为200毫米，钉帽要打扁，并用较尖的冲子将钉帽顺木纹方向冲入面层1～2毫米。

(3）质量标准

1）保证项目

①木种、材质等级、含水率和防腐措施必须符合设计要求和施工规范规定。

②龙骨架与基层或木砖镶钉必须牢固、无松动。

2）基本项目

①制作尺寸正确，表面平直光滑，棱角方正，线条顺直，不露钉帽，无刨痕、毛刺和锤印。

②安装位置正确，割角整齐，交圈接缝严密，平直通顺，与墙面紧贴，出墙尺寸一致。

(4）施工注意事项

1）面层的花纹错乱、颜色不匀、棱角不直、表面不平、接缝处有黑纹及接缝不严等，主要由于不注意挑选面料和操作粗心。应将木种、颜色、花纹一致的使用在一个房间内；在面板安装前，应先设计好分块尺寸，并将每一分块试装一次，经调整修理后再正式钉装。

2）五金污染：除了操作要细和及时将小五金等污染处清擦干净外，应尽量把门锁、拉手和插销等后装（但可以事先把位置和门锁孔眼钻好），确保五金洁净美观。

### 10. 木门（窗）安装施工技术方案

（1）施工工序（见图 7—3—9）

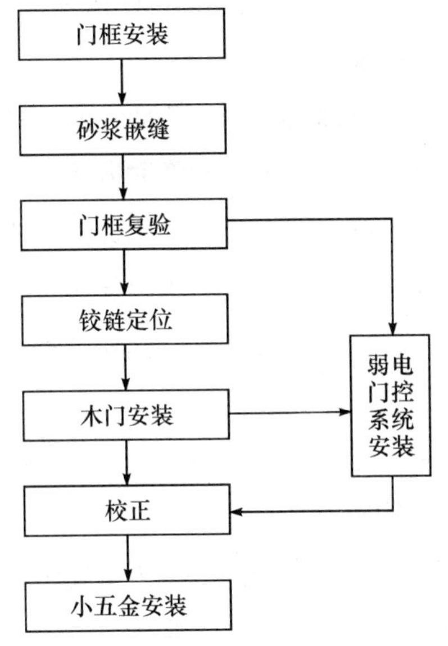


图 7—3—9　木门（窗）安装施工工序

（2）施工准备

1）结构质量经验收符合合格产品，工种之间办好交接手续。

2）按图示尺寸弹好门中线，并弹好室内 + 100 厘米水平线。校核门窗洞口位置尺寸及标高是否符合设计图样要求，如有问题应提前进行剔凿处理。

3）检查门窗两侧连接木砖、铁脚位置与墙体预留孔洞位置是否吻合，如不符合应提前剔凿处理，并应及时将孔洞内杂物清理干净。

4）成品门可选用防火门或与之同性能、同外观、同档次的同类产品。成品门窗的拆包、检查与运输：将框周围包扎布拆去。按图样要求核对型号和检查门窗的质量，如发现有劈棱窜角和翘曲不平、偏差超标者、严重损伤、划痕严重、外观色

差大者，应找供货商协商解决，经修整鉴定合格后确实能保证工程成优时才能安装。

(3) 主要操作工艺

1) 弹线找规矩。按照图样轴线找出门窗口位置后，以其门窗边线为标准，在各层门窗口处画线标记，弹出墨线，对个别不直的口边应进行剔凿处理。

2) 安装前要先量好门档子高宽尺寸，然后在门扇上画线，以防止错位和安装后发生过紧现象，确保施工质量。高级木材门樘采用暗钉固定（正面不露钉），固定件应用 1.2 毫米厚以上镀锌铁件。

3) 就位和临时固定：根据找好的规矩安装门窗，并及时将其吊直找平，同时检查其安装位置是否正确，无问题后用木楔临时固定。

4) 一般夹板门采用上下两副铰链，实心门或较宽的门宜采用三副铰链，中间一只居于上下铰链之间上端约三分之一处。木门安装前先复核并校正门框。木门铲铰链槽前，先将门扇试放在门框上，然后在门框和门扇上画统一的铰链位置线，用凿子凿出铰链槽，槽的深度应是铰链厚度。



5) 木门上锁的位置不要做在中间冒头上，一般应离地 1 米，锁眼先用钻定位，然后打出钻眼、锁槽，剔眼要平直。

6) 木门扇安装留缝宽度，扇与框缝 1.5～2.5 毫米，门扇与地面间空隙为外门 4～5 毫米，内门 6～8 毫米，卫生门 10～12 毫米。

(4) 操作标准及质量标准

1) 门窗及其附件质量必须符合设计要求和有关标准的规定。

2) 门窗安装必须牢固，预埋件的数量、位置、埋设连接方法必须符合设计要求。门框与墙面固定，每边不少于两处，间距不大于 1.2 米。

3) 门窗扇安装应符合以下规定：

①平开门窗扇关闭严密，间隙均匀，开关灵活。

②推拉门窗扇关闭严密，间隙均匀，扇与框搭接量应符合设计要求。

③弹簧门扇自动定位准确，开启角度为 $90^{\circ}\pm1.5^{\circ}$，关闭时间在 6～10 秒范围之内。

4) 门窗附件齐全，安装位置正确、牢固，灵活适用，达到各自的功能，端正美观。

5）门窗框与墙体间缝隙应填嵌 1∶2 水泥砂浆，填嵌应饱满密实，表面平整、光滑、无裂缝，填塞材料、方法符合设计要求。填嵌前应对框料本身进行保护，填嵌后应清理。

6）门窗表面洁净，无划痕、碰伤，无锈蚀；涂胶表面光滑、平整，厚度均匀，无气孔。

7）安装五金用螺钉，只可先打入 1/3 深度，然后拧入，严禁打入全部深度。硬门门樘应先钻 2/3 螺钉长的孔，孔径为螺径的 0.9 倍以内。门锁安装应配专用工具。

（5）成品保护

1）门窗应入库存放，下边应垫起、垫平，平放整齐，防止变形。

2）门窗保护膜要封闭好再进行安装，安装后及时将门框两侧用木板条捆绑好，防止碰撞损坏。

3）架子搭拆、室外抹灰、轻钢龙骨安装、管线施工运输过程严禁擦、砸门窗边框。

（6）操作要点

1）门框安装应防止安装变形。

2）门框与墙面固定，每边不少于两处，间距不大于 1.2 米。

3）高级木材门框宜采用暗钉固定法（正面不露钉），固定件应用 1.2 毫米以上镀锌铁皮。

4）门框与墙的空隙应用 1∶2 水泥浆嵌满，填嵌前应做好保护工作。

5）一般夹板门采用上下两只铰链，实心门或较宽的门宜采用三只铰链，中间一只位置居于上下铰链之间的上端 1/3 处。

6）木门安装前应先对门框进行校正。

7）小五金安装必须用螺钉，可先打入 1/3 深度，然后拧入，严禁打入全部深度。硬木门框应先钻 2/3 深度的孔，孔径为木螺钉直径的 0.9 倍。

8）门锁安装应用专用工具。

**11. 细木装饰施工技术方案**

（1）施工工序（见图 7—3—10）

（2）施工工艺

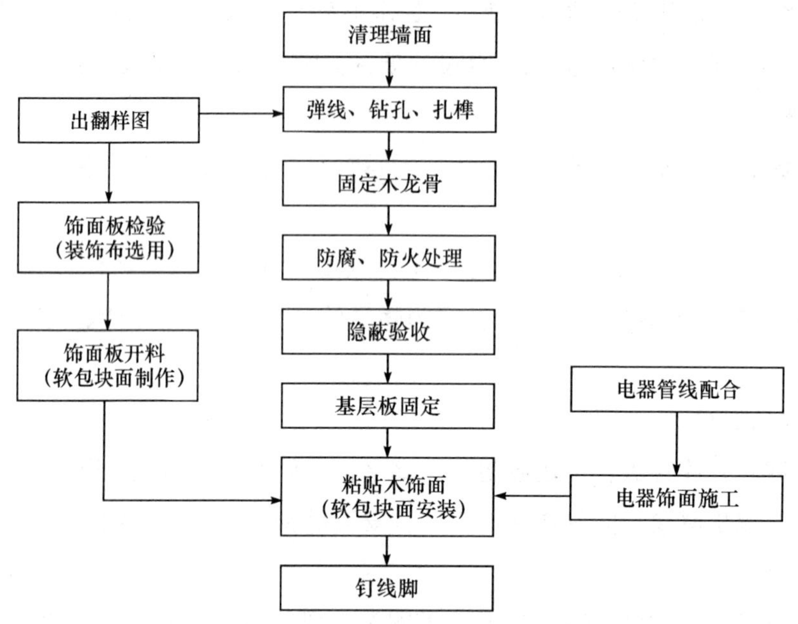




图 7—3—10　细木装饰施工工序

1）选材：细木装饰施工，主要是选材不能计工本，要选 3 毫米厚进口木饰面夹板，并要在安装前做油漆实验，用带水的净布擦饰表面，检查色差和纹路是否均匀，并在油漆前做色品，了解品材性能及吸水性、渗油性，有条件的情况下，油漆在加工厂完成，现场拼装，更能满足装饰效果。细木制品含水率不应大于 12%，且制成后即刷一遍底油（干性油），防止受潮变形，还须检查成品、半成品尺寸是否正确，表面是否光滑、线条顺直。

2）施工要求

①木制作除表面饰面外，必须用防火涂料刷上两遍。

②铁件与木连接必须刷红丹漆两遍。

③与结构连接或埋设水泥内的木制作必须用沥青防腐。

④必须选上好的 18 毫米细木板，家具内侧用柳安夹板，使完成的家具内侧光滑、平整、干净。

⑤衣柜与抽屉内部需用硝基清漆涂刷两次，打磨光滑。

⑥家具门扇之缝，必须上下左右大小一致，盖档门缝宽度 5~6 毫米。

⑦门扇封边为 6 毫米，四周一致。

⑧家具表面饰面必须选用统一的木料，上下左右的门扇与抽屉用料应统一木纹。

⑨天花线、踢脚线接口平整，无高低之分，不能选用有色差的木料，有木结、蛀洞、深色木材不能使用。

⑩细木装饰施工所用的黏合剂应无毒无味、黏合力强。

⑪细木装饰安装位置正确，夹角整齐，接缝严密。

⑫微薄木装饰板安装须根据具体设计要求进行翻样、试拼，下料编号，且须尺寸正确，四角整方，防止崩边脱落，粘贴前对全部龙骨进行检查找平、清理。按设计翻样要求在木龙骨或基层板上弹线，且须准确无误，横平竖直。粘贴时，涂胶须薄而均匀，注意粘贴顺序，避免气鼓，此外严禁嵌入灰尘杂物，注意拼缝对口、木纹图案等。阴阳角处的对口接缝必须非常平直。粘贴完后用净布将挤出的胶液擦净。



### 12. 乳胶漆施工技术方案

(1) 材料

1) 涂料：按设计图样要求所供的乳胶漆，并保证其不含铅汞。为此，可提供有关研究机构的测试证明报告。其他技术指标也确实达到《技术规定》的要求项目。

2) 调腻子用料：滑石粉或福粉、石膏粉、甲基纤维素、聚醋酸乙烯乳液、107胶。

3) 颜料：各色有机或无机颜料。

(2) 作业条件

1) 墙、柱表面应基本干燥，基层含水率不大于8%。

2) 过墙管道、洞口等处应提前抹灰找平。

3) 门窗安装完毕，地面施工完毕。出清细垃圾，控制空气含尘量。

4) 环境温度保持在5℃以上。相对湿度小于70%。

5) 做好样板间并经鉴定合格。

(3) 操作工艺

1) 清理墙、柱表面：首先将墙、柱表面起皮及松动处清理干净，将灰渣铲干净，然后将墙、柱表面扫净。

2）修补墙、柱表面：修补前，先涂刷一遍用三倍水稀释后的 107 胶水。然后，用水石膏将墙、柱表面的坑洞、缝隙补平，干燥后用砂纸将凸出处磨掉，将浮尘扫净。

3）刮腻子：遍数可由墙面平整程度决定，一般为两遍，腻子以纤维素溶液、福粉，加少量 107 胶、光油和石膏粉拼合而成。第一遍用抹灰钢光匙横向满刮，一刮板紧接着一刮板，接头不得留搓，每刮一刮板最后收头要干净平顺。干燥后磨砂纸，将浮腻子及斑迹磨平磨光，再将墙柱表面清扫干净。第二遍用抹灰钢光匙竖向满刮，所用材料及方法同第一遍腻子，干燥后用砂纸磨平并扫干净。

4）刷第一遍乳胶漆：乳胶漆在使用前要先用箩斗过滤。涂刷顺序是先刷顶板后刷墙柱面，墙柱面是先上后下。乳胶漆用排笔涂刷。使用新排笔时，将活动的排笔毛拔掉。乳胶漆使用前应搅拌均匀，适当加水稀释，防止头遍漆刷不开。由于乳胶漆漆膜干燥较快，因此应连续迅速操作。涂刷时，从一头开始，逐渐向另一头推进，要上下顺刷，互相衔接，后一排笔紧接前一排笔，避免出现干燥后接头。待第一遍乳胶漆干燥后，复补腻子，腻子干燥后用砂纸磨光。清扫干净。



5）刷第二、三遍乳胶漆：第二、三遍乳胶漆操作要求同第一遍。使用前要充分搅拌，如不很稠，不宜加水或少加水，以防露底。

（4）施工注意事项

1）避免工程质量通病

①透底：产生原因是涂层薄，因此刷乳胶漆时除应注意不漏刷外，还应保持乳胶漆的稠度。不可随意加水过多。有时磨砂纸时磨穿腻子也会出现透底。

②接槎明显：涂刷时要上下顺刷，后一排笔紧接前一排笔，若间隔时间稍长，就容易看出接头，因此大面积涂刷时，应配足人员，互相衔接。

③刷纹明显：乳胶漆稠度要适中，排笔蘸漆量要适当，多理多顺防止刷纹过大。

④刷分色线时，施工前认真画好粉线，用力均匀，起落要轻，排笔蘸漆量要适当，从上至下或从左至右侧。

⑤涂刷带颜色的乳胶漆时，配料要适量，保证独立面每遍用同一批涂料。并且一次用完，保证颜色一致。

2）产品保护

①墙柱表面的乳胶漆未干前，室内不得清扫地面，以免尘土粘污墙柱面。干燥后也不得往墙柱面泼水，以免沾污。

②墙柱面涂刷乳胶漆完成后，要妥善保护，不得碰撞。

③涂刷墙柱面时，不得沾污地面、门窗、玻璃等已完的工程。

### 13. 玻璃隔断施工技术方案

(1) 施工工序（见图 7—3—11）

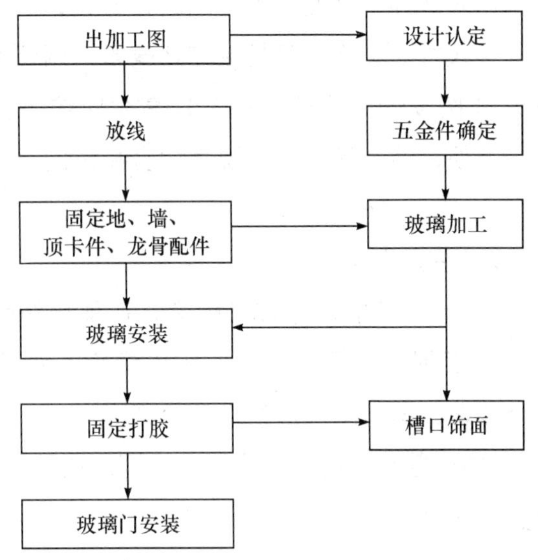


图 7—3—11　玻璃隔断施工工序

(2) 安装施工要点

1) 施工前按轴线、标高及安装部位的实际情况，画出立面深化图，经业主、设计者及监理认可后，加工及施工。在施工时按照图样尺寸在墙上弹出垂直线，并在地面、顶棚弹出隔断位置线。

2) 埋设木砖（经防腐处理），每面墙不少于 4 块，木砖要埋设牢固，顶棚可用连件。为了防止玻璃自然变形破碎，尤其是大面积厚玻璃，下部不能与硬质的木、金属直接接触，必须加 10 毫米厚的橡胶垫层。安装玻璃压条时，不要过紧，留 2 毫米空隙为宜，避免玻璃热胀产生内应力。

3) 玻璃隔断墙的上横梁，必须有足够的强度和刚度，不允许产生自然变形，以免由于框架变形使玻璃产生内应力而破碎。型材断面的选择要根据隔断的高度、

跨度进行选择，对横支撑要经过强度和刚度验算。强度不够时，一般应采用加固的方法，如在型材内部加钢质方通等。在有门扇的部位，更应考虑门扇开启对整个玻璃隔断墙的影响。为此，室内金属玻璃隔断尽量不做成落地式，下部应加高 100～150 毫米的护板。

(3) 施工要点

1) 施工时首先应测试地面与顶棚、墙面垂直平整度，偏差较大的要进行处理。以地面为基准，弹出墙面垂直线、地面与顶棚隔断位置线，通过现场实际测量，确定金属玻璃隔断外框几何尺寸。上下间隔控制在 8 毫米，两侧间隙控制在 15 毫米。露边玻璃都磨边倒角，并按设计图作喷砂图案，高度应统一，图案清晰，深浅均匀。五金件选择耐用、方便、造型简练、美观之综合特色的。不锈钢表面宜选用拉丝（发纹）处理。

2) 弹出埋件位置线，并固定埋件。



3) 金属框架都应按实际测试的尺寸加工配套，在现场组装固定。型材表面应贴保护胶带，防止型材表面损伤，框架固定要牢固稳定，对角线偏差要小于 5 毫米。撕去胶带后再安装玻璃，同时压上边条或密封膏。

4) 打胶前必须将玻璃调整至槽口中心位置，保证四边胶缝大小一致。

### 14. 墙纸施工技术方案

(1) 基层处理。裱糊工程基层的要求为坚实牢固，表面平整光洁，不得有疏松、掉粉、飞刺、麻点、砂粉和裂缝。阴阳角应顺直颜色一致，否则将直接影响裱糊的质量和耐久性。清除基层表面的污垢、尘土，视实际情况采取局部刮腻子或满刮一遍腻子或满刮数遍腻子（腻子一般要用油性）。每遍腻子干后，用砂纸磨平，并用抹布擦净表面灰粒。

(2) 弹线。要横平竖直，图案端正。每个墙面的第一张纸都要弹线找直，作为裱糊时的准线。第二张起，先上后下对缝依次裱糊。弹垂直线时，先在墙顶钉一钉子，系一铅锤下吊到踢脚板上缘处。垂线稳定后在底部墙上画一条垂线，然后在墙顶的钉和墙脚印记两点间用粉线包弹好垂线，弹线要细、直。

(3) 裁纸。墙纸裁割时，要根据材料规格及墙面尺寸，统筹规划，并编上号，以便按顺序粘贴。裁纸要由专人负责，在工作台上进行。如果墙纸带花纹图案时，应先将上口的花饰全部对好，特别小心地裁割，不得错位。注意裁切后的墙纸要卷起放平，不得立放。

(4) 刷黏合剂。涂刷要薄而匀，严防漏刷，墙面阴角处增刷 1～2 遍黏合剂。

(5) 裱糊。裱糊原则是：先垂直面后水平面，先细部后大面，先保证垂直后对花拼缝。垂直面是先上后下，先长墙面后短墙面；水平面是先高后低。

(6) 修整。若发现局部不合格，应及时采取补救措施。如纸面出现皱纹，应趁墙纸未干，用湿毛巾抹拭纸面，使墙纸润湿后，用手慢慢将墙纸拿平，待无皱褶时，再用橡胶滚或胶皮刮板刮平。若墙纸已干结，则要撕下墙纸，把基层清理干净后，再重新裱糊。

## 四、施工进度计划及控制措施

### 1. 进度计划编制依据

(1) 工程承包合同中规定的工期要求。

(2) 设计图样、会议纪要及施工技术方案。

(3) 现场施工条件和劳动力、材料供应情况。

(4) 工程款及资金运作情况。



### 2. 施工进度计划一览表编制说明

(1) 组织落实、加强前期准备工作。本公司已从组织上立即落实项目部的前期准备工作，特别加强施工翻样的力量。利用一切可能的条件，深入理解图样，编制详细的翻样计划及重点部位的施工构造处理措施，确定关键节点，进行施工技术准备，并准备在对工程情况深刻了解后，立即编制施工组织设计文件，为整个施工过程提供可靠、完整、正确的施工指导。该施工组织设计文件，将呈送业主（顾客）、监理等审批认可再予执行。

(2) 增强劳动力，优选机械。增强劳动力，提高劳动效率。劳动力和管理力量安排上，一方面，可以考虑安排足够的劳动力满足工期要求；另一方面，更重要的是让操作工人使用先进的施工机械，提高每个工人的劳动效率。同时，抓前期技术准备，让施工员明确整个施工流程，工序搭接，做到管理中不留下搭接空白。给每个操作工人进行事先的工艺流程、工艺操作要点、最终质量标准的交底，使每个操作工人事先已清楚地知道自己该怎样一步一步地做，最终要达到怎样的质量标准。消除由于工人不明确任务而带来的“窝工”现象，消除因不明确操作要点，质量标

准而带来的返工现象，保证整个施工有条不紊地进行，确保既定工期不受“窝工”返工影响。

(3) 抓紧落实材料工作。从密切有关方配合中求效率，确保工程如期完成。项目部将立即组织人员对图样进行深化研究，对现场进行深入勘察，对材料分包商加以联络后考察，确定合格分包商后，落实向业主提交需要业主确认的材料样品，并尽可能准备多套类似产品的样品，提供给业主、监理等相关人员，争取时间，在有限的时间内，组织落实货源，同时准备进场。如果被业主否定后，能立即提供新的样品，避免因为材料样品确认工作耽误材料采购工作，耽误施工工期；对存在问题的施工节点或未予明确的节点，以详图形式提交业主确认，以缩短确认时间，并按规定封样，不耽误正常施工；对相关的施工方应该尽早提出配合上可能存在的问题和解决方法，尽早进行协调，以免因配合失当造成窝工现象。



(4) 控制关键节点。施工期间，项目部将进一步深化进度计划。根据公司 ISO 9000 程序文件，按照总进度计划排出施工节点计划、外加工材料计划。其中重点排出关键节点，排出影响落实关键节点的因素，提出针对性措施，并规定落实针对性措施的施行人，以及规定最终落实的上下期限，对已到落实期上期限尚未落实的措施进行专题讨论，提出进一步落实的强化措施，并指派人尽快落实。总之，运用计划，检查手段，循环递进，确保关键节点的落实，从而保证整个工期的落实。

(5) 确立真诚协调配合的思想。装饰施工中的协调配合有着重要的作用，材料供应商、外加工分包商、机电分包商、施工劳务方等只有靠有力的协调才能完成美好的作品，配合别人就是帮助自己。为此，公司首先要熟悉工程配合对象，以便与各施工方面同时进入角色，协同作业。

(6) 为协调配合配备专门人员。装饰工程的特点是在前期准备、中间施工及竣工验收三阶段中，主要与机电、弱电、消防专业分包单位配合及交叉施工。由于本工程的特殊性，主要与弱电、水电风安装、监理、业主配合。要保证装饰与安装的配合达到互相照应，严丝合缝，美观一致，为此在本工程项目班子组建中，将专门考虑加入有关专业管理人员，以利于协调装饰与安装的全过程。

(7) 主动加强同业主的联系，积极听从指导安排。项目部与业主的配合，在材料确认、深化节点图的认可方面，项目部要积极主动向业主提供材料样品或节点详图，并为业主设计出谋划策，在进度上要尽一切努力满足业主的要求，力争圆满完

成本项目。

(8) 主动积极加强与监理的联系，接受监理指导。在施工过程中，要接受监理日常的指导和帮助，进场后要将施工组织计划提交监理，以便监理能根据施工计划编排监理计划。需要正式验收的内容必须在 24 小时前以书面形式通知监理，以便让监理做好安排。

## 五、材料设备及劳动力计划

### 1. 材料管理

(1) 选定合格供应商：本公司在长期的装饰施工中，形成了相当数量的供应商群，按 ISO 9001 标准的要求，进行了合格供应商的选择与评审工作。从中选定服务周到、质量优秀、价格公道的合格供应商，并动态管理。本项目部在无特殊情况下（如甲定乙供的材料）材料采购均来自合格供应商，以保证材料的品质。

(2) 材料的数量管理：项目部将根据施工图以及施工预算，编制主要材料的供应计划，确定材料的品种、数量、采购时间和进场的时间。



(3) 材料供应的时间管理：项目部将结合本工程的现场条件等情况，在得到调整或批准之后的施工进度计划（见表 7—3—1）的指导下，对大宗材料如平顶饰材、木材、地坪饰材，无色泽要求的材料尽量一次性进场，保护并储备。其他材料分批分期进场，以尽量少占施工场地，改善并确保施工装饰材料的产品质量。

表 7—3—1　　主要材料进场计划表

| 序号 | 材料名称 | 数量 | 最早进场时间 | 最晚进场时间 | 备注 |
|---|---|---|---|---|---|
| 1 | 细木工板 | 1 542 米$^2$ | 2013 年 6 月 1 日 | 2013 年 6 月 3 日 | |
| 2 | 轻钢龙骨 | 36 890 米 | 2013 年 6 月 1 日 | 2013 年 6 月 5 日 | |
| 3 | 纸面石膏板 | 11 950 米$^2$ | 2013 年 6 月 8 日 | 2013 年 6 月 15 日 | |
| 4 | 矿棉板 | 6 300 米$^2$ | 2013 年 7 月 10 日 | 2013 年 7 月 20 日 | |
| 5 | T 形龙骨 | 20 500 米 | 2013 年 7 月 10 日 | 2013 年 7 月 15 日 | |
| 6 | 钢材 | 80 吨 | 2013 月 6 月 15 日 | 2013 年 6 月 20 日 | |
| 7 | 花岗岩、大理石 | 2 700 米$^2$ | 2013 年 6 月 10 日 | 2013 年 6 月 18 日 | |
| 8 | 墙、地砖 | 6 000 米$^2$ | 2013 年 6 月 15 日 | 2013 年 6 月 20 日 | |

续表

| 序号 | 材料名称 | 数量 | 最早进场时间 | 最晚进场时间 | 备注 |
|---|---|---|---|---|---|
| 9 | 木门 | 520 米$^2$ | 2013 年 6 月 20 日 | 2013 年 6 月 30 日 | |
| 10 | 钢板烤漆门 | 60 米$^2$ | 2013 年 6 月 20 日 | 2013 年 6 月 30 日 | |
| 11 | 钢板烤漆防火门 | 175 米$^2$ | 2013 年 6 月 20 日 | 2013 年 6 月 30 日 | |
| 12 | 门锁、五金 | 266 套 | 2013 年 7 月 18 日 | 2013 年 7 月 23 日 | |
| 13 | 饰面板 | 1 300 米$^2$ | 2013 年 6 月 20 日 | 2013 年 6 月 25 日 | |
| 14 | 墙纸 | 170 米$^2$ | 2013 年 7 月 18 日 | 2013 年 7 月 25 日 | |
| 15 | PVC 地板 | 600 米$^2$ | 2013 年 7 月 15 日 | 2013 年 7 月 25 日 | |
| 16 | 铝板吊顶 | 300 米$^2$ | 2013 年 7 月 10 日 | 2013 年 7 月 15 日 | |
| 17 | 白色烤漆铝管 | 3 200 米 | 2013 年 7 月 10 日 | 2013 年 7 月 15 日 | |
| 18 | 地毯、块毯 | 5 350 米$^2$ | 2013 年 7 月 18 日 | 2013 年 7 月 23 日 | |
| 19 | 木地板 | 200 米$^2$ | 2013 年 7 月 20 日 | 2013 年 7 月 25 日 | |
| 20 | 钢化（夹胶）玻璃 | 900 米$^2$ | 2013 年 6 月 25 日 | 2013 年 7 月 1 日 | |

## 2. 劳动力配置情况

(1) 劳动力计划表（见表 7—3—2）

表 7—3—2　　劳动力计划表

| 序号 | 工种 | 级别 | 常规人数 | 预备人数 | 主要工作内容 |
|---|---|---|---|---|---|
| 1 | 木工 | 3~5 | 60 | 20 | 平顶墙体隔断窗帘盒槽灯基层等 |
| 2 | 细木工 | 5~6 | 45 | 15 | 精细木作、门窗、线脚、地板等饰面 |
| 3 | 石工 | 4~6 | 40 | 5 | 粉刷、面砖、大理石铺贴 |
| 4 | 涂料工 | 2~5 | 35 | 10 | 平顶、墙面批嵌、涂料 |
| 5 | 油漆工 | 3~6 | 20 | 5 | 木质油漆等 |
| 6 | 电焊工 | ≥4 | 8 | 5 | 金属构架、栏杆等辅助作业 |
| 7 | 水工 | 3~6 | 12 | 5 | 水工、管线洁具配合施工 |
| 8 | 电工 | 3~6 | 20 | 6 | 安装管线、灯具、末端装置配合、施工用水用电 |
| 9 | 辅助工 | | 10 | 4 | 材料运输、仓库保管、产品保护、现场整洁 |
| | | 合计 | 250 | 75 | |

(2) 劳动力配置的说明

1) 劳动力组织方案的出发点是与工程综合目标要求的一致性，就是与质量目标的一致，性与工期目标的一致性，与文明安全目标的一致性。在全部综合目标的实施过程中，人是第一位的并且具有能动作用的因素。

2) 劳动力数量和质量与工程特点相统一：本公司有充足的劳动力储备，并统一由公司调度进场。考虑到本公司的经验与力量配备，施工工期暂定（具体以开工令为准）自2013年6月1日开工，至2013年10月10日完工，为132日历天（其中业务辅楼至2013年8月10日完工）。

### 3. 主要施工机械和检测工具的配置

(1) 主要施工工具一览表（见表7—3—3）

表7—3—3　　主要施工机具一览表

| 序号 | 机具名称 | 规格型号 | 单位 | 数量 | 功率（瓦） |
|---|---|---|---|---|---|
| 1 | 木工电园锯 | 国产 MJ234 | 台 | 2 | 3 000 |
| 2 | BOSCH 曲线锯 | GST 100B | 把 | 12 | 600 |
| 3 | BOSCH 冲击钻 | DH25PB | 把 | 8 | 710 |
| 4 | 手枪钻 | 10MMΦ | 把 | 15 | 600 |
| 5 | 切割机 | RA－70 | 台 | 20 | 1 850 |
| 6 | 台座式砂轮机 | GT21 | 台 | 2 | 620 |
| 7 | BOSCH 云石切割机 | GDC34D | 台 | 10 | 1 300 |
| 8 | 登日电焊机 | BX3－160 | 台 | 2 | 5 000 |
| 9 | 神龙空气压缩机 | V－0.25/7 | 台 | 4 | 2 200 |
| 10 | 喷枪 | | 把 | 4 | |
| 11 | BOSCH 砂光机 | GP09－180 | 台 | 6 | 1 400 |
| 12 | 日立角磨机 | G10SD1 | 台 | 3 | 600 |
| 13 | 直钉枪 | HY－F1650 | 把 | 8 | |
| 14 | 蚊钉枪 | HY－P0620 | 把 | 8 | |
| 15 | BOSCH 真空吸尘器 | GAS11－27 | 台 | 2 | 1 200 |
| 16 | 西湖牌切管套丝机 | TX80、100 | 台 | 1 | 650 |
| 17 | 木工压刨床 | MB101 | 台 | 1 | 1 500 |

（2）主要检测工具一览表（见表 7—3—4）

表 7—3—4　　主要检测工具一览表

| 序号 | 检测工具名称 | 数量 | 备注 |
|---|---|---|---|
| 1 | 水准仪 AL128A | 1 | 在有效期内使用，用于标高控制 |
| 2 | 2 米靠尺、托线板 | 1 | 用于木作业、砖石等湿作业检查 |
| 3 | 1 米托线板 | 1 | |
| 4 | 塞尺 | 1 | 用于缝隙和平整度检查 |
| 5 | 角尺 | 1 | 用于阴阳角兜方检查 |
| 6 | 5 米卷尺 | 8 | 用于长度检查 |
| 7 | NJ 型工程检测组合工具包 | 1 | 12 件 |
| 8 | SMS－5 木材测湿仪 | 1 | 可兼测他种材料湿度。在有效期内使用 |
| 9 | 沪 00000315 型游标卡尺 | 1 | 0～125 毫米/0.02 毫米，在有效期内使用 |



## 六、质量目标和质量保证措施

### 1. 质量目标和指标

（1）分项工程 100%合格。

（2）分部工程 100%合格。

（3）执行国家强制性标准覆盖率 100%。

（4）符合备案制要求。

### 2. 施工质量控制要点

（1）施工前的质量控制要点

1）组建项目经理部：本工程按工程的要求组织管理能力强、技术素质高的管理人员及工程技术人员成立现场项目工程部，并尽早投入运行，其项目经理、项目工程师、技术员、施工员、质监员都具有相应资格，并由公司对其中质量管理者赋予质量否决权。

2）确定工程质量目标，针对目标按 ISO 9001 质量保证体系有关要求制订本工程的技术质量文件，经甲方同意后执行。

3）项目部认真学习图样，参加设计交底，及时解决图样中的疑问。编制切实可行的施工组织设计，抓紧特殊材料的选样、定价、订货以及翻样图的绘制、确认工作。

4）熟悉施工场地，了解施工环境和与配合单位的关系。与业主办理好施工场地的交接手续，确定各楼层面的标高，标高控制为该工程的重点。

5）安排适宜的工作环境。根据工程施工的实际需要选用合适的施工机具，安排适宜的施工场地、仓库和办公用房。

6）安排适宜的施工管理人员与生产人员的生活设施、卫生、安全设施，同时选择有经验、技术熟练、证件齐全的合格施工队进场。

（2）施工中的质量控制措施

1）建立定期质量检查日，及时反馈和解决工程质量问题。

2）技术交底。对重点部位的所有工序进行技术交底。对关键工序和特殊工序分阶段指派专人负责，做到责任到位，责任到人。技术交底由项目工程师（技术员）负责，根据设计图样、操作规程、质量标准和作业指导书进行，并做好记录。

3）对需做中间隐蔽验收工作的分项工程，如吊顶龙骨等必须留有充分时间进行验收和整改。

4）施工必须按照设计图样及有关规范和规定，在施工中坚持“自检、互检、专检”制度，施工分项填写复核单，做好技术复核验收。现场定期组织施工班组进行质量检查，及时解决质量问题。

5）坚持三级监督、五步到位的制度，并坚持质量控制标准，消灭返工现象，用工作质量保证产品质量。三级监督：劳务方看工监督，项目管理部质量监督，业主和监理方监督。五步到位：分项施工中，管理人员做到操作要点交底到位，上、下工序交接到位，上、下班交接到位，关键部位的检查、验收到位，各种材料和加工件进场验收到位。

6）做好隐蔽工程验收。隐蔽验收是施工管理的重要环节，也是保证工序质量、分部分项质量，进而保证整个工程质量的关键。隐蔽验收工序在材料认定、工艺认定、施工质量认定的基础上进行，并形成中间验收的必要资料并加以归集。

7）关键工序和特殊工序的认定见表 7—3—5 和表 7—3—6。

根据工程实际的分部、分项工程内容填入表 7—3—5、表 7—3—6 中并按照工程的质量要求确定关键工序和特殊工序。

表 7—3—5　　分部分项工程一览表

| 分部工程 | 分项工程 | 项目内容 | 关键工序 | 特殊工序 |
|---|---|---|---|---|
| 建筑装饰、装修 | 地面块板面层 | 木搁栅 | | √ |
| | | 块毯、毛地板 | | |
| | | 木地板 | √ | |
| | | 塑胶地板 | | |
| | | 架空地板 | | |
| | | 饰面砖、大理石 | | |
| | 门窗工程 | 木门安装 | | √ |
| | 吊顶 | 暗龙骨吊顶 | | √ |
| | | 明龙骨吊顶 | | √ |
| | 饰面板工程 | 木护墙板 | | √ |
| | | 饰面板（砖） | | |
| | | 干挂钢架 | | √ |
| | 涂饰工程 | 油漆工程 | | |
| | | 涂料 | | |
| | 裱糊、软包 | 裱糊、软包 | | |
| | 细部工程 | 窗帘盒 | | |
| | | 围护、栏杆 | | √ |
| | | 门头线 | | |
| 建筑给、排水及采暖 | 室内给水 | 给水管道及配件安装 | | √ |
| | | 给水设备安装 | | |
| | 室内排水 | 排水管道及配件安装 | | √ |
| | 卫生洁具安装 | 卫生洁具安装 | | |
| | | 卫生洁具给水配件安装 | | |
| | | 卫生洁具排水管道安装 | | |
| 电气安装 | 电气 | 排管穿线 | | √ |
| | | 绝缘测试 | | |
| | | 灯具安装 | | |
| | | 全负荷调试 | | |
| | | 配电箱安装 | | |

表 7—3—6　　特殊工序的责任人及责任班组一览表

| 项次 | 工序名称 | 责任人 | 责任班组 | 备注 |
|---|---|---|---|---|
| 1 | 木门安装 | 施工员 | 木工班 | |
| 2 | 轻钢龙骨吊顶安装 | 施工员 | 木工班 | |
| 3 | 给、排水管线安装 | 施工员 | 安装班 | |
| 4 | 排管穿线 | 施工员 | 电工班 | |
| 5 | 干挂钢架 | 施工员 | 金工班 | |
| 6 | 围护、栏杆 | 施工员 | 金工班 | |
| 7 | 木搁栅 | 施工员 | 木工班 | |
| 8 | 明龙骨吊顶 | 施工员 | 木工班 | |
| 9 | 木护墙板 | 施工员 | 木工班 | |

### 3. 工程质量的检测和质量评定——分部、分项工程技术交底、质量检验和评定计划



(1) 工程技术交底计划（见表 7—3—7）

表 7—3—7　　工程技术交底计划表

| 序号 | 技术交底项目 | 施工人员或班组 | 交底人 | 备注 |
|---|---|---|---|---|
| 1 | 轻钢龙骨石膏板吊顶 | 木工班 | 施工员 | |
| 2 | 木护壁施工、软包 | 木工班 | 施工员 | |
| 3 | 墙、地砖、大理石 | 泥、石工班 | 施工员 | |
| 4 | 门安装施工 | 木工班 | 施工员 | |
| 5 | 窗帘盒、门窗套木线制作安装 | 木工班 | 施工员 | |
| 6 | 乳胶漆、油漆施工、裱糊 | 油漆班 | 施工员 | |
| 7 | 地毯、木地板、塑胶地板施工 | 木工班 | 施工员 | |
| 8 | 钢架干挂大理石 | 金工、泥工班 | 施工员 | |
| 9 | 围护、栏杆制作安装 | 金工班 | 施工员 | |
| 10 | 明龙骨吊顶 | 木工班 | 施工员 | |
| 11 | 电气施工 | 电工班 | 施工员 | |
| 12 | 给、排水施工 | 安装班 | 施工员 | |

(2) 工程技术复核计划（见表7—3—8）

表7—3—8　工程技术复核计划表

| 序号 | 技术复核项目 | 施工人员或班组 | 复核人 | 备注 |
| --- | --- | --- | --- | --- |
| 1 | 标高、定位弹线 | 木工班 | 技术员 | |
| … | | | | |

(3) 分部分项工程检验批质量验收计划（见表7—3—9）

表7—3—9　分部分项工程检验批质量验收计划表

| 序号 | 分部分项工程内容 | 评定人 | 备注 |
| --- | --- | --- | --- |
| 1 | 地面与楼面工程 | | |
| | 地毯、木地板、饰面砖、大理石铺贴、塑胶地板 | 质量员 | |
| 2 | 门窗工程 | | |
| | 木门安装分项工程 | 质量员 | |
| 3 | 吊顶工程 | | |
| | 暗龙骨吊顶、明龙骨吊顶 | 质量员 | |
| 4 | 涂饰工程 | | |
| | 水性涂料涂饰、溶剂型涂料涂饰 | 质量员 | |
| 5 | 裱糊与软包 | | |
| | 裱糊、软包 | 质量员 | |
| 6 | 细部工程 | | |
| | 窗帘盒窗台板、门窗套线、围护扶手 | 质量员 | |
| 7 | 安装工程 | | |
| | 电气工程 | 质量员 | |
| | 给排水及采暖工程 | 质量员 | |

(4) 隐蔽工程验收计划（见表 7—3—10）

表 7—3—10　　隐蔽工程验收计划表

| 序号 | 验收项目 | 验收人 | 备注 |
| --- | --- | --- | --- |
| 1 | 轻钢龙骨吊顶龙骨安装 | 技术员 | |
| 2 | 地坪防水层 | 技术员 | |
| 3 | 门窗框安装 | 技术员 | |
| 4 | 地搁栅 | 技术员 | |
| 5 | 木护壁基层 | 技术员 | |
| 6 | 干挂钢架 | 技术员 | |
| 7 | 围护、栏杆预埋件 | 技术员 | |
| 8 | 电管敷设 | 技术员 | |
| 9 | 电管穿线 | 技术员 | |
| 10 | 给、排水管线敷设 | 技术员 | |



## 七、安全管理文明施工

### 1. 安全目标

本工程确保施工过程中无消防事故、人身伤害事故的发生，施工全过程保持安全生产。

### 2. 本工程安全重点控制点

根据本工程的特点及现场情况，本工程的安全重点控制点如下：

(1) 易燃品仓库。

(2) 现场临边、临口。

(3) 现场临时用电。

### 3. 安全的基本规定及技术措施

(1) 严格执行公司等上级机关颁发的有关安全生产法规，特别是在施工区域必须严格遵守安全生产六大纪律，严格执行安全生产规则。

(2) 认真做好安全生产教育，对所有参加施工生产的职工（包括外包工、代训工及实习生）均应进行入场生产安全和消防安全教育，未经教育不得上岗，同时应结合工程进度及不同施工工艺，进行针对性的安全知识与遵章守纪教育。

(3) 做到无施工方案不施工，有方案没交底不施工，班组上岗前没安全交底不施工。施工班组要认真做好安全上岗交底活动记录，每周一上午组织不少于 1 小时的安全教育活动。

(4) 严格遵守“十不烧”规定，执行工程多机监护制度（操作证、动火证、灭火证、监护人）和 1—3 级动火界限审批手续。

(5) 严格执行现场“四口”“五临边”的防护措施规定。

(6) 夜间施工必须配备足够的照明灯光，用于地下的照明电应为 36 伏的低压电，以保安全。

(7) 现场机电维修人员应该经常检查设备触电漏电保护是否完好有效。

(8) 现场用电机具较多，电线不得乱拖、乱拉，所有临时用电线均架空 1.8 米以上。材料运输、堆放时，一定要注意保护好电线，防止碰砸电线，造成电线包皮破碎剥落，一经发现有电线露芯或电线包皮破损要及时修调。



(9) 现场施工用电的机电设备均应有良好的二级防护装置。

(10) 电动机械及工具应严格按一机一闸制接线，并设安全漏电开关。

### 4. 文明施工目标

工程实行施工现场文明施工标准化管理，确保本工程为文明工地。

### 5. 场容场貌管理措施

(1) 工地实行封闭施工。

(2) 在施工现场，设置“七牌一图”，以及安全宣传标语和警告牌。

(3) 建筑材料按场布图要求，分阶段划区域堆放整齐，施工区域办公区域分隔，场容场貌按“标化”管理要求，达到“整齐、整洁、有序、文明”。

### 6. 文明建设措施

(1) 施工现场内设置反映企业精神、时代风貌的醒目宣传标语，设置宣传栏、黑板报等宣传设施，及时反映工地内各类动态。

(2) 开展文明教育，施工人员均遵守市民文明规范。

(3) 加强班组建设，有“三上岗一讲评”的安全记录，有良好的班容班貌。项目部给施工班组提供一定的活动场所，提高班组的整体素质。

(4) 工地现场做到道路畅通、平坦整洁，不乱堆乱放，无散落物，保持洁净。

(5) 加强工地治安综合治理，做到目标管理、制度落实、责任到人。施工现场治安防范措施有力，重点要害部位防范设施有效到位。

(6) 现场施工人员均身穿统一服装，树公司形象。

## 八、竣工交付与售后服务

### 1. 竣工交付

(1) 竣工交付手续

工程竣工交付应符合上级有关部门建设工程竣工验收备案要求。具体步骤如下：

1) 完成工程设计和合同约定的各项内容，达到竣工标准。

2) 项目部在工程完工后，对工程质量进行全面检查，并经公司主管部门确认，工程质量符合法律、法规和工程建设强制性标准的规定，符合设计文件及合同要求。

3) 向业主提交由项目经理、质量负责人、技术负责人及公司法人代表审核签字的工程竣工报告。



(2) 按规定编制完成与施工范围相应的工程竣工资料

1) 与建设单位签署工程质量保修书。

2) 参加由业主组织的工程竣工验收，对存在的问题及时落实整改。

3) 配合业主在竣工验收后向建设工程质量监督机构审报建设工程竣工验收备案。

4) 建设工程质量监督机构审核通过后，将施工工程和竣工资料交付业主使用。

(3) 竣工技术资料的移交

1) 施工技术文件应符合××市建设工程竣工档案的编制及报送规定。

2) 竣工技术资料主要包括施工技术文件、施工材料质量保证文件、施工管理文件、设计变更依据文件等文件资料。

3) 专人负责竣工技术资料的收集、整理、归档工作。

4) 根据合同规定的时间（一般最迟不超过3个月），将竣工资料移交给建设单位。

### 2. 回访维修

根据工程合同的规定，将公司在工程质量保修期间的服务措施告诉业主：

(1) 重申工程保修范围及保修期。

(2) 保修期间的定期回访制度。

(3) 接到业主保修后及时维修的时间、程序和方法。

(4) 对非施工质量问题提供服务的收费标准。

(5) 对工程质量问题的投诉电话等。

## 思考与练习

### 一、单项选择题

1. 施工组织设计是用以指导施工项目进行施工准备和正常施工的基本（　　）。

A. 施工技术管理文件　　B. 技术经济文件

C. 施工生产文件　　D. 生产经营文件



2. 施工组织设计是（　　）的一项重要内容。

A. 施工准备工作　　B. 施工过程

C. 试车阶段　　D. 竣工验收

3. 单位工程施工组织设计是以一个（　　）为编制对象，用以指导其施工全过程的各项施工活动的综合技术经济性文件。

A. 单位工程　　B. 分项工程

C. 分部工程　　D. 工程项目

4. 单位工程施工组织设计的核心是（　　）。

A. 施工方案　　B. 施工进度计划

C. 施工平面布置　　D. 工程概况

5. 室外装饰工程一般采用（　　）的流水施工方案。

A. 自上而下　　B. 自下而上

C. 自左向右　　D. 自右向左

### 二、简答题

1. 编制单位建筑装饰工程施工组织设计的依据和程序是什么?

2. 单位建筑装饰施工组织设计的主要内容是什么?

3. 单位装饰工程施工平面图设计的内容主要包括哪些方面?

# 第八章　施工实施阶段管理

**学习目标**

1. 熟悉建筑装饰工程施工项目的目标管理（包括安全管理、质量管理、进度管理及成本管理）的内容
2. 熟悉建筑装饰工程施工项目管理目标管理体系的建立和具体实施办法
3. 能对建筑装饰工程施工各个目标进行有效的管理、控制



建筑装饰工程经过大量的准备工作，开始施工后，施工单位对工程项目的管理就进入了对现场施工过程的管理阶段。主要是对工程项目的成本和费用目标、工期和进度目标、功能和质量目标及安全管理目标进行有效的管理和控制，让建筑装饰工程能在合同工期内完成并让客户满意。

## 第一节　项目施工进度控制

**引例**

某装饰工程项目进度控制的程序如下：①编制进度计划；②进度目标的分析和论证；③检查进度计划的执行；④必要时调整进度计划；⑤有偏差采取纠偏措施。

**思考**

上述施工进度控制程序的编排有哪些问题，请思考如何正确地进行排序。

施工项目的进度控制是项目管理的重要内容之一，它是以施工项目的计划进度为目标，按照施工项目进度计划及其实施要求，监督、检查项目实施过程中的动态变化，发现偏差，找出原因，及时采取有效措施或修改原计划的综合管理过程。进度控制的最终目标是确保项目进度目标的实现，确保工程能够按时完成或者是在保

证施工质量和不因此而增加施工实际成本的条件下，能够适当缩短工期。

## 一、施工进度影响因素

建筑装饰工程施工具有规模大、工艺复杂、工期长、相关单位多等特点。不可避免地要受到多种内外因素的干扰。为了有效地控制施工进度，必须充分认识和估计影响施工进度的因素，以便事先采取必要的措施消除其影响，使施工尽可能按原定的进度计划进行；当出现偏差时，应结合有关影响因素分析其产生的原因，有针对性地进行补救，以实现对施工进度的主动控制。影响施工进度的主要因素有以下几个方面：

### 1. 内部因素

(1) 施工组织失误。对工程项目的特点和实现的条件判断失误，编制的施工进度计划不科学，贯彻进度计划不得力，流水施工组织不合理，劳动力和施工机具调配不当，施工平面布置及现场管理不严密，与外部相关单位的关系协调不善等都将影响施工进度计划的顺利执行。



(2) 技术性失误。由于低估了工程项目施工技术上的难度，施工方案选择不当，技术措施跟不上，施工方法的选择或施工顺序安排有误，施工中发生了质量事故、安全事故，或对于新技术、新工艺、新材料、新构造的采用缺乏经验等原因，不但难以保证工程质量，而且必然会影响施工进度。由此可见，提高项目经理部的管理水平和技术水平，以及提高施工作业层的素质，是极为重要的。

### 2. 外部因素

(1) 相关单位的协调配合。施工进度计划的顺利实施，不仅靠施工单位自身的素质，还要靠相关单位的密切配合。相关单位主要有建设单位（或业主）、监理单位、设计单位、总承包单位、资金贷款单位、材料设备供应部门、运输部门、供水供电部门及政府的有关主管部门等。项目管理者不仅要抓紧对施工进度计划的控制，而且必须十分重视并做好与上述各相关单位的协调配合工作，适时、适宜、妥善地处理好与这些单位的公共关系。否则，任何部门的配合失误，都会对项目的整体进度造成不利影响。

(2) 项目设计方面。在设计方面影响进度计划实施，或导致进度改变、施工停顿或拖后的因素很多。主要包括图样错误、不配套，出图不及时或设计方案变更；

所定材料或构造做法不可行；建设单位（业主）或其主管部门在项目实施过程中改变了项目的原设计功能；增减工程量等。

(3) 项目投资方面。建设单位（业主）不能按期拨付工程款或在施工中资金短缺，必然会影响施工进度。

(4) 资源供应方面。如材料和设备不能按期供应，或供应的质量、规格不符合要求，运输延误，供水、供电不足或中断，劳动力、机械不能满足计划需要等，都会直接影响施工进度。

(5) 施工条件的变化。施工中遇到的实际施工条件与设计的情况不符或估计不周，如结构质量、防水状况、结构及设备的进展情况、场地条件及自然气候异常等都会对施工进度产生影响，造成临时停工或返工。

对于上述各种外部因素，工程项目管理者应以合同形式明确施工条件的要求，明确有关方面的协作配合要求，在法律的约束和保护下，尽量避免和减少损失。向政府主管部门、职能部门进行申报、审批、签证等工作都需要一定时间，这在编制进度计划时应予以充分考虑并留有余地。



**3. 不可预见因素**

施工中如果出现意外的事件，如地震、战争、严重自然灾害、火灾、重大工程事故等都会影响施工进度计划。这类情况不常发生，但一旦发生，影响极大。

总之，影响工程进度的因素很多，而施工过程又是一个比较长的过程，因此出现偏差的概率很高。必须根据分析得出的造成偏差的主要原因，并结合工程实际情况，采取相应的措施进行纠正。必要时，也可对进度计划进行调整，以确保整个装饰工程项目的进度目标得以实现。

## 二、施工进度控制程序

建筑装饰工程项目经理部为实现有效的进度控制，首先要建立进度实施与控制的科学组织体系、目标体系和严密的工作制度、责任制度，并落实相应的保证措施，包括资金、技术、合同、管理信息等方面的措施。其次，根据建筑装饰工程进度控制目标体系，对建筑装饰工程的全过程进行系统控制。正常情况下，进度实施系统应该发挥监测、分析职能并循环运行，密切注视关键点的进度实施。随着建筑装饰工程的进行，不断将实际进度信息按信息流动程序反馈给进度控制组织系统。

组织系统经过统计整理、比较分析后，确认进度执行没有偏差，则进度继续运行；一旦发现实际进度与计划进度有偏差，系统将发挥调控职能，分析偏差产生的原因及其对后续工期和总工期的影响。必要时，可利用进度控制目标留有余地的弹性特点，对原计划进度做出相应的调整，提出纠正偏差的方案和实施中技术、经济、合同方面的保证措施，以及取得相关单位支持与配合的协调措施。确认可行后，将调整后的进度计划输入到进度实施系统，使建筑装饰工程的进度继续在控制下运行。当新的偏差出现后，再重复以上过程，直至建筑装饰工程项目的结束，如图 8—1—1 所示。

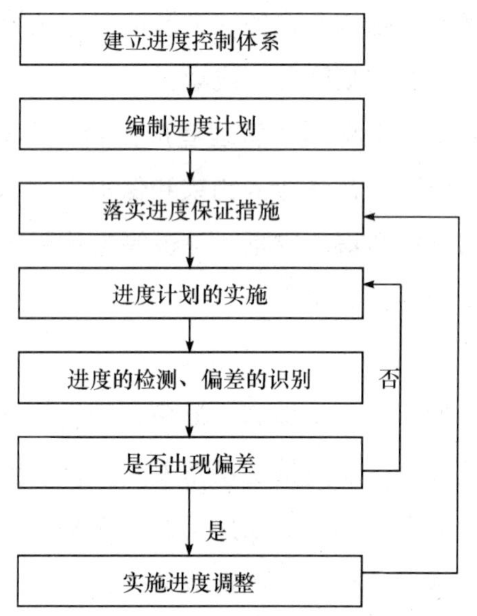


图 8—1—1　建筑装饰工程施工进度控制的程序

## 三、施工进度控制内容

### 1. 项目进度计划

建筑装饰工程项目进度计划包括项目的前期准备及设计、施工和使用前的准备等几个阶段的内容。项目进度计划的主要内容就是要制订各级项目进度计划，包括进行总控制的项目总进度计划、进行中间控制的项目分阶段进度计划和进行详细控制的各子项目进度计划，并对这些进度计划进行优化，以达到对这些项目进度计划的有效控制。

2. 项目进度实施

建筑装饰工程项目进度实施就是在资金、技术、合同、管理信息等方面进度保证措施落实的前提下，使项目进度按照计划进行。由于施工过程中存在多种干扰因素，会使项目进度的实施结果偏离进度计划。项目进度实施的任务就是预测这些干扰因素，对其风险程度进行分析，并采取预控措施，以保证实际进度与计划进度的吻合。

3. 项目进度监测

建筑装饰工程项目进度监测的目的就是了解和掌握建筑装饰工程项目进度计划在实施过程中的变化趋势和偏差程度。监测和偏差识别工作的准确快速是提高建筑装饰工程项目进度控制精度和灵敏度的有效措施。建筑装饰工程项目进度监测工作的主要内容是跟踪检查、数据采集和偏差分析。



4. 项目进度调整

建筑装饰工程项目进度调整是整个项目进度控制中最困难、最关键的内容。建筑装饰工程项目的计划进度和实际进度由于多种干扰因素的影响往往会出现偏差，这就需要进行进度调整。建筑装饰工程项目进度调整是一个非常复杂的过程，它包括以下几方面的内容：

(1) 偏差分析。分析影响进度的各种因素和产生偏差的前因后果。

(2) 动态调整。寻求进度调整的约束条件和可行方案。

(3) 优化控制。调整的目标是使进度、费用变化最小，能达到或接近进度计划的优化控制目标。

## 四、施工进度控制方法

总体上说，施工项目进度控制的方法就是规划、控制和协调。规划是指确定施工项目总进度控制目标和分进度控制目标，并编制其相应的进度计划。控制是指在施工项目实施的全过程中，进行施工实际进度与施工计划进度的比较，对出现的偏差及时采取措施进行调整。协调是指项目部主动协调与施工有关的各单位、部门之间的进度关系。在实际操作中，可以采用以下几种控制进度的基本方法：

1. 实施动态循环控制

施工项目的进度控制是一个动态的、不断循环的过程。从项目施工开始，实际

进度就出现了运动的轨迹，也就是进入了计划执行的动态过程。当实际进度按照计划进度进行时，两者相吻合；当实际进度与计划进度不一致时，便产生超前或落后的偏差。这就要及时分析偏差产生的原因，采取相应的措施，调整原来计划，使两者在新的起点上重合，继续按其进行施工活动，使实际工作按计划进行。但是在新的干扰因素作用下，又会产生新的偏差，又需要进行新的调整。施工项目进度控制就是采用这种动态循环的控制方法。

### 2. 建立施工项目的计划、实施和控制系统

（1）建立计划系统。在各种施工组织设计中所制订的施工进度计划的基础上，进一步完善，使其构成施工项目进度计划系统，这是对项目施工实行进度控制的首要条件。施工项目进度计划系统主要由施工项目总进度计划、单位工程施工进度计划、分部分项工程施工进度计划、季度和月（旬）作业计划等组成。计划的编制对象由大到小，计划的作用由宏观控制到具体指导，计划的内容从粗到细。编制时从总体计划到局部计划逐层对计划的控制目标进行分解，以保证总体计划目标的实现和落实。执行计划时，从月（旬）作业计划开始实施，逐级按目标控制，从而达到对施工项目的整体进度控制。



（2）建立计划实施的组织系统。施工项目进度计划的实施，是由施工全过程的各专业队伍，遵照计划规定的目标，去努力完成一个个任务；是由施工项目经理和有关劳动调配、材料设备、采购运输等各职能部门，都按照施工进度规定的要求进行严格管理、落实和完成各自的任务来实现的。也就是说，施工组织的各级负责人，从项目经理、施工队长、班组长及其所属全体成员组成了施工项目实施的完整组织系统。

（3）建立进度控制的组织系统。为了保证项目施工进度按计划实施，必须有一个项目进度的检查控制系统。自公司经理、项目经理，一直到作业班组都应设有专门职能部门或人员负责检查汇报、统计整理实际施工进度的资料，并与计划进度比较分析和对计划进行调整。当然不同层次的人员负有不同的进度控制职责，他们分工协作，形成一个纵横连接的施工项目控制组织系统。事实上有的领导既是进度计划的实施者，又是进度计划的控制者。实施是计划控制的落实，控制为保证计划按期实施。

3. 加强信息反馈工作

信息反馈是施工项目进度控制的依据，施工的实际进度通过信息反馈给基层负责施工进度控制的工作人员，在分工的职责范围内，经过其加工，再将信息逐级向上反馈，直到主控制室。主控制室整理统计各方面的信息，经比较分析做出决策，调整进度计划，仍使其符合预定工期目标。若不进行信息反馈，则无法进行计划控制。施工项目进度控制的过程就是信息反馈的过程。

4. 编制具有弹性的进度计划

建筑装饰工程项目施工周期长、影响进度的因素多，其中有的已被人们掌握。应根据统计经验估计出影响的程度和出现的可能性，在确定进度目标时进行实现目标的风险分析。在计划编制者具备了这些知识和实践经验之后，编制施工进度计划时就会留有余地，使施工进度计划具有弹性。在进行施工项目进度控制时，便可以利用这些弹性，缩短有关工作的时间，或者改变它们之间的搭接关系，使检查之前拖延了工期的，通过缩短剩余计划工期的时间仍可达到预期的计划目标。这就是施工项目进度控制中对弹性原则的应用。



5. 采用网络计划技术

在施工项目进度的控制中可利用网络计划技术原理编制进度计划。根据收集的实际进度信息，比较和分析进度计划，利用网络计划的工期优化、工期与成本优化和资源优化的理论来调整计划。因此可以说，网络计划技术是施工项目进度控制和分析计算的基本方法。

## 五、施工进度计划实施

### 1. 施工进度计划实施重点工作

(1) 编制月（旬）作业计划。施工进度计划是在施工前编制的，虽然目的是用于具体指导施工，但毕竟仅考虑了影响工期的主要施工过程，其内容比较粗略，而现场情况又不断发生较为复杂的变化。因此，在计划执行中还需编制短期的、更为具体的执行计划，这就是月（旬）作业计划。

为了实施施工进度计划，将规定的任务结合现场施工条件，如施工现场的情况，材料、能源、劳动力、机械等资源条件和施工的实际进度，在施工开始前和过程中逐步编制本月（旬）的作业计划。这样，使得施工计划更具体、更切实可行。

可以说，月（旬）计划是施工队组进行施工的直接依据，是改进施工现场管理和执行施工进度计划的关键措施。施工进度计划只有通过作业计划才能下达给工人，才有可能实现。

对于单位工程来说，月（旬、周）计划有指导作业的作用，因此要具体编制成作业计划，应在单位工程施工进度计划的基础上卡段细化编制。表的式样可参考表8—1—1，施工进度每格代表天数，根据月、旬、周分别确定。旬、周计划不必全编，可任选一种。

表 8—1—1　　　　＿＿＿＿工程（　　）月（旬、周）施工计划表

| 分项工程名称 | 工程量 | | 月（旬、周）完成工作量 | 需要人数 | 施工进度 | | | | | | | | | | | |
|---|---|---|---|---|---|---|---|---|---|---|---|---|---|---|---|---|
| | 单位 | 数量 | | | | | | | | | | | | | | |
| | | | | | | | | | | | | | | | | |
| | | | | | | | | | | | | | | | | |
| | | | | | | | | | | | | | | | | |
| | | | | | | | | | | | | | | | | |

作业计划的编制应满足三个条件：一是做好同时施工的不同施工过程之间的平衡协调；二是对施工项目进度计划分期实施；三是施工项目的分解必须满足指导作业的要求，应划分至工序，并明确进度日程。作业计划编制后通过施工任务书下达给施工队组。

(2) 签发施工任务书。编制好月（旬）作业计划以后，需要将每项具体任务通过签发施工任务书的方式使其进一步落实。施工任务书是向作业班组下达施工任务的一种工具。它是计划管理和施工管理的重要基础依据，也是向班组进行质量、安全、技术、节约措施等内容交底的形式，可作为原始记录文件供业务核算使用。因此，它是计划和实施两个环节间的纽带。施工任务书应包括以下几方面的内容：

1）施工班（组）应完成的工程任务、工程量，完成该任务的开竣工日期和施工日历进度表。

2）完成工程任务的资源需要量。

3）完成工程任务所采用的施工方法，技术组织措施，工程质量，安全和节约措施的各项指标。

4）登记卡和记录单，如限额领料单、记工单等。由此可见，施工任务书充分贯彻和反映了作业计划的全部指标，是保证作业计划执行的基本文件。施工任务书应比作业计划更简单、扼要，以便于工人领会和掌握。施工任务书常采用表格形式。

（3）做好施工进度记录，掌握现场实际情况。在计划任务完成的过程中，各级施工进度计划的执行者都要实事求是地跟踪做好施工记录，如实记载计划执行每项工作的开始日期、工作进程和完成日期。其作用是为项目进度检查、分析、调整、总结提供信息和资料。

（4）做好施工中的调度工作。施工调度是组织施工中各阶段、各环节、各专业、各工种互相配合、协调进度的指挥核心。调度工作是保证施工按进度计划顺利实施的重要手段。其主要任务是掌握计划实施情况，协调各方面协作配合关系，采取措施排除施工中出现的各种矛盾和问题，消除薄弱环节，实现动态平衡，保证作业计划的完成，以实现进度控制目标。因此，必须建立强有力的施工生产调度部门或调度网，并充分发挥其枢纽作用。



调度工作的主要内容有：监督作业计划的实施，调整和协调各方面的进度关系；监督检查施工准备工作；督促资源供应单位按计划供应劳动力、施工机具、运输车辆、材料和构配件等，并对临时出现的问题采取调配措施；按施工平面图管理施工现场并结合实际情况进行必要的调整，保证文明施工；了解气候及水、电供应情况，采取相应的防范和保证措施；及时发现和处理施工中各种事故和意外事件，调节各薄弱环节；定期召开现场调度会议，贯彻施工项目主管人员的决策，发布调度令。

调度工作必须以作业计划和现场实际情况为依据，应从施工全局出发，按政策和规章制度办事；调度工作要及时、准确、灵活、果断。

### 2. 施工进度计划实施中的调整

（1）分析进度偏差的影响。在进度计划执行的过程中，常有一些因素对其产生影响，从而使计划实际进行情况与计划的要求不相符，出现偏差。这就要求施工单位及时发现偏差，分析出现偏差的原因，采取有效措施及时纠正，使原有计划能够继续执行。如果采取相应的措施后，不能满足原有进度计划的要求，就必须对原有进度计划进行调整。施工进度调整系统过程如图 8—1—2 所示。

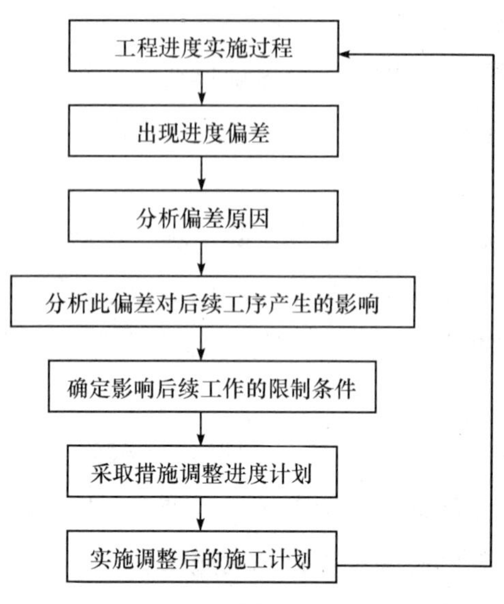


图 8—1—2　施工进度调整系统过程



通过跟踪记录实际进度并进行进度比较，可以判断实际进度和计划进度是否产生了偏差；当判断出现进度偏差时，首先应当分析该偏差对后续工作和总工期的影响程度，然后才能决定是否调整以及调整的方法和措施。

1）分析出现进度偏差的工作是否为关键工作。若出现偏差的工作为关键工作，则无论偏差大小，都会对后续工作及总工期产生影响，必须采取相应的调整措施。若出现偏差的工作不为关键工作，需要根据偏差值与总时差和自由时差的大小关系，确定对后续工作和总工期的影响程度。

2）分析进度偏差是否大于总时差。若工作的进度偏差大于该工作的总时差，说明此偏差必将影响后续工作和总工期，必须采取相应的调整措施。若工作的进度偏差小于或等于该工作的总时差，说明此偏差对总工期无影响，但它对后续工作的影响程度，需要根据比较偏差与自由时差的情况来确定。

3）分析进度偏差是否大于自由时差。若工作的进度偏差大于该工作的自由时差，说明此偏差对后续工作产生影响。应该如何调整，应根据后续工作允许影响的程度而定。若工作的进度偏差小于或等于该工作的自由时差，则说明此偏差对后续工作无影响，因此，原进度计划可以不作调整。

经过上述分析，进度控制人员就可以根据对后续工作出现的不同影响来决定应

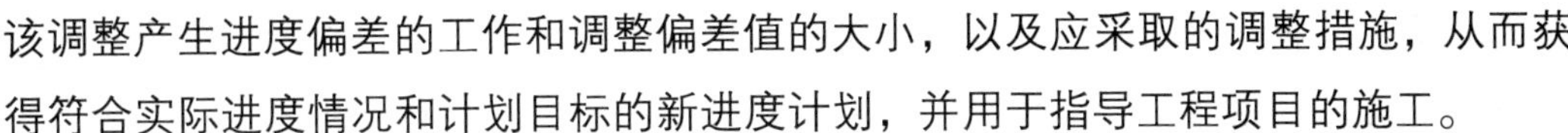

该调整产生进度偏差的工作和调整偏差值的大小，以及应采取的调整措施，从而获得符合实际进度情况和计划目标的新进度计划，并用于指导工程项目的施工。

(2) 施工进度计划实施调整方法。为了实现进度目标，对上述经过分析需要调整的进度偏差，应确定调整原进度计划的方法。但可采用的调整方案可能有多种。选择时应对实施的进度计划进行分析后，再确定一个符合实际、切实可行的较优方案。进度调整的方法主要有以下两种：

1) 改变某些工作之间的逻辑关系。若检查的实际施工进度产生的偏差影响了总工期，而且是在工作之间的逻辑关系允许改变的情况下，可采取此种方法，即通过改变关键线路和超过计划工期的非关键线路上的有关工作之间的逻辑关系，达到缩短工期的目的。这种调整方法，对缩短工期、合理利用资源的效果是很显著的。例如，将依次施工（即顺序施工）的某些工作改变成平行施工，或改变成搭接施工，或改变成分为若干个施工段的流水施工等，它们都可以达到缩短工期的目的。



2) 缩短某些工作的持续时间。这种调整方法与上述方法不同，它主要着眼于对关键线路上各工作本身的调整，而不改变各工作之间的逻辑关系。它仅通过压缩某些工作的持续时间，而使施工进度加快和工期缩短。选择被压缩持续时间的工作应根据如下因素和要求来确定：

①在实施中仍为关键线路上的工作。

②由于实际施工进度的拖延而变为关键线路上的工作。

③当关键线路同时有若干条时，要想缩短工期，应同时压缩这若干条关键线路上的工作。

④选择的工作必须是可压缩持续时间的工作。

除上述调整方法外，施工进度计划的调整还包括工程量的调整、工作（工序）起止时间的调整、资源提供条件的调整、必要的目标调整等。

## 第二节　项目施工成本控制

**引例**

某装饰公司在装饰施工中发现由于玻璃易碎，玻璃安装这道工序的材料损耗特别大，在采购、保管、施工过程中往往超过定额规定的损耗系数。因此，决定将玻

璃的验收、保管、使用直接交给生产班组，并按规定的损耗率由生产班组承包，并做好奖惩规定，达到了很好的节约效果。

**思考**

1. 在引例中装饰公司采用的是哪种成本管理措施?

2. 装饰工程的成本是由哪几部分组成的?

在建筑装饰施工项目的施工过程中，必然要产生生活劳动和物化劳动的消耗。这些消耗的货币表现形式叫作生产费用。把建筑装饰施工过程中发生的各项生产费用归集到施工项目上去，就构成了建筑装饰施工项目的成本。建筑装饰施工项目成本管理是以降低施工成本，提高效益为目标的一项综合性管理工作，在建筑装饰施工项目管理中占有十分重要的地位。在一定时间内、一定质量前提下，通过不断改善建筑装饰工程项目管理工作，充分采用经济、技术、组织措施和挖掘降低成本的潜力，以尽可能少的耗费实现预定的成本目标。



## 一、项目成本控制基本原理

### 1. 建筑装饰工程项目成本控制概念

建筑装饰施工项目成本是在建筑装饰施工中所发生的全部生产费用的总和，即在施工中各种物化劳动和活劳动创造的价值的货币表现形式。它包括支付给生产工人的工资、奖金，消耗的材料、构配件的价值，周转材料的摊销费或租赁费，施工机具台班费或租赁费，项目经理部为组织和管理施工所发生的全部费用支出。需要注意的是，在施工项目成本中不包括劳动者为社会创造的价值（如税金和利润），也不包括不构成施工项目价值的一切非生产性支出。

建筑装饰工程项目成本控制就是对建筑装饰工程项目中所发生的成本费用支出有组织、有系统地进行预测、计划、控制、核算、考核、分析等一系列科学管理工作的总称。它是以不断降低建筑装饰工程项目成本为宗旨的一项综合性管理工作。

### 2. 建筑装饰施工项目成本控制意义

建筑装饰施工项目成本控制就是在施工过程中，运用必要的技术与管理手段对物化劳动和活劳动的消耗进行严格组织和监督的一个系统过程，建筑装饰施工企业应以建筑装饰施工项目成本控制为中心，进行施工项目管理。成本控制的意义如下：

(1) 建筑装饰施工项目成本控制是建筑装饰施工项目管理工作质量的综合体现。建筑装饰施工项目成本的降低，表明施工过程中物化劳动和活劳动消耗的节约。活劳动的节约，表明劳动生产率提高；物化劳动节约，说明固定资产利用率提高和材料消耗率降低。所以，抓住建筑装饰施工项目成本控制这项关键，可以及时发现建筑装饰施工项目生产和管理中存在的问题，及时采取措施，充分利用人力物力降低建筑装饰施工项目成本。

(2) 建筑装饰施工项目成本控制是增加企业利润，扩大社会积累的最主要途径。在施工项目价格一定的前提下，成本越低，盈利越高。建筑装饰施工企业是以装饰施工为主业，因此其施工利润是企业经营利润的主要来源，也是企业盈利总额的主体，故降低施工项目成本即成为装饰施工企业盈利的关键。

(3) 建筑装饰施工项目成本控制是推行项目经理制和项目承包责任制的动力。项目经理制和项目承包责任制中，规定项目经理必须保证项目质量、工期与成本三大约束性目标。成本目标是经济承包目标的综合体现。项目经理要实现其经济承包责任，就必须充分利用生产要素和市场机制，控制投入，降低消耗，提高效率，将质量、工期和成本三大相关目标结合起来实行综合控制才能管好项目。这样，既实现了成本控制，又带动了项目的全面管理。



### 3. 建筑装饰工程项目成本管理措施

为了取得施工成本管理的理想成果，应当从多方面采取措施实施管理。通常可以将这些措施归纳为组织措施、技术措施、经济措施和合同措施四个方面。

(1) 组织措施。组织措施是从施工成本管理的组织方面采取的措施，如实行项目经理责任制，落实施工成本管理的组织机构和人员，明确各级施工成本管理人员的任务和职能分工、权利和责任，编制本阶段施工成本控制工作计划和详细的工作流程图等。施工成本管理不仅是专业成本管理人员的工作，各级项目管理人员都负有成本控制责任。组织措施是其他各类措施的前提和保障，而且一般不需要增加什么费用，运用得当可以收到良好的效果。在施工过程中要善于利用激励机制，用好用活激励机制。应从建筑装饰项目施工的实际情况出发，采取相应的组织措施，并有一定的灵活性和随机性。

1) 对建筑装饰施工项目中关键工序施工的关键施工班组要实行重奖。如在每

一个装饰工程项目施工结束后，应对在进度和质量方面起主要保证作用的班组实行重奖。而且说到做到，立即兑现。这对激励职工的生产积极性，促进优质、高速、低耗地完成建筑装饰施工项目有明显的效果。

2）对装饰材料操作损耗比较大的工序，可由生产班组直接承包。例如：玻璃易碎，马赛克容易脱胶等，在采购、保管和施工过程中，往往会超过定额规定的损耗率，甚至超过许多。如将采购的玻璃、马赛克直接交生产班组进行验收、保管和使用，并按规定的损耗率由生产班组承包，并发给奖金，这样做，其节约效果相当显著。

(2) 技术措施。技术措施不仅对解决施工成本管理过程中的技术问题是不可缺少的，而且对纠正施工成本管理目标偏差也有相当重要的作用。因此，运用技术纠偏措施的关键，一是要能提出多个不同的技术方案，二是要对不同的技术方案进行技术经济分析。在实践中，要避免仅从技术角度选定方案而忽视对其经济效果的分析论证。在建筑装饰项目施工过程中，装饰施工单位必须按图施工。但是，图样是设计单位按照业主要求设计的，其中起决定作用的是设计人员的主观意图，较少考虑为装饰施工企业提供方便，有时还可能给施工单位出些难题。因此，装饰施工企业应在满足业主要求和保证工程质量的前提下，在取得业主和设计单位同意后，提出修改图样的意见，同时办理增减账。装饰施工企业在会审图样的时候，对于装饰工程比较复杂，施工难度大的项目要认真对待。并且从方便施工，有利于加快装饰施工进度和保证工程质量，又能降低资源消耗，增加工程收入等方面综合考虑，提出有科学依据的合理的施工方案，争取业主和设计单位的认同。



(3) 经济措施。经济措施是最易为人接受和采用的措施。管理人员应编制资金使用计划，确定、分解施工成本管理目标。对施工成本管理目标进行风险分析，并制定防范性对策。通过偏差原因分析和未完工程施工成本预测，可发现一些潜在的、将引起未完工程施工成本增加的问题，对此应以主动控制为出发点，及时采取的预防措施。由此可见，经济措施的运用绝不仅仅是财务人员的事情。材料成本在整个建筑装饰施工项目成本中的比重最大，一般可达 50% 以上，而且具有较大的节约潜力，往往在人工费和机具费等成本项目出现亏损时，要靠材料成本的节约来弥补。因此，材料成本的节约是降低项目成本的关键。节约材料费用的途径十分广阔，归纳起来有如下几方面：

1）节约采购成本。选择运费少、质量好、价格低的装饰材料供应单位。

2）认真计量验收。如遇数量不足或质量差的装饰材料，要求进行索赔。

3）严格执行材料消耗定额。通过限额领料制度来落实。

4）正确核算材料消耗水平。坚持余料回收。

5）改进装饰施工技术。推广新技术、新工艺、新材料，降低损耗率。

6）减少资金占用。根据施工需要合理储备各种装饰材料。

7）加强施工现场材料管理。合理堆放，减少搬运，减少仓储和材料流失等。

(4）合同措施。成本管理要以合同为依据，因此，合同措施就显得尤为重要。对于合同措施从广义上理解，除了参加合同谈判、修订合同条款、处理合同执行过程中的索赔问题、防止和处理好与业主和分包商之间的索赔之外，还应分析不同合同之间的相互联系和影响，对每一个合同作总体和具体分析等。

1）深入研究招标文件和合同内容，正确编制施工图预算。在编制装饰施工图预算时，要充分考虑可能发生的成本费用，包括合同内属于包干性质的各项定额外补贴，并将其全部列入施工图预算，然后通过工程款结算向业主取得补偿。也就是凡是政策允许的，要做到该收的费用点滴不漏，以保证项目的预算收入。这种方法为“以支代收”。但有一个政策界限，不能将项目管理不善造成的损失列入施工图预算，更不允许违反政策，向业主（甲方）高估冒算或乱收费。



2）把合同规定的“开口”项目作为增加预算收入的重要方面。一般来说，按照设计图样和装饰预算定额编制的施工图预算，必须受预算定额的制约，很少有灵活伸缩的余地，而“开口”项目的取费则有比较大的潜力，是装饰施工项目创收的关键。例如：合同规定、装饰预算定额缺项的项目，可由乙方参照相近定额，经监理工程师复核后甲方（业主）认可。这种情况在编制装饰施工图预算时是常见的，需要预算人员参照相近定额进行换算。在定额换算过程中，预算员就可以根据设计要求，充分发挥自己的业务技能，提出合理的换算依据，以此来摆脱原有定额偏低的约束。

3）根据工程变更资料，及时办理增减账。由于设计、施工和业主使用要求等各种原因，致使建筑装饰工程发生变更。随着工程的变更，必然会带来工程内容的增减和施工工序的改变，从而也必然会影响成本费用发生变化。因此，装饰项目承包方应就工程变更对既定施工方法、机具设备使用、材料供应、劳动力调配和工期

目标等的影响程度，以及为实施变更内容所需要的各种资源进行合理估价，及时办理增减账手续，并通过工程款结算从业主处取得补偿。

## 二、项目成本形式与构成

### 1. 项目成本形式

为了便于认识和掌握建筑装饰施工项目成本的特性，搞好成本管理，根据建筑装饰施工项目成本管理的需要，可将建筑装饰施工项目成本划分为预算成本、计划成本和实际成本三种形式。

（1）预算成本。工程预算成本反映各地区建筑装饰行业的平均成本水平。它是根据建筑装饰施工图由工程量计算规则计算出工程量，再由建筑装饰工程预算定额计算出的工程成本；或根据施工图和计算规则计算出工程量后，再按全国统一的建筑装修装饰工程基础定额、各地区的市场劳务价格、材料价格信息及价差系数，并按指导性费率计算出的工程成本。预算成本是确定工程造价的基础，是构成工程造价的主要内容，是甲、乙双方签订建装饰工程承包合同的基础。一旦造价在合同中双方签字认可，它将成为该建筑装饰施工项目编制计划成本的依据和评价实际成本的依据，它直接涉及建筑装饰施工项目能否取得好的经济效益的前提条件。所以，预算成本的计算是成本管理的基础。



（2）计划成本。建筑装饰施工项目计划成本是指建筑装饰施工项目经理部根据计划期的具体施工条件和实施该项目的各项技术组织措施，特别是根据各种进度计划，如材料采购计划、劳动力工时计划和设备使用计划等在实际成本发生之前预先计算的成本。计划成本是建筑装饰施工项目经理部安排施工计划控制成本支出，供应工料和指导施工的依据。它是项目部进行成本控制和核算的依据，它综合反映了建筑装饰施工项目在计划期内达到的成本水平。

（3）实际成本。建筑装饰施工项目实际成本是在报告期内实际发生的各项生产费用支出的总和。把实际成本与计划成本比较，可以直接反映出成本的节约与超支，考核建筑装饰施工项目施工技术水平及施工组织措施的贯彻执行情况和施工项目的经营效果。实际成本与预算成本相比较，可以反映施工项目的盈亏情况。

综上所述，预算成本是确定工程造价的基础，也是编制计划成本的依据和评价实际成本的依据。实际成本与预算成本比较，可以直接反映施工项目最终盈亏情

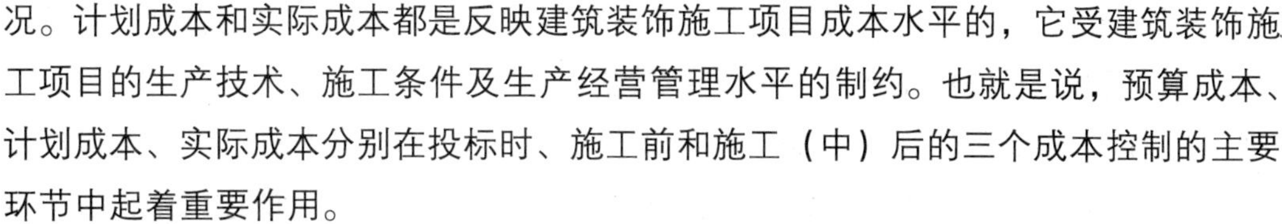

况。计划成本和实际成本都是反映建筑装饰施工项目成本水平的，它受建筑装饰施工项目的生产技术、施工条件及生产经营管理水平的制约。也就是说，预算成本、计划成本、实际成本分别在投标时、施工前和施工（中）后的三个成本控制的主要环节中起着重要作用。

### 2. 项目成本构成

按照国家规定，在建筑装饰施工项目施工中为提供劳务、施工作业等施工过程中所发生的各项费用支出均计入成本费用。建筑装饰施工项目成本由直接成本和间接成本组成。

(1) 直接成本。直接成本是指建筑装饰施工过程中直接耗费的、构成工程实体或有助于工程形成的各项支出，包括人工费、材料费、机具使用费和其他直接费。所谓其他直接费是指建筑装饰施工中除直接费以外所发生的费用，包括建筑装饰施工过程中发生的材料二次搬运费、临时设施摊销费、生产机具使用费、检验试验费、工程定位复测费、工程点交费、场地清理费等。总之，直接成本是指直接耗用于工程对象并能直接计入工程对象的费用。



(2) 间接成本。间接成本是指建筑装饰施工项目经理部为施工的准备、组织，以及管理施工生产所发生的全部施工间接费支出，包括现场管理人员的人工费（基本工资、补贴、福利费）、固定资产使用维护费、工程保修费、劳动保护费、保险费、工程排污费、其他间接费等。也就是说，非直接用于工程对象也无法直接计入工程对象，但为进行工程施工所必须发生的费用列入间接成本。应该指出，下列支出不得列入建筑装饰施工项目成本，也不能列入建筑装饰施工企业成本，如为购置和建造固定资产、无形资产和其他资产的支出；对外投资的支出；没收的财物；支付的滞纳金、罚款、违约金、赔偿金；以及企业赞助、捐赠支出；国家法律、法规规定以外的各种支付费和国家规定不得列入成本费用的其他支出。

## 三、项目成本控制过程

### 1. 组建成本控制体系

成本控制体系要纵、横向地展开管理工作，实现纵向关联部门下级向上级负责，横向关联部门责任明确、团结协作。

### 2. 确定目标成本

建筑装饰施工项目成本预测是指通过成本信息和装饰施工项目的具体情况运用

一定的专门方法，它对未来的成本水平及可能的发展趋势作出科学的估计，其实质就是建筑装饰施工项目在施工之前对成本进行核算。

通过成本预测可以使项目经理部在满足业主和企业要求的前提下，选择成本低、效益好的最佳成本方案，并能够在建筑装饰施工项目成本形成过程中，针对薄弱环节加强成本控制、克服盲目性、提高预见性。因此，建筑装饰施工项目成本预算是施工项目决策与编制成本计划的依据，它是实行建筑装饰施工项目科学管理的一个重要工具，越来越被人们所重视。成本预算在实际工作中已经起到了重要的作用，例如建筑装饰施工企业在工程投标报价时或中标施工前都往往根据过去的经验对工程成本进行估计，这种估计实际上就是一种预算，其发挥的作用是不能低估的。但是如何能够更加准确而有效地预算施工项目成本，仅靠经验的估计很难做到，还应掌握科学的、系统的预测方法，以使其在建筑装饰施工经营管理中发挥更大的作用。



采用正确的预测方法，对建筑装饰工程项目总成本水平和降低成本的可能性进行分析预测，提出项目的目标成本，为正确的投标决策提供依据，同时也对各方面的管理提出要求，来保证项目的最佳经济效益。

### 3. 编制成本计划

建筑装饰施工项目成本计划是项目经理部对建筑装饰施工项目施工成本进行计划管理的工具，在成本预算的基础上进行。它是以货币形式预先规定施工项目在计划期内的生产耗费的计划总水平。通过施工项目的成本计划，可以确定对此项目总投资应实现的计划成本降低额与降低率，并制订为降低成本所采取的主要措施、规划和方案。通常，可以按成本管理层次、有关成本项目以及项目进展的各个阶段对成本计划加以分解，制订出各级降低成本的实施方案。它是建立施工项目成本管理责任制，开展成本控制和核算的基础。一般来说，建筑装饰施工项目成本计划应包括从开工到竣工所需的施工成本，它是建筑装饰施工项目降低成本的指导文件，是确立目标成本的依据。成本计划的作用主要体现在以下三方面：

（1）它是实施成本控制的重要手段。

（2）它是对生产耗费进行控制、分析和考核的重要依据。

（3）它是动员和组织职工参与管理的有效形式。

成本计划是确定项目应该达到的降低成本水平，并制定措施使之实现的具体方

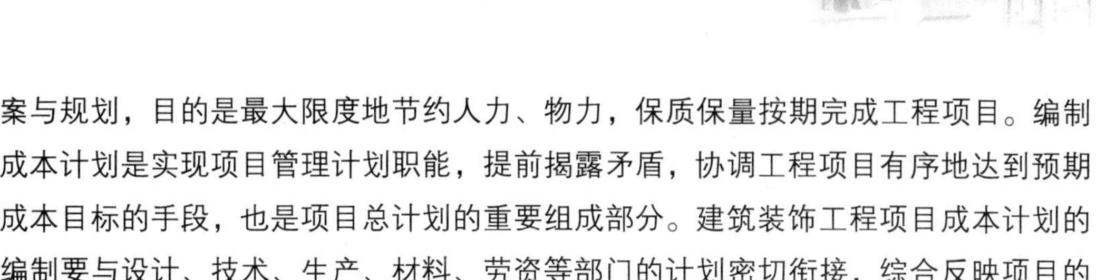

案与规划，目的是最大限度地节约人力、物力，保质保量按期完成工程项目。编制成本计划是实现项目管理计划职能，提前揭露矛盾，协调工程项目有序地达到预期成本目标的手段，也是项目总计划的重要组成部分。建筑装饰工程项目成本计划的编制要与设计、技术、生产、材料、劳资等部门的计划密切衔接，综合反映项目的预期经济效果。

### 4. 实施成本控制

成本控制要在既定工期、质量、安全的条件下，通过目标分解、阶段性目标的提出、动态分析、跟踪管理、实施中的反馈与决策把工程项目的实际成本控制在计划范围内。成本控制以直接费的监测为中心，不断地对工程项目中各分项工程实物工程量的工程收入和支付的生产费用加以统计，发现超支趋势及时采取补救措施。

建筑装饰项目的施工过程也就是项目成本的形成过程，对生产经营所消耗的人力资源、物质资源和费用开支进行指导、监督、调节和限制，及时纠正将要发生和已经发生的偏差，把各项生产费用控制在计划成本范围内才能保证成本目标的实现。建筑装饰施工项目成本控制应贯穿于施工项目从招投标阶段开始至项目竣工验收的全过程，它是建筑装饰施工企业全面成本管理的重要环节。



(1) 施工项目的成本管理的三个阶段。总体来说，施工项目的成本管理可分为以下三个阶段：

1) 成本的事前控制。即前面所介绍的成本预算和计划，这是成本管理的决策阶段。

2) 成本的事中控制。即施工过程中对生产要素和劳动耗费的控制，就是现在讨论的成本控制，这是成本管理的执行阶段。

3) 成本的事后控制。是指成本的核算、分析和考核，是成本管理的总结阶段。

其中，事中控制是成本管理的关键所在，因为事前控制只是根据施工组织设计、施工总体预算来制定成本目标、成本计划和成本控制计划，为成本控制做准备。而在竣工阶段进行事后控制时，成本盈亏已经基本定局，即使发生了偏差也来不及纠正了。所以，成本的事中控制是成本管理的核心。

(2) 建筑装饰施工项目成本计划执行中的控制环节。包括建筑装饰施工项目计划成本责任制的落实、施工项目成本计划执行情况的检查与协调。

1) 落实建筑装饰施工项目计划成本责任制。建筑装饰施工项目成本确定之后，

就要按计划要求采用目标分解的办法，由项目经理部分配到各职能人员、单位工程承包班子和承包班组，签订成本承包合同。然后，由承包者提出保证成本计划完成的具体措施，确保成本承包目标的实现。

2）加强成本计划执行情况的检查与协调。项目经理部应定期检查成本计划的执行情况，并在检查后及时分析，采取措施控制成本支出，保证成本计划的实现。

**5. 实施成本核算**

建筑装饰施工项目成本核算是指对项目施工过程中所发生的各种费用进行审核、记录、汇集和分配，以计算施工项目的实际成本。它包括两个基本环节：一是按照规定的成本开支范围对施工费用进行归集，计算出施工费用的实际发生额；二是根据成本核算对象，用适当的方法计算出建筑装饰施工项目的总成本和单位成本。



建筑装饰施工项目成本核算所提供的各种成本信息是成本预测、成本计划、成本控制、成本分析和成本考核等各个环节的依据。同时，建立施工项目成本核算制是当前建筑装饰施工项目管理的中心，用制度规定成本核算的内容并按程序进行核算，是成本控制取得良好效果的基础和手段。

工程实际成本按其结构内容，包括人工费、材料费、机械使用费、其他直接费和施工管理费五个成本项目。建筑装饰施工项目成本核算是施工企业经济核算的一个分系统，它与企业经济核算的三种主要核算方法（会计核算、统计核算、业务核算）均有密切关系，因此，要搞好建筑装饰施工项目成本核算，应做好以下几方面的工作：

（1）在项目经理领导下，建立严密的成本核算组织体系，各业务人员均应承担成本核算责任。还要把建筑装饰施工项目的经济核算与企业的经济核算、承包班组的经济核算的关系处理好，实行分级核算和分口核算。

（2）把建筑装饰施工项目的成本核算基础扎在业务核算上，首先做好实物核算，做好原始记录，以保证成本核算的准确性和可靠性。

（3）分期搞好建筑装饰施工“三算”：开工之前搞好装饰预算，对装饰施工图预算和装饰施工预算进行两算对比以便对盈亏作出预测；在建筑装饰施工中搞好会计核算、工程价款结算和内部承包结算，确保收入兑现；竣工后抓好建筑装饰施工项目成本竣工结算。

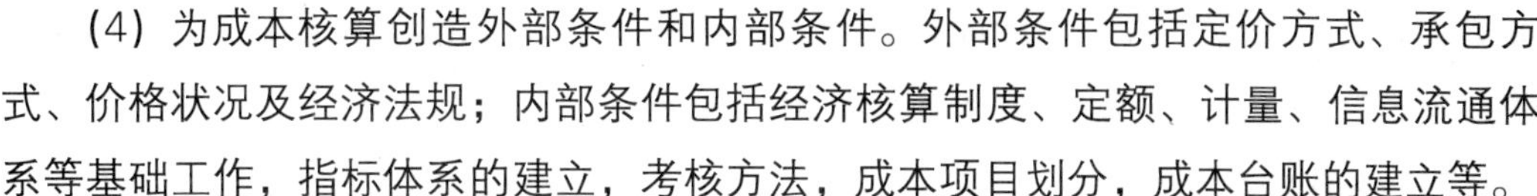

(4) 为成本核算创造外部条件和内部条件。外部条件包括定价方式、承包方式、价格状况及经济法规；内部条件包括经济核算制度、定额、计量、信息流通体系等基础工作，指标体系的建立，考核方法，成本项目划分，成本台账的建立等。

成本考核是对项目的经济效益和成本管理成果的检验。它是项目建设成果考核的一个重要方面，包括对不同项目进行进度的考核。成本考核主要考核降低成本目标完成情况、成本计划执行情况、项目核算中有关内容和方法是否正确，以便对项目的成本管理做出评价。

**6. 进行成本分析**

建筑装饰施工项目成本分析是在成本形成过程中，对建筑装饰施工项目成本进行对比评价和剖析总结工作，它贯穿于建筑装饰施工项目成本管理的全过程。所谓成本分析就是根据统计核算、业务核算和会计核算提供的资料，对施工项目成本的形成过程和影响成本升降的因素进行分析，以寻求进一步降低成本的途径。通过成本分析可从账簿、报表反映的成本现象看清成本的实质，从而增强项目成本的透明度和可控性，为加强成本控制，实现项目成本目标创造条件。由此可见，建筑装饰施工项目成本分析应该随着项目施工的进展，动态地、多形式地开展，而且要与生产诸要素的经营管理结合。这是因为成本分析必须为生产经营服务。即通过成本分析，及时发现问题，及时解决问题，从而改善生产经营，降低成本，提高建筑装饰施工项目经济效益。建筑装饰施工项目成本分析的原则要求有以下几点：



(1) 要实事求是。在成本分析中，一定要有充分的事实依据，应当用“一分为二”的辩证方法，对事物进行实事求是的评价，并要求尽可能做到措辞恰当，能为绝大多数人所接受。

(2) 要用数据说话。成本分析要充分利用统计核算、业务核算、会计核算和有关记录或台账的数据进行定量分析，尽量避免抽象的定性分析。这是因为定量分析对事物的评价更为精确，更令人信服。

(3) 要注重时效。也就是说成本分析要及时，发现问题及时，解决问题及时。否则，就有可能贻误解决问题的最好时机，甚至造成问题成堆，积重难返，发生难以挽回的损失。

(4) 要为生产经营服务。成本分析不仅要揭露矛盾，而且要分析矛盾产生的原因，并为化解矛盾献计献策，提出积极的、有效的解决矛盾的合理化建议。这样的

成本分析必然会深得人心，从而得到项目经理和有关项目管理人员的配合和支持，使建筑装饰施工项目的成本分析更健康地开展下去。

**7. 完成成本考核**

所谓成本考核，就是建筑装饰施工项目完成后，对建筑装饰施工项目成本形成中的责任者，按施工项目成本目标责任制的有关规定，将成本的实际指标与计划、定额、预算进行对比和考核，评定建筑装饰施工项目成本计划的完成情况和各责任者的业绩，并为此给予相应的奖励和处罚。通过成本考核，做到奖罚分明，才能有效地调动企业的每一个职工在各自的施工岗位上努力完成目标成本的积极性，为降低建筑装饰施工项目成本和增加企业的积累，做出自己的贡献。

成本考核包括两个层次：一是对项目经理成本管理的考核，二是对项目经理部所属各职能部门和班组的成本管理的考核。



综上所述，建筑装饰施工项目成本管理系统中每一个环节都是相互联系和相互作用的。成本预测是成本决策的前提。成本计划是成本决策所确定目标的具体化。成本分析能够正确评价企业成本计划的执行结果，揭示成本升降变动的原因，为编制成本计划和制定经营决策提供重要依据。成本控制则是对成本计划的实施进行监督，保证决策的成本目标实现。而成本核算又是成本计划是否实现的最后检验，它所提供的成本信息又对下一个建筑装饰施工项目成本预测和决策提供基础资料。成本考核是实现成本目标责任制的保证和实现决策目标的重要手段。

## 第三节　项目施工质量控制

**引例**

某商场的装饰工程，建设单位和施工单位签订了承包合同，合同中规定 3 000 平方米的大理石材由建设单位指定厂家，施工单位负责采购。当第一批大理石运到工地时，监理工程师要求对石材进行放射性检测，但施工单位认为石材是建设单位指定的，只需检查合格证就行，如有质量问题也是由建设单位负责。

**思考**

1. 在引例中施工单位的做法是否正确？为什么？

2. 若施工单位将该批材料用于工程造成质量问题应该由谁负责？

建筑装饰项目的投资和耗费的人工、材料、能源都是投资者付出巨大的投资，要求获得理想的、满足适用要求的装饰工程产品，以期在预定时间内能发挥作用，为社会经济建设和物质文化生活需要做出贡献。建筑装饰施工项目质量的优劣，不但关系到工程的适用性，而且还关系到人民生命财产的安全和社会安定。这是因为施工质量低劣造成工程质量事故或潜伏隐患，其后果是不堪设想的。所以，在建筑装饰施工过程中，加强质量管理是施工项目管理的头等大事。

## 一、工程项目质量及控制

### 1. 工程项目质量的特征

工程项目质量包括建筑装饰工程产品实体和服务这两类特殊产品的质量。建筑装饰工程实体作为一种综合加工的产品，它的质量是指建筑装饰工程产品适合于某种规定的用途，满足人们要求其所具备的质量特性的程度和环境。建筑装饰工程质量的特性主要表现在以下六个方面：



(1) 工程性能。是指工程满足使用目的的各种性能，包括理化性能、结构性能、使用性能、外观性能等。

(2) 使用寿命。指建筑装饰工程产品或工程在正常的使用条件下的寿命或其使用性能稳定在设计指标（维修期）以内所延续时间的能力。

(3) 可靠性。是指工程在规定的时间和正常的使用条件下完成规定功能的能力。

(4) 经济特性表现为造价（价格），生产能力或效率，生产使用过程中的能耗、材耗及维修费用高低等。

(5) 安全特性表现为保证使用及维护过程的安全性能，保证人身和环境免受危害的程度。

(6) 与环境的协调性。是指工程与其周围生态环境协调，与所在地区经济环境协调以及与周围已建工程相协调，以适应可持续发展的要求。

### 2. 工程项目质量控制的内容

在工程质量管理中“质量”的含义包括三个方面的内容，即工程质量、工序质量和工作质量。

(1) 工程质量。工程质量是指能满足国家建设和人民需要所具备的自然属性。

通常包括适用性、可靠性、安全性、经济性和使用寿命等，即为工程的使用价值。这种属性区别了工程的不同用途。建筑装饰工程的施工质量是指建筑装饰材料、装饰构造做法等是否符合“设计文件”及《建筑装饰工程质量验收规范》（GB 50210—2001）的要求。

（2）工序质量。工序质量是指工序能够稳定地生产合格产品的能力，通常以工序能力表示。工序是产品形成的基本环节，工序质量是多种因素共同作用下的结果。

工序质量一般是由操作者、机器设备、原材料、工艺方法、测量、环境六大因素（5M1E）决定。如果这六大因素配合适当则能保证产品质量的稳定，反之则出现不合格产品。工序质量也要符合“设计文件”、《建筑装饰工程质量验收规范》（GB 50210—2001）及《建筑工程质量检验评定标准》（GB 50300—2001）的规定。



（3）工作质量。工作质量就是按一定的作业标准完成的劳动量，在产品（包括工业、农业等）生产中没有达到规定的作业标准，就是不合格品。即没有达到规定所要求的产品，就不能上市销售，因而也就没有量——没有质的保证，所以也就没有量；在服务行业中，没有按规范化的服务，未能令顾客满意，就是不合格的服务。

工作质量并不像工程质量那样直观，它主要体现在企业的一切经营活动中，通过经济效果、生产效率、工作效率和工程质量集中表现出来。工程质量、工序质量和工作质量是三个不同的概念，但三者有密切的联系。工程质量是企业施工的最终成果，它取决于工序质量和工作质量。工作质量是工序质量和工程质量的保证和基础，必须努力提高工作质量，以工作质量来保证和提高工序质量，从而保证和提高工程质量。提高工程质量的目的，归根结底是提高经济效益，为社会创造更多的财富。

### 3. 影响工程项目质量的因素

建筑装饰施工项目涉及面广，是一个极其复杂的综合过程。它具有项目位置固定、生产性流动、质量要求不一、材料和施工方法多变等特点。因此，建筑装饰施工项目的质量比一般工业产品的质量更难以控制。影响工程项目质量的因素及特点主要表现在以下几方面：

（1）影响质量的因素多。如装饰设计、装饰材料、机具、环境、温度、湿度、施工工艺、操作方法、熟练程度、技术措施、管理制度等均直接影响建筑装饰施工项目的工程质量。

(2) 容易产生质量变异。建筑装饰工程的施工不像工业产品生产有固定的自动化的流水线，有规范化的生产工艺和完善的检测技术，有成套的生产设备和稳定的生产环境，有相同系列规格和相同功能的产品。同时，由于影响建筑装饰施工项目质量的偶然性因素和系统性因素都较多，因此，很容易产生质量变异。如装饰材料性能微小的差异、机具设备正常的磨损、操作微小的变化、环境微小的波动等均会引起偶然性因素的质量变异。当使用装饰材料的规格、品种有误，施工方法不妥，操作不按规程，机具故障等，则会引起系统性因素的质量变异，造成工程质量事故。

(3) 容易产生判断错误。建筑装饰施工项目由于工序交接多、中间产品多、隐蔽工程多，若不及时检查实际质量，事后再看表面，就容易产生判断错误，容易将不合格的产品认为是合格的产品。反之，若检查不认真，测量仪表不准，读数有误，也会产生判断错误。也就是说容易将合格产品认为是不合格的产品。这一点在进行质量检查验收时应特别注意。



(4) 质量检查不能解体、拆卸。建筑装饰工程项目建成后，不可能像某些工业产品那样，通过拆卸或解体来检查内在的质量，或重新更换零件。即使发现质量有问题也不可能像工业产品那样实行“包换”或“退款”。

(5) 质量要受投资、进度的制约。建筑装饰施工项目的质量，受投资、进度的制约较大，如一般情况下，投资大、进度慢、质量就好。反之，质量则差。因此，建筑装饰项目在施工中还必须正确处理质量、投资、进度三者之间的关系，使其达到对立的统一。

## 二、装饰工程全面质量管理

### 1. 全面质量管理的概念

全面质量管理（Total Quality Management，TQM），是现代工业中一种科学的质量管理方法，指企业中所有部门、所有组织、所有人员都以产品质量为核心，把专业技术、管理技术、数理统计技术集合在一起，建立起一套科学严密高效的质量保证体系，控制生产过程中影响质量的因素，以最优生产、最低消耗、最佳服务提

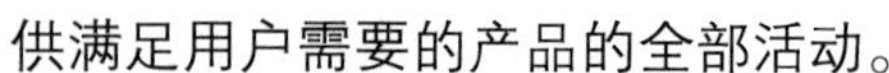

供满足用户需要的产品的全部活动。

### 2. 全面质量管理的基本方法

全面质量管理的基本方法可以概况为四句话十八字，即一个过程，四个阶段，八个步骤，数理统计方法。

一个过程，即企业管理是一个过程。企业在不同时间内，应完成不同的工作任务。企业的每项生产经营活动都有一个产生、形成、实施和验证的过程。四个阶段是指根据管理是一个过程的理论，“计划（Plan）—执行（Do）—检查（Check）—处理（Act）”四阶段的循环方式，简称 PDCA 循环。为了解决和改进质量问题，PDCA 循环中的四个阶段还可以具体划分为八个步骤。

（1）计划阶段。在计划阶段，首先要确定质量管理的方针和目标，并提出实现目标的具体措施和行动计划。在计划阶段主要包括四个步骤：



第一步：分析现状，找出存在的质量问题，以便进行针对性的调查研究。

第二步：分析产生质量问题的各种原因或影响因素，找出质量管理中的主要环节。

第三步：在分析影响工程质量因素的基础上，找出影响质量的主要因素作为质量管理的重点对象。

第四步：针对影响质量的主要因素提出计划，制定措施。

（2）实施阶段。又称执行阶段，是指按照计划推行。该阶段只有一个步骤。

第五步：执行计划，落实措施。

（3）检查阶段。指确认工程是否依照计划的进度进行，是否达到预定的计划，这个阶段也只有一个步骤。

第六步：检查计划的实施情况，通过检查与原计划进行比较，找出成功的经验和失败的教训。

（4）处理阶段。把检查之后的各种问题认真处理，这一阶段分两个步骤。

第七步：总结经验，巩固成绩，把工作结果标准化以便以后遵照执行。

第八步：提出对于尚未解决的问题，转入下一个循环，再进行研究，制订计划予以解决。

### 3. 全面质量管理的基础工作

（1）推行标准化。标准化是质量管理的尺度和依据，质量管理是执行标准化的保证。在建筑装饰工程中，对质量管理起标准化作用的是施工与验收规范、工程质量评定标准、施工操作规程、质量管理制度等。标准化是全面质量管理中生产技术活动的目标和依据。

(2) 计量工作。计量工作包括测试、化验、统计分析等工作，它为“一切用数据说话”进行定量分析提供数据，是贯彻产品质量以预防为主的前提条件，是提高产品质量的重要保证。

(3) 质量信息工作。它反映产品质量和工作质量情况的信息、各种数据、原始记录、统计报表和产品使用过程中反映出来的质量情况，以及国内外同类产品的质量动态，为研究、改进质量管理和提高产品质量提供可靠依据。

(4) 质量教育工作。全面质量管理是全体职工参加的管理，必须对全体职工进行质量教育，使企业全体人员牢固树立“质量第一，用户至上”的观点，增强质量意识，建立全面质量管理的观念，掌握全面质量管理的工作方法。



(5) 质量责任制。指的是把质量管理方面的责任和具体要求落实到每一个部门、每一个岗位、每一个操作者。明确每个职工的工作岗位在质量管理方面的具体任务、责任、权利和经济利益。

## 三、工程项目质量检查

建筑装饰工程项目的施工周期长，工序多，其最终质量的形成是一个渐进的过程。在此过程中，必须对其进行不间断的、全方位的质量检查才能保证最终的产品质量。可以说，质量检查是整个工程项目质量管理工作中的最主要的也是最有效的保证工程质量的制度和方法。

### 1. 工程项目质量检查内容

(1) 装饰材料、半成品和各种加工预制品的质量检查。材料是产品质量的优劣和保证工程质量的基础。在订货时就要依据质量标准签订合同，必要时应先鉴定样品，经鉴定合格的样品应予封存，作为材料验收的依据。材料在进入施工现场时进行验收，必须保证材料符合质量标准和设计要求方可使用。如产品质量不合格，应进行退货等处理，杜绝不合格产品进入生产程序。

(2) 分项工程在施工前的预检。主要检查该分项工程的施工条件是否具备，包括材料准备情况、操作工落实情况、机械设备准备情况、现场环境准备情况等。一

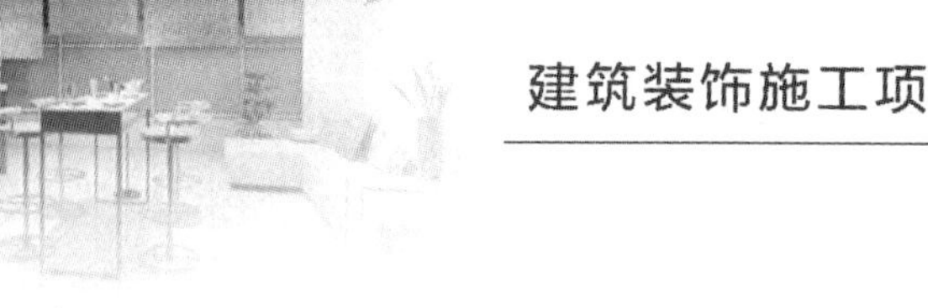





般预检项目由施工员主持，项目质量员、有关班组长参加。重要的预检项目应由项目经理或技术负责人主持，请设计单位、建设单位、质量监督部门、监理单位的代表参加。

(3) 施工班组的自检和交接检查。按照生产者负责质量的原则，所有生产班组必须对本班组的操作质量负责。自检是指某专业施工班组自行进行的质量检查，检查产品质量是否符合相应的质量标准。在完成或部分完成施工任务时，如有不合格的项目应及时进行返工处理，以达到相应规范的合格标准。自检合格后，由项目施工员组织质量员和下道工序的生产班组进行对该部分工作任务检查，确认质量合格后，交由下道工序生产班组，进行下道工序施工，此过程称为交接检。

(4) 隐蔽工程检查。主要检查隐藏项目的施工质量是否符合相关规范的要求。

### 2. 工程项目质量检查方法

(1) 目测法

1) 看。就是根据建筑装饰工程质量标准进行外观目测。如墙纸裱糊质量应是纸面无斑痕、空鼓、气泡和褶皱；每一墙面纸的颜色、花纹一致；斜视无胶痕，纹理无压平、起光现象；对缝无离缝、搭缝、张嘴；对缝处图案、花纹要完整；裁纸的一边不能对缝，只能搭接；阳角应采用包角等。又如，内墙抹灰大面及口角是否平直，地面是否光洁平整，油漆浆活表面观感，施工顺序是否合理，工人操作是否正确等，均是通过目测检查、评价。

2) 摸。就是手感检查。主要用于装饰工程的某些检查项目，如水刷石、干粘石黏结牢固程度，油漆的光滑度，浆活是否掉粉，地面有无起砂等均可通过手摸加以鉴别。

3) 敲。是运用工具进行音感检查。对地面工程、装饰工程中的水磨石、面砖、锦砖和大理石贴面等均应进行敲击检查。通过声音的虚实确定有无空鼓，还可根据声音的清脆和沉闷判定属于面层空鼓或底层空鼓。此外，用手敲玻璃，如发出颤动音响一般是底灰不满或压条不实。

4) 照。对于难以看到或光线较暗的部位，则可采用镜子反射或灯光照射的方法进行检查。

(2) 实测法。就是通过实测数据与建筑装饰工程施工规范及质量标准所规定的允许偏差对照，来判别质量是否合格。实测检查法的手段也可归纳为靠、吊、量、套四个字。

1）靠。是用直尺、塞尺检查墙面、地面、顶棚的平整度。

2）吊。是用托线板以线锤吊线检查垂直度。

3）量。是用测量工具和计量仪表等检查装饰构造尺寸、断面尺寸、轴线、位置标高、湿度、温度等的偏差。

4）套。是以方尺套方，辅以塞尺检查。如对阴阳角的方正、踢脚线的垂直度、室内装饰配构件的方正等项目的检查。对门窗口及装饰构配件的对角线（窜角）检查也是靠套方这种特殊手段来完成的。

(3) 试验检查。指必须通过试验手段才能对质量进行判断的检查方法。比如在建筑装饰工程施工中，有大量的预埋件、连接件、铆固件、骨架杆件、焊接件等，往往需要通过力学试验来检验其性能。饰面板与基层连接的安全牢固性需要检验，对于钉件的质量、规格、螺栓及各种连接紧固件的设置位置、数量及埋入深度等必要时需进行拉力试验，以检验焊接和预埋连接件的质量。又如对用黏合剂黏结的构件也需要进行黏结强度试验，以检验其质量。



## 四、工程项目质量评定

装饰工程作为建筑工程中的一个重要分部工程，它包括若干分项工程。装饰分部工程质量的评定，是在所含分项工程的质量评定之后进行的。根据其所含分项工程质量的检验评定结果，用统计计算的方法评出装饰分部工程的质量等级。分项的质量评定是分部质量评定的基础。

工程质量评定是对照设计要求和国家规范标准的规定，按照国家（部门）规定的有关评定规则。在建设过程中及单位工程竣工后，对工程进行的质量检验评定，确定工程项目达到的质量等级。工程质量等级的评定是承包商进行质量控制结果的表现，也是竣工验收组织确认质量的主要法定方法手段，主要由承包商（施工企业）来实施，并经第三方的工程质量监督部门或竣工验收组织确认。业主或监理工程师在施工过程中督促检查，保证质量控制措施的落实和质量等级评定的准确、真实，是确保质量评定的基础。

### 1. 分部、分项工程的划分

一个建筑工程的建成，从施工准备工作开始到交付使用要经过若干工序、若干工种的配合施工。所以，一个工程质量的优劣，能否通过竣工验收，取决于各个施工工序和各工种的操作质量。因此，为了便于控制、检查和鉴定每个施工工序和工种的质量，需将一个单位工程划分为若干个分部工程；每个分部工程又划分为若干个分项工程。以各分项工程的质量来综合鉴定分部工程的质量；以各分部工程的质量来鉴定单位工程的质量。在鉴定的基础上，再与合同要求相对照，以决定能否验收。因此，分项工程质量是鉴定分部工程、单位工程质量等级的基础，也是能否验收的基础。

按照我国建筑工程管理的规定，建筑装饰工程属于建筑工程单位工程的一个分部工程。其本身又可划分若干子分部工程，子分部工程又包含许多分项工程，见表8—3—1。

表 8—3—1　　建筑装饰分部工程、分项工程划分表

| 序号 | 分部工程 | 子分部工程 | 分项工程 |
|---|---|---|---|
| 1 | 建筑装饰工程 | 地面工程 | 整体面层：基层，水泥混凝土面层，水泥砂浆面层，水磨石面层，防油渗面层，水泥钢（铁）屑面层，不发火（防爆的）面层<br>板块面层：基层，砖面层（陶瓷马赛克、缸砖、陶瓷地砖和水泥花砖面层），大理石面层和花岗石面层，预制板块面层（预制水泥混凝土、水磨石板块面层），料石面层（条石、块石面层），塑料板面层，活动地板面层，地毯面层<br>木竹面层：基层，实木地板面层（条材、板材面层），实木复合地板面层（条材、板材面层），中密度（强化）复合地板面层（条材面层），竹地板面层 |
| 2 | | 抹灰工程 | 主要包括一般抹灰，装饰抹灰，清水砌体勾缝 |
| 3 | | 门窗工程 | 主要包括木门窗制作与安装，金属门窗安装，塑料门窗安装，特种门安装，门窗玻璃安装 |
| 4 | | 吊顶工程 | 主要包括暗龙骨吊顶，明龙骨吊顶 |
| 5 | | 轻质隔墙工程 | 主要包括板材隔墙，骨架隔墙，活动隔墙，玻璃隔墙 |
| 6 | | 饰面板（砖）工程 | 主要包括饰面板安装，饰面砖粘贴 |
| 7 | | 幕墙工程 | 主要包括玻璃幕墙、金属幕墙、石材幕墙 |
| 8 | | 涂饰工程 | 主要包括水性涂料涂饰，溶剂型涂料涂饰，美术涂饰 |

续表

| 序号 | 分部工程 | 子分部工程 | 分项工程 |
|---|---|---|---|
| 9 | 建筑装饰工程 | 裱糊与软包工程 | 主要包括裱糊，软包 |
| 10 | | 细部工程 | 主要包括橱柜制作与安装，窗帘盒、窗台板和暖气罩制作与安装，门窗套制作与安装，护栏和扶手制作与安装，花饰制作与安装 |

### 2. 分项工程质量评定

(1) 分项工程质量评定的内容及标准。分项工程质量评定内容由保证项目、基本项目、允许偏差项目三部分组成。

1) 保证项目。保证项目是必须达到的要求，是保证工程安全或主要使用功能的重要检验项目。条文中采用“必须”或“严禁”用词表示，保证项目中包括的主要内容有：

重要材料、构配件、成品及半成品设备的质量、性能及附件的材质、技术性能等，装饰所用焊接、砌筑结构的强度、刚度和稳定性等技术数据、工程性能的检测。

2) 基本项目。基本项目是保证工程安全或使用功能的基本要求。条文中采用“应”“不应”用词表示。其指标分为“合格”及“优良”两个等级。基本项目与保证项目相比，虽不像保证项目那么重要，但对结构安全、使用功能、美观都有较大的影响。因此，基本项目是评定分项工程“优良”与“合格”等级的条件之一。基本项目中包括的内容主要有：

允许有一定的偏差的项目，但又不能纳入允许偏差项目中。在基本项目中，主要是用数据规定出“合格”和“优良”等级的定量标准。对不能确定偏差值而又允许出现一定缺陷的项目，以缺陷的数量多少来区分“合格”和“优良”。当无法用定量区分时，采用部位的不同或面积的大小来区分“合格”和“优良”的项目。如油漆工程中，中等油漆的光亮和光滑项目，以大面光亮、光滑均匀，小面可有轻微缺陷为合格，而以大、小面光亮、光滑均匀一致为优良。或者采用程度的不同来区分项目的“合格”与“优良”。如一般抹灰工程中的普通抹灰表面，以表面基本光滑、接槎平整作为合格；以表面光滑、洁净、接槎平整作为优良。

3）允许偏差项目。允许偏差项目是分项工程检验项目中规定有允许偏差范围的项目。条文中采用“应”“不应”用词表示。检查点的测量结果，以在允许偏差范围内所占比例，作为判定分项工程合格或优良等级的条件之一。允许偏差值大部分是有关规范中规定的数值，只是个别进行了调整和补充，其内容主要有：

有“正”“负”要求的数值；有不标符号直接注明数字的偏差值；有要求大于或小于某一数值；有要求在一定范围内的数值；有采用相对比例确定的偏差值。

（2）分项工程质量的等级标准。分项工程的质量分为“合格”“优良”两个等级，其质量等级标准见表 8—3—2。



表 8—3—2　　分项工程质量等级标准

| 评定内容 | 质量等级 | |
|---|---|---|
| | 合格 | 优良 |
| 保证项目 | 必须符合相应质量检验评定标准的规定 | 必须符合相应质量检验评定标准的规定 |
| 基本项目 | 抽检的处（件）应符合相应质量检验评定标准的合格规定 | 每项抽检的处（件）应符合相应质量检验评定标准的合格规定，其中有 50%及以上的处（件）符合优良规定；优良项数应占检验项数 50%及以上 |
| 允许偏差项目 | 抽检的点数中，建筑装饰工程有 80%及以上建筑设备安装工程有 80%及以上的实测值应在相应质量检验评定标准的允许偏差范围内 | 抽检的点数中，有 90%及以上的实测值应在相应质量检验评定标准的允许偏差范围内 |

### 3. 分部工程质量检验评定

（1）分部工程评定内容。分部工程的质量等级是由其所含的分项工程的质量等级，通过统计的方法来确定的。所以分部工程评定的内容是重点检查分项工程质量检验评定的情况。

1）检查分项工程质量评定资料及质量保证资料。检查各分项工程划分是否正确，分部工程中所含的分项工程是否齐全；各分项工程的保证项目、基本项目、允许偏差项目的评定方法是否正确；主要原材料质量的出厂合格证、试验报告等质量保证资料是否具备，数据是否正确和达到标准、规范和设计的要求；不合格分项工程的处理及质量等级确定是否符合验评标准规定。

2）观察检查分项工程实体质量。全面宏观检查与重点抽查相结合，检查所含分项工程的保证项目、基本项目、允许偏差项目的外观有没有达不到合格标准的部位，分项工程的质量评定等级是否与实际的工程质量相符。

（2）分部工程质量等级标准。分部工程的质量分为“合格”“优良”两个等级，其质量等级标准见表 8—3—3。

表 8—3—3　　分部工程质量等级标准

| 评定内容 | 质量等级 | |
|---|---|---|
| | 合格 | 优良 |
| 所含全部分项工程质量 | 必须全部合格 | 必须全部各格，其中有 50% 及以上为优良，且指定的主要分项工程为优良 |



## 五、工程项目质量验收

工程质量的验收是按照工程合同规定的质量等级，遵循现行的质量检验评定标准，采用相应的手段对工程分阶段确定其质量是否认可的过程。

### 1. 隐蔽工程质量验收

（1）隐蔽工程的含义。隐蔽工程是指那些在施工过程中，上一道工序的工作结果，被下一道工序所掩盖，而无法进行复查的部位。在装饰工程中，如吊顶工程在饰面板安装之前，其内部的龙骨、吊挂件、连接件、紧固件的规格、型号、品质、间距等是否符合设计要求和现行材料标准的规定，安装是否牢固；对易锈蚀的构件和部位是否已做防锈处理；对吊顶内的消防、供水、空调、通风等各种设施的管道、线路、设备是否已做密闭试验及电气绝缘、电阻测试，连接是否牢固，接头做法是否符合要求；易燃材料是否已做防火阻燃处理等都属于隐蔽工程的范围。在饰面板安装之后，上述这些内容将无法再进行检查。再如木墙裙工程，在做饰面板之前应检查基底是否干燥；木龙骨的间距是否正确，安装是否牢固；所使用的木材及结构构造是否符合《木结构工程施工及验收规范》（GB 50206—2002）的有关规定，所使用的木料是否已进行防火阻燃的处理等均属隐蔽工程所应检查验收的范围。

(2) 建筑装饰工程中隐蔽工程验收项目的内容见表 8—3—4。

表 8—3—4　　建筑装饰工程中隐蔽工程验收项目的内容

| 序号 | 项目 | 验收内容 |
|---|---|---|
| 1 | 地面工程 | 木质类地板的格栅、垫木安装、铺设及固定方法，木材的品种、规格及含水率测定，木材的防火处理、防潮处理，抗静电地板的托架安装，支脚地线的布设、焊接、接地电阻测试等 |
| 2 | 墙面工程 | 潮湿环境墙面基底的防潮、防腐处理，木质类墙面的龙骨、垫木的安装方法及防火处理等 |
| 3 | 吊顶工程 | 吊顶内所有的设备、管理、线路、吊挂件等的规格、数量、安装及测试方法，防火、防腐处理等 |
| 4 | 幕墙工程 | 主体结构中预埋件的尺寸、焊缝及材质情况 |
| 5 | 其他 | 完工后无法进行检查的工程 |



(3) 建筑装饰工程的隐蔽工程验收依据

1) 设计图样及图样会审纪要、设计变更、技术核定单、技术复核记录等技术文件。

2) 现行的施工及验收规范、操作规程、材料标准、工程质量检验评定标准等政策、法规性文件。

3) 签章齐全、数据真实准确的原材料出厂合格证及检测报告等有效的材质证明文件。

4) 管道的通水、灌水试验记录，电气绝缘、接地电阻的测试记录，设备调试及试运转记录等各种施工测试报告。

5) 企业编制的施工组织设计、工程项目部的技术交底、专职质量检查人员的自检记录等管理性文件。

(4) 建筑装修装饰工程的隐蔽工程验收程序

1) 填写隐蔽工程验收记录：在上一道工序的工作完成后，由承担施工任务的工程项目部的专职质检人员进行检查，确定无误后填写隐蔽工程验收记录（一式若干份）。如用文字不易表达的节点、部位，可绘制简图，专职质检员应签名并加盖工程项目部的质量检评专用章。

2）隐蔽项目的检查验收：在下一道工序施工之前，工程项目部应将隐蔽工程验收记录送达工地的监理工程师或业主派驻工地的代表，监理工程师（或业主方代表）按照设计要求和施工规范，采用必要的检测工具，对其隐蔽的项目检查验收。如符合设计要求及规范规定，应及时办理隐蔽工程验收手续，验收人应签名并加盖业主单位公章，反馈给工程项目部，以便工程项目部安排下一工序的施工。如不符合要求，工程项目部应根据监理工程师（或业主方代表）提出的意见，及时进行返修处理，监理工程师复验合格后办理隐蔽工程验收手续，工程项目部方可安排下一工序的施工。

3）形成隐蔽工程验收记录：建筑装饰工程的隐蔽工程验收是质量保证资料的重要组成部分，签证手续齐全的隐蔽工程验收记录，应由工程项目部的资料员统一保管，在工程竣工时，同其他各种资料一起装订成册作为工程技术档案存查，报送工程质量监督部门，作为评定工程质量等级的原始凭证。



### 2. 分项工程质量验收

重要的分项工程由监理工程师按照工程合同的质量等级要求，根据该分项工程施工的实际情况，参照前述的质量检验评定标准进行验收。在分项工程验收中，必须严格按有关验收规范选择检查点数，然后计算出检验项目和实例项目合格或优良的百分比，最后确定该分项工程的质量等级，从而确定能否验收。

### 3. 分部工程质量验收

在分项工程验收的基础上，根据各分项工程质量验收结论，参照分部工程质量标准便可得出该分部工程的质量等级，以便决定可否验收。根据现行的国家标准《建筑安装工程质量检验评定标准》（GBJ 300—1988），建筑装饰工程仅仅是一个分部工程，建筑装饰工程尚不作为单位工程来进行质量评定和验收，因而也无专门的标准和规定。

## 第四节　项目施工安全管理

**引例**

某工地为抢进度，未经批准擅自改变原施工组织设计中外装饰用吊篮的方案，擅自决定搭设钢管双排外架，只拟出一份简单的搭设方案，施工中，架子下面未铺脚手板，大多数只用单股铅丝将架子与建筑物拉接，搭好后没有组织有关部门验收。几天后刚刚搭起的高 45 米、长 18 米的双排钢管脚手架突然塌落，7 名工人随架子同时坠落，造成 3 死 4 伤的严重后果。

**思考**

1. 引起该起事故的主要原因是什么？

2. 对于发生的该起安全事故应如何处理？

建筑装饰施工企业是以施工生产经营为主业的经济实体。全部生产经营活动是在特定空间对人、财、物进行动态组合的过程，并通过这一过程向社会交付有商品性的建筑装饰产品。在完成建筑装饰产品过程中，表现出人员的频繁流动、生产的复杂性和产品的一次性等显著的生产特点，这些生产特点决定了组织安全生产的特殊性。安全生产是施工项目重要的管理目标之一，也是衡量建筑装饰施工项目管理水平的重要标志。因此，施工项目必须把实现安全生产，当作组织施工活动时的一项重要任务。



## 一、安全管理的基本概念

### 1. 基本概念

（1）安全生产。安全生产是指使生产过程处于避免人身伤害、设备损坏及其他不可接受的损害风险（危险）的状态。不可接受的损害风险（危险）通常是指超出了法律、法规和规章的要求；超出了方针、目标和企业规定的其他要求；超出了人们普遍接受的（通常是隐含的）要求。

（2）安全管理。安全管理指的是满足生产安全所进行的计划、组织、监控、调节和改进等一系列管理活动。

（3）安全管理的方针。安全管理的方针是“安全第一，预防为主”。“安全第一”是把人身的安全放在首位，安全为了生产，生产必须保证人身安全，充分体现了“以人为本”的理念。“预防为主”是实现安全第一的重要手段，采取正确的措施和方法进行安全控制，从而减少甚至消除事故隐患，尽量把事故消灭在萌芽状态，这是安全控制最重要的思想。

## 二、项目施工安全管理原则

工程质量和施工安全是工程建设两大永恒的主题，质量和安全要相互保证。安全是为质量服务的，质量要以安全作保证，在质量管理的同时必须加强安全管理。安全既包括人身安全，也包括财产安全。安全管理的目的是保证建筑装饰项目施工中没有危险、不出事故、不造成人身伤亡和财产损失。

**1. “管生产必须管安全”的原则**

指工程项目各级领导和全体员工在生产过程中必须坚持在抓生产的同时抓好安全工作。生产和安全是一个有机的整体，它实现了安全与生产的统一，两者不能分割，更不能对立起来，应将安全寓于生产之中。

**2. “安全具有否决权”的原则**

指安全生产工作是衡量工程项目管理的一项基本内容，它要求对各项指标考核，评优创先时首先必须考虑安全指标的完成情况。安全指标没有实现，即使其他指标顺利完成仍无法实现项目的最优化，安全具有一票否决的作用。

**3. “三同时”原则**



指基本建设项目中的职业安全、卫生技术和环境保护等措施和设施，必须与主体工程同时设计、同时施工、同时投产使用。

**4. “五同时”原则**

指企业的生产组织及领导者在计划、布置、检查、总结、评比生产工作的同时，做好计划、布置、检查、总结、评比安全工作。

**5. “四不放过”原则**

指事故原因未查清不放过，当事人和群众没有受到教育不放过，事故责任人未受到处理不放过，没有制订切实可行的预防措施不放过。

**6. 坚持“四全”动态管理原则**

指安全管理涉及生产活动的方方面面，涉及建筑装饰工程从开工到竣工的全部生产过程，涉及全部的生产时间，涉及一切变化着的生产因素。因此，生产活动中必须坚持全员、全过程、全方位、全天候的动态安全管理。

## 三、项目施工安全管理措施

安全管理是为建筑装饰施工项目实现安全生产开展的管理活动。建筑装饰施工现场的安全管理重点是进行人的不安全行为与物的不安全状态的控制，消除一切事故，避免事故伤害，减少事故损失。控制是对某种具体的因素的约束与限制，是管

理范围内的重要部分。建筑装饰施工项目的安全管理措施是安全管理的方法与手段，管理的重点是对生产各因素状态的约束与控制。根据建筑装饰施工生产的特点，安全管理措施要带有鲜明的行业特色。

**1. 安全管理三大措施**

(1) 安全法规。用立法的手段制订保护职工安全生产的政策、规程、条例、制度。

(2) 安全技术。是指在施工过程中为防止和消除伤亡事故或减轻繁重劳动所采取的措施。

(3) 工业卫生。是指施工过程中为防止高温、严寒、粉尘、噪声、振动、毒气、废液、污染等对劳动者身体健康的危害所采取的防护和医疗措施。

三大措施与管理对象和管理内容的关系是：安全法规侧重于对劳动者的管理，约束劳动者的不安全行为。因此，其主要管理内容是安全生产责任制、安全教育、安全事故的调查与处理。安全技术侧重于劳动对象和劳动手段的管理，消除不安全状态，其主要管理内容是安全检查和安全技术管理。工业卫生侧重于环境的管理，以形成良好的劳动条件。主要管理内容也是安全检查和安全技术管理。上述的管理对象（人、物、环境），构成了安全施工体系，安全管理即管人、管物、管环境。



**2. 安全生产责任制度**

安全生产责任制是安全管理最基本的制度。建筑装饰施工项目经理部承担控制、管理施工生产进度、成本、质量、安全等目标的责任。因此，必须同时承担进行安全管理、实现安全生产的责任。

(1) 建立、完善以项目经理为首的安全生产领导组织，有组织、有领导地开展安全管理活动，承担组织、领导安全生产的责任。

(2) 建立项目经理部各级人员安全生产责任制度，明确各级人员的安全责任，抓制度落实、抓责任落实，定期检查安全责任落实情况。

1）项目经理是施工项目安全管理第一责任人。

2）项目经理部的职能部门、人员在各自业务范围内对实现安全生产的要求负责。

3）全员承担安全生产责任，建立安全生产责任制。从经理到工人的生产系统做到纵向底，一环不漏。各职能部门、人员的安全生产责任做到横向到边，人人负责。

(3) 建筑装饰施工项目应通过监察部门的安全生产资质审查，并得到认可。一切从事建筑装饰施工管理与操作的人员应依照其从事的生产内容，分别通过企业、施工项目的安全审查。取得安全操作许可证，持证上岗。特种作业人员，除经企业的安全审查，还需按规定参加安全操作考核取得监察部门核发的安全操作合格证，坚持“持证上岗”。建筑装饰施工现场出现特种作业无证操作现象时，项目经理必须承担管理责任。

(4) 建筑装饰施工项目经理部负责施工生产中物的状态的审验与认可，承担物的状态漏验与失控的管理责任，并承担由此而出现的经济损失。

(5) 一切管理、操作人员均需与施工项目经理部签订安全协议，向施工项目经理部做出安全保证。



(6) 安全生产责任落实情况的检查应有认真、详细的记录，作为分配、奖惩的原始资料之一。

### 3. 安全教育制度

(1) 安全教育的主要阶段。包括知识、技能、意识三个阶段的教育。

1) 安全知识教育：使操作者了解、掌握生产操作过程中，潜在的危险因素及防范措施。

2) 安全技能训练：使操作者逐渐掌握安全生产技能，获得完善化、自动化的行为方式，减少操作中的失误现象。

3) 安全意识教育：在于激励操作者自觉地坚持把安全操作训练的成果应用于施工过程中。

(2) 安全教育的主要内容。主要包括以下方面：

1) 新工人进场前应完成三级安全教育，即进企业、进项目和进班组的安全教育。

2) 结合施工生产的变化，适时进行安全知识教育，主要是在各项工作开始前进行安全交底。此项工作一般与技术交底同时进行。主要内容是：某分部分项工程的安全操作规程，易出现安全事故的部位和因素及控制要求，发生事故后的应急措施等。

3）结合生产组织安全技能训练，反复训练，分步验收，以达到完善化、自动化的行为方式。

4）安全意识教育的内容应随安全生产的形势变化，确定阶段教育内容。可结合发生的事故，进行增强安全意识，坚定掌握安全知识与技能的信心，接受事故教训的教育。

5）受季节自然变化影响时，针对由于这种变化而出现生产环境、作业条件的变化所进行的教育，其目的在于增强安全意识，控制人的行为，尽快适应变化，减少人为失误。

6）采用新技术，使用新设备、新材料、推行新工艺之前，应对有关人员进行安全知识、技能、意识的全面安全教育，激励操作者实行安全技能的自觉性。

**4. 安全检查制度**



安全检查是发现不安全行为和不安全状态的重要途径。是消除事故的隐患，落实整改措施，防止事故伤害，改善劳动条件的重要方法。

（1）安全检查的内容。主要是查思想、查管理、查制度、查现场、查隐患、查事故处理。

1）建筑装饰施工项目的安全检查以自检形式为主，是对项目经理部至操作人员，生产全部过程、各个方位的全面安全状况的检查。检查的重点以劳动条件、生产设备、现场管理、安全卫生设施以及生产人员的行为为主。发现危及人的安全因素时必须果断地消除。

2）各级生产组织者应在全面安全检查中，透过作业环境状态和隐患对照安全生产的方针、政策检查对安全生产认识的差距。

3）对安全管理的检查，主要是：安全生产是否提到议事日程上，各级安全责任人是否坚持“安全第一，预防为主”的原则；项目经理部职能部门、人员是否在各自业务范围内，落实了安全生产责任，专职安全人员是否在位、在岗；安全教育是否落实，教育是否到位。此外，还要检查工程技术、安全技术是否结合为统一体；作业标准化实施情况；安全控制措施是否有力，控制是否到位，有哪些改善管理的措施；事故处理是否符合规则，是否坚持“四不放过”的原则。

（2）安全检查方法

1）一般方法

①看。看现场环境和作业条件，看实物和实际操作，看记录和资料等。

②听。听汇报，听反映、介绍，听意见或批评，听机械设备的运转响声或承重物发出的异常声等。

③嗅。对挥发物、腐蚀物、有毒气体进行辨别。

④问。对影响安全的问题，详细询问，寻根究底。

⑤查。查明问题、查对数据、查清原因、追查责任。

⑥测。测量、测试、监测。

⑦验。进行必要的试验或化验。

⑧析。分析安全事故的隐患和原因。

2）安全检查表法。这是一种原始的、初步的定性分析方法，它通过事先拟定的安全检查明细表或清单，对安全生产进行初步的诊断和控制。安全检查表通常包括检查项目、内容、回答问题、存在问题、改进措施、检查措施、检查人和检查日期等内容。



（3）安全检查形式。安全检查可分为日常性检查、专业性检查、季节性检查、节假日前后的检查、不定期检查。

1）日常性检查。即经常的、普遍的检查。主要是项目部的专职安全员进行的常规的检查，班组日常进行的检查。

2）专业性检查。针对特种作业、特种设备、特种场所进行的检查，如对施工现场临时用电和机械设备进行的检查。

3）季节性检查。指根据季节特点，为保证安全生产的特殊要求所进行的检查，如夏季高温多雨雷电，要重点进行防暑降温、防雷击、防触电的检查。

4）节假日前后的检查。主要是针对节假日前后容易产生麻痹思想的特点而进行的安全检查。

5）不定期检查。

（4）检查隐患处理步骤

1）对检查出来的隐患和问题仔细分门别类地进行登记。登记的目的是为了积累信息资料，并作为整改的备查依据，以便对施工安全进行动态管理。

2）查清产生安全隐患的原因。对安全隐患要进行细致分析，并对各个项目工程施工存在的问题进行横向和纵向的比较，找出“通病”和个例，发现“顽固症”，具体问题具体对待，分析原因，制定对策。

3）发出隐患整改通知单。对各个项目工程存在的安全隐患发出整改通知单，以便引起整改单位的重视。对容易造成事故重大的安全隐患，检查人员应责令停工，被查单位必须立即整改。整改时，必须坚持“五定”。“五定”是指，定整改责任人；定整改措施；定整改完成时间；定整改完成人；定整改验收人。

4）进行责任处理。对造成隐患的责任人要进行处理，特别是对负有领导责任的经理等要严肃查处。对于违章操作、违章作业行为，必须进行批评指正。

5）整改复查。各项目工程施工安全隐患整改完成后要及时通知有关部门，有关部门应立即派人进行复查，经复查整改合格后进行销案。

## 四、施工现场安全事故处理



安全事故是指生产经营单位在生产经营活动（包括与生产经营有关的活动）中突然发生的，伤害人身安全和健康，或者损坏设备设施，或者造成经济损失的，导致原生产经营活动（包括与生产经营活动有关的活动）暂时中止或永远终止的意外事件。

### 1. 安全事故的分类

(1) 按事故发生的原因分类。我国国标《企业职工伤亡事故分类》(GB/T 6441—1986) 中将伤亡事故分为 20 类，其中与建筑业有关的有 12 类：物体打击、车辆伤害、机械伤害、起重伤害、触电、灼烫、火灾、高处坠落、坍塌、爆炸、中毒和窒息。

(2) 按事故后果的严重程度分类。可以分为轻伤事故、重伤事故和死亡事故三类。

### 2. 安全事故的常见的原因

(1) 人的不安全因素。人的不安全因素可分为人的不安全因素和人的不安全行为两大类。

1）个人的不安全因素。心理上的不安全因素是指人在心理上具有影响安全的性格、气质和情绪，如懒散、粗心等。生理上的不安全因素包括视觉、听觉等感觉器官，体能、年龄及疾病等不适合工作或作业岗位要求的影响因素。

能力上的不安全因素包括知识技能、应变能力、资格等不能适应工作和作业岗位要求的影响因素。

2）个人的不安全行为。在施工现场的表现经常是操作失误，忽视安全、忽视警告；造成安全装置失效；使用不安全设备；手代替工具操作；物体存放不当；冒险进入危险场所；攀坐不安全位置；在起吊物下作业、停留；在机器运转时进行检查、维修、保养等工作；有分散注意力行为；没有正确使用个人防护用品、用具；不安全装束；对易燃易爆等危险物品处理错误。

（2）物的不安全状态。物的不安全状态主要包括：防护等装置缺乏或有缺陷；设备、设施、工具、附件有缺陷；个人防护用品缺少或有缺陷；施工生产场地环境不良，现场布置杂乱无序、视线不畅、沟渠纵横、交通阻塞、材料工具乱堆、乱放，机械无防护装置、电器无漏电保护粉尘飞扬、噪声刺耳等使劳动者生理、心理难以承受，则必然诱发安全事故。

（3）管理上的不安全因素。管理上的不安全因素也称管理上的缺陷，主要包括对物的管理失误，包括技术、设计、结构上有缺陷、作业现场环境有缺陷、防护用品有缺陷等；对人的管理失误，包括教育、培训、指示和对作业人员的安排等方面的缺陷；管理工作的失误，包括对作业程序、操作规程、工艺过程的管理失误以及对采购、安全监控、事故防范措施的管理失误。



### 3. 安全事故的处理程序

根据《生产安全事故报告和调查处理条例》及《建设工程安全生产管理条例》，安全事故的报告和处理应遵循以下规定程序：

（1）事故报告。事故发生后，事故现场有关人员应当立即向本单位负责人报告；单位负责人接到报告后，应当于 1 小时内向事故发生地县级以上人民政府安全生产监督管理部门和负有安全生产监督管理职责的有关部门报告。

情况紧急时，事故现场有关人员可以直接向事故发生地县级以上人民政府安全生产监督管理部门和负有安全生产监督管理职责的有关部门报告。安监部门或主管部门接到报告后应立即赶赴事故现场，组织事故救援，做好事故现场的保护工作。

安全生产监督管理部门和负有安全生产监督管理职责的有关部门逐级上报事故情况，每级上报的时间不得超过 2 小时。报告内容有：①事故发生单位概况；②事故发生的时间、地点以及事故现场情况；③事故的简要经过；④事故已经造成或者可能造成的伤亡人数（包括下落不明的人数）和初步估计的直接经济损失；⑤已经

采取的措施；⑥其他应当报告的情况。

自事故发生之日起 30 日内，事故造成的伤亡人数发生变化的，应当及时补报。

（2）事故调查阶段。特别重大事故由国务院或者国务院授权有关部门组织事故调查组进行调查。重大事故、较大事故、一般事故分别由事故发生地省级人民政府、设区的市级人民政府、县级人民政府负责调查。省级人民政府、设区的市级人民政府、县级人民政府可以直接组织事故调查组进行调查，也可以授权或者委托有关部门组织事故调查组进行调查。

事故调查的主要任务是：①查明事故发生的经过、原因、人员伤亡情况及直接经济损失；②认定事故的性质和事故责任；③提出对事故责任者的处理建议；④总结事故教训，提出防范和整改措施；⑤提出事故调查报告。

（3）安全事故的处理。对重大事故、较大事故、一般事故，负责事故调查的人民政府应当自收到事故调查报告之日起 15 日内做出批复；特别重大事故，30 日内做出批复，特殊情况下，批复时间可以适当延长，但延长的时间最长不超过 30 日。



有关机关应当按照人民政府的批复，依照法律、行政法规规定的权限和程序，对事故发生单位和有关人员进行行政处罚，对负有事故责任的国家工作人员进行处分。

事故发生单位应当按照负责事故调查的人民政府的批复，对本单位负有事故责任的人员进行处理。

负有事故责任的人员涉嫌犯罪的，依法追究刑事责任。

#### 4. 安全事故的处理原则

一般按照以下“四不放过”的原则进行处理：

（1）事故原因未查清不放过；

（2）事故责任人未受到处理不放过；

（3）事故责任人和周围群众没有受到教育不放过；

（4）事故没有制订切实可行的整改措施不放过。

## 第五节　施工现场环境管理

**引例**

某工程项目施工地点位于市中心地区。施工过程中出现了如下事件：

事件1：施工期间为赶工期采取24小时连续作业，6月6日夜（高考前夕）11时周围居民因施工噪声影响学生复习为由冲进现场阻止施工，现场工人不愿停止施工，造成冲突被迫停工。

事件2：该项工程基坑开挖粉尘量大，施工现场临时道路没有硬化处理，现场出口下水管道被运土车辆碾坏污水横流，进出场车辆考虑卸土地点较近，没有采取封盖措施。施工现场附近居民向环境管理机构举报，有关部门对项目经理部罚款，责令批改。

**思考**

1. 结合事件1、2，思考文明施工应主要包括哪些内容，文明施工现场周围环境应有什么要求。

2. 结合事件2说明建筑企业施工经常出现的环境因素和控制污染的措施。

施工现场环境管理，也称现场文明施工管理，根据《建设工程项目管理规范》的定义，指“为合理使用和有效保护现场及周边环境而进行的计划、组织、指挥、协调和控制等活动”。

### 一、文明施工的意义

#### 1. 文明施工是现代建筑生产的客观要求

随着科学技术和生产发展的需要，高层、高耸、大跨、智能化建筑工程越来越多，建设规模越来越大，技术要求越来越复杂，专业分工越来越细。在一个大型建筑工地上，有成千上万的各种专业隶属于不同施工单位的建筑工人，使用着上百台的施工机械，消耗着千百种上万吨建筑材料，从事着不同工种的交叉施工劳动。现代大生产要求有组织、有计划地对施工现场人流、物流进行合理安排，密切配合协调，以实现质量高、工期短、成本低和效益好的目标。因此，对生产环境和施工秩序有严格的要求。如果遵照客观规律的要求去做，创造文明施工的环境就能获得大

生产的高产、优质、低成本的经济效益；如果违背了这些客观规律，野蛮施工将会受到客观规律的惩罚，轻则影响劳动效率，降低工程质量，增加设备故障，加大物资消耗。重则污染周围环境，损害工人健康，甚至引发重大安全事故造成恶性伤亡的惨剧。

#### 2. 文明施工是加强建筑企业精神文明建设的需要

我国建筑企业的广大职工绝大多数是来自农村的农民，没有经过大工业生产的严格训练就成了建筑工人。在他们身上不仅文化素质差，还程度不同地残存着小生产的意识和习惯，诸如单凭经验干活，不习惯严格的纪律，不按操作规程办事，不遵守规章制度，不注意整洁卫生等。为了提高企业的整体素质，不仅要提高他们的文化、技术素质，还必须提高他们的思想素质，培养尊重科学、遵守纪律、服从集体的大生产意识。通过施工现场加强文明施工的教育和实践，不仅改善生产环境和施工秩序，而且在改造客观世界的同时，也改造了主观世界，强化大生产的意识和习惯，使企业管理水平再上新台阶。



#### 3. 文明施工是企业竞争开拓建筑市场的需要

随着社会主义市场经济体制的不断完善，建筑市场竞争愈益激烈。企业之间在竞争的策略和手段上，不仅表现在注重本企业的实力（如机械设备、技术人员的知名度、已有的业绩等）和让利上，而且越来越注重本企业的形象。众所周知，建筑企业的形象却是由施工现场展示的。而施工现场现象的好坏又取决于文明施工的水平。因此，目前已有不少建筑企业为了开拓建筑市场，把创建文明施工现场作为市场经营策略，用高水平的文明施工，来提高企业的知名度，树立企业的形象，增强企业的竞争能力，扩大市场的占有率。

### 二、文明施工的内容

#### 1. 严格劳动纪律，遵守操作与安全规程

(1) 每天施工前，召开班前交底会，由班组长布置当天的施工内容，操作要求和应注意的问题，严格执行操作规程。

(2) 建立安全生产责任制，加强规范化管理，进行安全交底、安全教育和安全宣传，严格执行安全技术方案。

(3) 定期检查和维护施工现场的各种安全设施和劳动保护器具，保证安全有

效。

### 2. 施工现场布置合理，物料堆放有序，便于施工操作

(1) 按施工平面布置图设置各项临时设施，堆放大宗材料、成品、半成品和机具设备，不得侵占场内道路及安全防护设施。

(2) 施工机械应当按照施工平面图规定的位置和线路设置，不得任意侵占场内道路。施工机械进场必须经过安全检查，经检查合格后方能使用。施工机械操作人员必须建立机组责任制，并依照有关规定持证上岗，禁止无证人员操作。

(3) 施工现场道路保持畅通，排水系统处于良好的使用状态，使施工现场不积水，污水排放要符合市政和环保要求。

(4) 严格按照施工组织设计架设施工现场的用电线路，严禁任意拉线接电；用电设施的安装和使用必须符合安装规范和安全操作规程的要求。

(5) 设置夜间施工的照明设施，必须符合施工安全的要求；危险潮湿场所的照明以及手持照明灯具，必须采用符合安全要求的电压。



### 3. 优化施工现场的场容场貌

(1) 施工现场必须设置明显的标牌，标明工程项目名称、建设单位、设计单位、监理单位、施工单位、项目经理和施工现场总代表人的姓名，开、竣工日期，施工许可证批准文号等。

(2) 施工现场的管理人员在施工现场应按总、分包单位佩戴证明其身份的证卡，着装和安全帽的颜色也应有所区别，便于识别。

(3) 在车辆、行人通行的地方施工必须事前提出申请，经批准后方能进行，并应当设置沟井坎穴覆盖物和施工标志。

(4) 施工现场的大门场地和砂、石等零散的材料堆场应尽可能使地面硬化。经常清理建筑垃圾，每周举行一次清扫和整理施工现场活动，以保持场容场貌的整洁。

(5) 施工现场大门和围墙除了要符合施工现场安全保卫工作外，其设计还应符合城市的市容要求，并且反映本企业形象。

(6) 施工现场的工地办公室、食堂、宿舍和厕所等工作生活、设施，要符合卫生、通风照明等要求。职工的膳食、饮水供应等要符合饮食卫生要求。对于高层建

筑施工现场必须妥善安排在高层中施工人员的大、小便问题和建筑垃圾的清除问题。

**4. 严格遵守国家有关环境保护的法律规定**

(1) 妥善处理泥浆水，未经处理不得直接排入城市排水设施和河流。

(2) 除设有符合规定的装置外，不得在施工现场熔融沥青或者焚烧油毡、油漆以及其他会产生有毒有害烟尘和恶臭气体的物质。

(3) 使用密封式圈筒或采取其他措施处理高空废弃物。

(4) 应采取有效措施控制施工过程中的扬尘，生活垃圾和零星建筑垃圾实行袋装化。

(5) 禁止将有毒有害废弃物用作土方回填。

(6) 对产生噪声、振动的施工机械应采取有效控制措施，减轻噪声扰民。



## 三、积极开展“7S”活动

### 1. “7S”活动的含义

5S 管理起源于日本，是指在生产现场中对人员、机器、材料、方法等生产要素进行有效的管理，这是日本企业独特的一种管理办法。“5S”是整理（Seiri）、整顿（Seiton）、清扫（Seiso）、清洁（Seiketsu）和素养（Shitsuke）这 5 个词的缩写。因为这 5 个词日语中罗马拼音的第一个字母都是“S”，所以简称为“5S”，开展以整理、整顿、清扫、清洁和素养为内容的活动，称为“5S”活动。“7S”是在“5S”的基础上完善而来的，在“5S”的基础上加上了安全（Safety）和节约（Save）。

### 2. “7S”活动的内容

(1) 整理（Seiri）

1) 整理的意义。整理是指把要与不要的人、事、物分开，再将不需要的人、事、物加以处理。整理是开始改善生产现场的第一步活动。其要点是对施工现场现实摆放和停滞的各种物品进行分类，区分什么是现场需要的，什么是现场不需要的。其次，对于现场不需要的物品，诸如用剩下来的材料、多余的半成品、锯（切）下的料头、片屑、垃圾、废品、多余的工具、报废的设备、工人个人生活用品（指下班后穿戴的衣帽鞋袜等），要坚决清理出现场。

2) 整理的目的。通过整理活动可以达到如下目的：增大和改善施工作业面积；

现场整洁无杂物、行道通畅，提高工作效率；减少磕碰的机会，提高质量，保障安全；消除管理上的混放、混料等差错事故；有利于减少库存量，节约资金；改变拖拉作风，振奋人的精神，提高工作情绪。

(2) 整顿 (Seiton)

1) 整顿的意义。整顿是指把需要的人、事、物加以定量、定位。通过整理活动，对施工现场需要留下的物品进行科学合理的布置和摆放，使人、事、物之间形成一个最佳的环境，以便在最快速的情况下取得所要的物品，在最简捷、最有效的规章、制度、流程下完成事务。在施工现场进行整顿活动是在施工平面图管理的基础上进一步发展，它不仅限于施工现场各个物料堆场、临时加工棚等布置要符合施工平面图布置的要求，而是对每一个工作区域内部的工位，使用的机械设备和物料要有合理的布置，以提高工作效率。

2) 整顿的目的。通过整顿活动可达到如下目的：物料摆放要有固定的地点和区域以便于寻找和消除因混放而造成的差错；物料摆放地点要科学合理。经常使用的物料放得近些（如放在作业区内），偶尔使用或不常使用的东西放得远些（如集中放在某一个地方）；物品摆放目视化，使定量装载的物品做到过目知数，不同物品摆放区域采用不同的色彩和标记，便于识别和确认。施工现场的物料在施工平面图布置的基础上进一步合理摆放，既有利于提高工作效率，又可提高工程质量并保障生产安全。



(3) 清扫 (Seiso)

1) 清扫的意义。清扫活动是指把施工现场打扫干净。施工机械设备异常时，马上修理使之恢复正常。清扫对于施工现场来说尤为必要，施工中所产生的灰尘和垃圾不仅给作业环境造成脏乱差的现场，而且使施工机械设备精度受到影响，易发故障，更为严重的是使安全事故防不胜防；此外，脏乱差的现场不仅给城市环境和市容造成污染，而且影响施工现场人员的工作情绪，使他们的心情不舒畅。因此，必须通过清扫活动来清除那些脏物，创建一个明快的、舒畅的工作环境以保证安全、优质和高效的工作。

2) 清扫的要点。每个班组所使用的工具和设备等要由使用者自己清扫，而不是依靠他人，不增加专门的清扫工；对工具和设备的清扫着眼于对其维护保养。清扫设备和设备的点检结合起来，随清扫随点检。清扫设备还要同时做设备的润滑工

作，清扫也就是保养；清扫还应该是为了改善，在清扫过程中发现有异常垃圾和油水泄漏要及时查明原因，并采取措施加以改善。

(4) 清洁 (Seiketsu)

1) 清洁的含义。整理、整顿和清扫之后，要认真维护保持完美和最佳状态。因此，清洁活动的含义不是单纯从字面上理解，而是对三项活动的坚持和深入，从而消除发生安全事故的根源，创造一个良好的工作环境使职工能愉快地工作。

2) 清洁的要点。清洁活动的要点是：施工作业环境不仅要整齐，而且要做到保证工人身体健康，提高工人的劳动热情；不仅使用的施工机械设备和工具要清洁，而且整个施工现场环境也要清洁。要采取切实有效的措施进一步消除灰尘和污浊的空气、减少噪音和治理污染源；参与施工的职工本身不仅要做到工作服统一着装，仪表也要整洁，及时理发、剃须、洗澡等；施工现场上的职工不仅要做到形体上的清洁，还要做到精神上的“清洁”，亦即待人要讲礼貌，清除语言脏话，要学会尊重他人。



(5) 素养 (Shitsuke)

1) 素养的含义。素养即教养，养成良好的工作习惯，遵守纪律。

2) 素养活动的要点。建筑企业要努力提高施工现场职工的素质，养成严格遵守施工中各项规章制度的习惯和作风。这是素养活动的核心内容。没有施工现场全体职工素质的提高，创建文明施工现场活动就不能顺利开展，即使强制推开也坚持不下去。所以，抓素养活动，要始终着眼于提高人的素质，即坚持“始于素质、终于素质”的原则。在开展素养活动中，要贯彻自我管理的原则。创造良好的施工现场环境，是不能单靠添置设备来改善，也不能指望增加人员来代办，而让施工现场人员坐享其成。应当教育和充分依靠施工现场人员，自己动手为自己创造一个整齐、清洁、方便、安全的施工现场环境，使他们在改造客观世界的同时，也改造自己的主观世界，产生“美”的意识，养成现代化大生产所要求的遵章守纪、严格要求的风气和习惯。因为是自己动手创造的文明施工环境的成果，也就容易保持和坚持下去。

(6) 安全 (Safety)

清除隐患，排除险情，预防事故的发生。

目的是保障员工的人身安全，保证生产的连续安全正常进行，同时减少因安全事故而带来的经济损失。

(7) 节约 (Save)

就是对时间、空间、能源等方面的合理利用，以发挥它们的最大效能，从而创造一个高效率的、物尽其用的工作场所。

实施时应该秉持三个观念：能用的东西尽可能利用；以自己就是主人的心态对待企业的资源；切勿随意丢弃，丢弃前要思考其剩余的使用价值。

节约是对整理工作的补充和指导，在我国，由于资源相对不足，更应该在企业中秉持勤俭节约的原则。

总之，在建筑装饰施工现场开展“7S”活动，是把建筑装饰企业文明施工中各项活动系统化、规范化了，有助于使施工现场管理水平提高到一个更高的层次。

## 思考与练习

### 一、填空题

1. 建筑装饰施工企业安全生产管理必须坚持________、________的方针。
2. “7S”活动是指对施工现场各生产要素所处状态不断地进行________、________、________、________、素养和________、________。
3. 影响施工进度的主要因素有________、________。
4. 分项工程的质量分为________、________两个等级。
5. 施工项目的成本管理可分为________、________、________三个阶段。

### 二、简答题

1. 降低建筑装饰施工成本的途径有哪些?
2. 建筑装饰施工安全检查的内容及方法有哪些?
3. 简述建筑装饰施工分项、分部工程检验评定的内容有哪些。

# 第九章　竣工验收与保修

**学习目标**

1. 熟悉建筑装饰工程施工项目的竣工收尾准备工作
2. 掌握建筑装饰工程施工项目的竣工验收程序
3. 掌握项目保修期内管理的内容与方法
4. 能进行竣工收尾、竣工验收、回访保修等文件的收集整理



建筑装饰工程项目竣工验收是建筑装饰工程项目的最后一个阶段，竣工验收的完成就标志着建筑装饰工程项目的完成。也是保证合同任务保质保量完成的最后一个关口。通过本章的学习，使学生掌握竣工验收的程序及收尾工作，能进行竣工验收及保修回访等所需文件的收集整理，为学生今后的职业能力发展打下良好的基础。

## 第一节　竣工验收准备工作

**引例**

某宾馆的装饰工程完工后，甲方通知 8 月 8 日进行验收。8 月 6 日晚间，台风带来暴雨，工程二楼的五间客房的窗户未关闭，造成房间内进水，墙纸和地板有不同程度的损坏，致使竣工验收无法按时完成，也给装饰施工企业造成了经济损失。

**思考**

1. 上述案例中可能会给施工企业造成哪些损失？
2. 在验收准备阶段，企业应该做好哪些管理工作？

## 一、装饰工程的竣工与验收

### 1. 装饰工程项目的竣工

装饰工程项目的竣工是指装饰工程项目按照要求和甲、乙双方签订的工程合同所规定的装饰施工内容全部完成，经验收鉴定合格达到交付使用的条件。竣工日期为由业主或监理单位核验为合格工程的签字日期。

### 2. 装饰工程项目的竣工验收

装饰工程项目的竣工验收是指施工单位在完成合同规定的全部工程内容后，接受有关单位的检验，合格后向建设单位交工的活动。该阶段的工作具有以下特点：

(1) 大量的施工任务已经完成，小的修补任务却十分零碎。

(2) 主要的人力、物力都已经转移到新的工程项目上去了，只剩下少量的施工力量进行工程的扫尾和清理。

(3) 工程技术指导工作已经不多，却有大量的资料综合、整理工作要做。



## 二、收尾工作管理

装饰工程接近交工阶段，不可避免地会存在一些零星、分散、量小、面广的未完成项目，这些项目的总和与竣工准备工作、善后工作共称为收尾工作。

### 1. 建筑装饰工程收尾工作的管理程序

(1) 建立竣工收尾工作小组，做到因事设岗，以岗定责，实现收尾的目标。该小组由项目经理、技术负责人、质量人员、计划人员、安全人员组成。

(2) 编制一个切实可行、便于检查考核的施工项目竣工收尾计划，见表9—1—1。

**表9—1—1　　建筑装饰施工项目竣工收尾计划表**

| 序号 | 收尾工程名称 | 施工简要内容 | 收尾完工时间 | 作业班组 | 施工负责人 | 完成验证人 |
|---|---|---|---|---|---|---|
| | | | | | | |
| | | | | | | |
| | | | | | | |

项目经理：　　　　技术负责人：　　　　编制人：

(3) 项目经理部要根据施工项目竣工收尾计划，检查其收尾的完成情况，要求

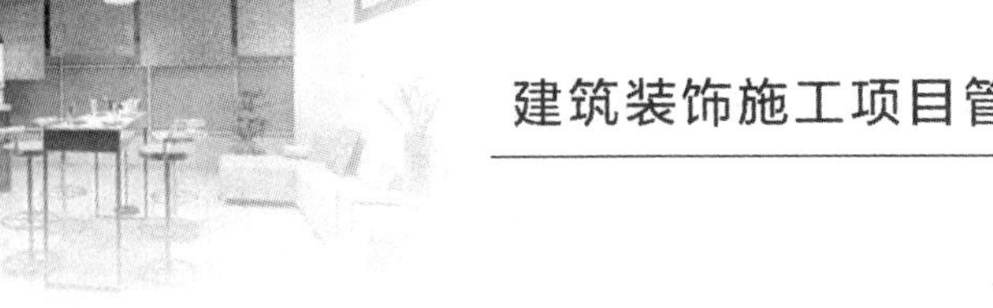



管理人员做好验收记录，对重点内容重点检查，不使竣工验收留下隐患和遗憾而造成返工损失。

(4) 项目经理部完成各项竣工收尾计划，应向企业报告，提请有关部门进行质量验收，对照标准进行检查。各种记录应齐全、真实、准确。需要监理工程师签署的质量文件，应提交其审核签认。实行总分包的项目，承包人应对工程质量全面负责，分包人应按质量验收标准的规定对承包人负责，并将分包工程验收结果及有关资料交承包人。承包人与分包人对分包工程质量承担连带责任。

(5) 承包人经过验收，确认可以竣工时，应向发包人发出竣工验收函件，报告工程竣工的准备情况，具体约定交付竣工验收的方式及有关事宜。

### 2. 建筑装饰工程收尾工作内容

(1) 组织有关人员逐层、逐段、逐部位、逐房间地进行查项，检查施工中有无丢项、漏项。一旦发现丢项、漏项，必须立即确定专人定期解决，并在事后按期进行检查。



(2) 保护成品和进行封闭。对已经全部完成的部位或查项后修补完成的部位要立即组织清理，保护好成品。依可能和需要按房间或层段锁门封闭，严禁无关人员进入，防止损坏成品或丢失零件（这项工作实际上从装修工程完毕之时即应进行）。尤其是高标准、高级装修的建筑工程（如高级宾馆、饭店、医院、使馆、公共建筑等），每一个房间的装修和设备安装一旦完毕，就要立即加以封闭，甚至派专人按层段加以看管。

(3) 有计划地拆除施工现场的各种临时设施和暂设工程，拆除各种临时管线，清扫施工现场，组织清运垃圾和杂物。

(4) 有步骤地组织材料、工具以及各种物资的回收、退库或向其他施工现场转移和进行处理工作。

(5) 做好电气线路和各种管线的交工前检查，进行电气工程的全负荷试验。

(6) 修补工作。装饰工程在频繁交叉施工的过程中，必然会造成一些成品损坏或污染；在不同工程的施工中，它们各自工作之间的“结合部”也会出现一些不完善的缝隙。在工程收尾时，必须进行修补。

(7) 清理工作。在施工过程中，由于各个分项工程完成的时间有先有后，施工过程中必然产生扬尘或其他污染，使已完成的分项工程受到损伤或污染。因此在竣

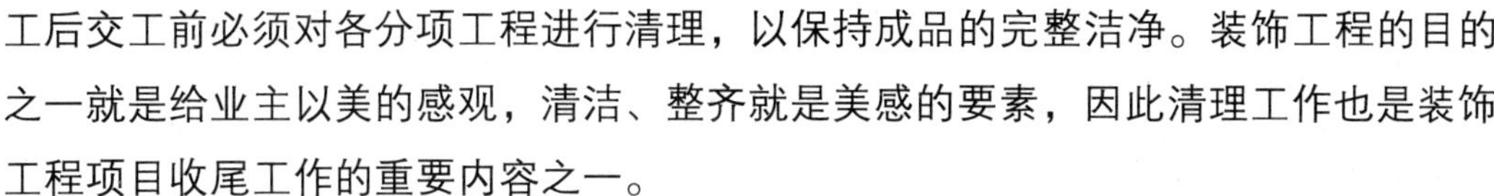



工后交工前必须对各分项工程进行清理，以保持成品的完整洁净。装饰工程的目的之一就是给业主以美的感观，清洁、整齐就是美感的要素，因此清理工作也是装饰工程项目收尾工作的重要内容之一。

(8) 施工设施的转移。装修装饰工程是一种附着性施工工程，它和建筑工程具有共同之处，产品庞大不能移动，即产品固定，施工队伍流动。因此，在一项装修装饰工程竣工后准备向甲方移交之前，必须将施工过程中所使用的一切设施全部撤离现场，这些设施包括以下几个方面：临时设施，有围挡、办公用房、工人宿舍、伙房仓库等；施工设备，有各种机具、水平运输设施、垂直运输设施、手提式电动工具等；剩余材料，指工程用剩下的多余材料、包装材料等；渣土清运等。

### 三、竣工验收准备工作

(1) 完成收尾工作。

(2) 组织工程技术人员绘制竣工图，整理和准备各项需向建设单位移交的工程档案资料，并编制工程档案资料移交清单。



(3) 组织以预算人员为主，生产、管理、技术、财务、材料、劳资人员参加或提供资料，编制竣工结算表。

(4) 准备工程竣工通知书、工程竣工报告、工程竣工验收证明书、工程保修书等。

(5) 准备好工程质量评定的各项资料。主要按结构性能、使用功能、外观效果等方面，对工程的结构、建筑装饰以及水、暖、电、卫、气、设备安装等各个施工阶段所有质量检查资料进行系统的整理。主要包括：分项工程质量检验评定、分部工程质量检验评定、单位工程质量检验评定、隐蔽工程验收记录、生产工艺设备调试及运转记录、工程质量事故发生情况和处理结果等方面的资料，为正式评定工程质量提供资料和依据，亦为技术档案资料移交归档做准备。

## 第二节　工程竣工验收

**引例**

某装饰工程合同约定的竣工时间为 8 月 1 日。承包商在 7 月 15 日就完成了工程施工，并向建设单位提交了竣工验收报告。由于外部配合条件不具备竣工试验的要求，到8月15日建设单位才发出竣工检验的通知。经过3天试验后表明质量合格，于8月18日有关各方在验收记录上签字。

思考

1. 上述案例中竣工日期应该是哪天？

2. 谁该为工程竣工时间拖后负责？

## 一、竣工验收条件

根据《建设工程质量管理条例》第十六条规定，建设单位收到建设工程竣工报告后，应当根据施工图样及说明书、国家颁发的施工验收规范和质量检验标准及时组织设计、施工、工程监理等有关单位进行竣工验收。交付竣工验收的建设工程，应当符合以下条件：



(1) 完成建筑工程设计和合同约定的各项内容。

(2) 有完整的技术档案和施工管理资料。

(3) 有工程使用的主要建筑材料、建筑构配件和设备的进场试验报告。

(4) 有勘察、设计、施工、监理等单位分别签署的质量合格文件。

(5) 有施工单位签署的工程质量保修书。

## 二、竣工验收程序

### 1. 竣工自检（又称竣工预验）

(1) 承包方首先自行组织预验收。一方面检查工程质量，发现问题及时补救；另一方面检查竣工图及技术资料是否齐全，并汇总、整理有关技术资料。

(2) 自验的标准应与正式验收一样，主要依据是：国家（或地方政府主管部门）规定的竣工标准，工程完成情况是否符合施工图样和设计的使用要求；工程质量是否符合国家和地方政府规定的标准和要求；工程是否达到合同规定的要求和标准等。

(3) 参加自验的人员应由项目经理组织生产、技术、质量、合同、预算以及有关的施工工长（或施工员、工号负责人）等共同参加。

(4) 自验的方式，应分层分段、分房间地由上述人员按照自己主管的内容根据施工图和工艺流程逐项进行检查，找出漏项和需修补工程，及时处理和返修。在检查中要做好记录，并指定专人负责，定期修理完毕，如发现较重大的工程质量问题，无论是设计原因或施工原因均需在初验会议上研究并提出处理方案。

(5) 复验。在基层施工单位自我检查的基础上，并对查出的问题全部修补完毕以后，通过复验，解决全部遗留问题，为正式验收做好充分的准备。

### 2. 正式验收

在竣工自检的基础上，确认工程全部符合竣工验收标准，具备了交付使用的条件即可进行装饰工程的正式验收工作。

(1) 工程完工后，施工单位向建设单位提交工程竣工报告，申请工程竣工验收。实行监理的工程，工程竣工报告应经总监理工程师签署意见。

(2) 建设单位收到工程竣工报告后，对符合竣工验收要求的工程，组织勘察、设计、施工、监理等单位和其他有关方面的专家组成验收组，制订验收方案。

(3) 建设单位组织装饰工程监理单位、施工单位及相关的单位对工程质量进行检查验收。



1) 集中会议，介绍工程概况及装饰施工的有关情况。

2) 分组专业进行检查。

3) 集中分组汇报检查情况。

4) 验收意见，评定质量等级，明确具体交接时间、交接人员。

(4) 签发竣工验收证明书并办理工程移交。在建设单位验收完毕并确认工程符合竣工标准和合同条款规定要求以后，即应向施工单位签发竣工验收证明书。建设单位、设计单位、质量监督站、监理单位、施工单位及其他有关单位在竣工验收证明书上签字。

(5) 装饰工程施工单位与建设单位签订交接验收证明书，并根据承包合同的规定办理结算手续，除合同注明的由承包方承担的保修工作外，双方的经济、法律责任即可解除。

(6) 在交工过程中发现需要返修或补做的项目，可在交工验收证明书或其附件上标明。

(7) 进行工程质量评定。

(8) 办理装饰工程档案资料移交。

(9) 办理装饰工程移交手续。

## 三、竣工资料收集归档

### 1. 主要内容

工程竣工验收资料是指工程项目竣工验收活动中形成的资料，主要内容见表9—2—1。

表 9—2—1　　工程竣工验收资料

| 序号 | 主要内容 | 具体资料 |
| --- | --- | --- |
| 1 | 施工、技术管理资料 | ①工程概况；②工程项目施工管理人员名单；③施工现场质量管理检查记录；④施工组织设计、施工方案审批表；⑤技术交底记录；⑥开工报告；⑦竣工报告；⑧工程合同；⑨施工日志 |
| 2 | 工程质量控制资料 | ①图纸会审、设计变更、洽商记录表；②设计交底记录；③原材料出厂合格证书及进场检（试）验报告；④隐蔽工程验收记录 |
| 3 | 工程安全和功能检验资料 | ①有防水要求的地面蓄水试验记录；②幕墙及外窗气密性、水密性、耐风压检测报告；③室内环境检测报告 |
| 4 | 工程质量验收记录 | ①单位工程质量竣工验收记录；②单位工程质量控制资料核查记录；③单位工程安全和功能检验资料检查及主要功能抽查记录；④单位工程观感质量检查记录；⑤子分部工程质量验收记录；⑥分项工程质量验收记录 |
| 5 | 竣工图 | |



### 2. 竣工资料的归档

凡是移交的工程档案和技术资料，必须做到真实、完整、有代表性，能如实地反映工程和施工中的情况。这些档案资料不得擅自修改，更不得伪造。同时，凡移交的档案资料必须按照技术管理权限经过技术负责人审查签认；对曾存在的问题，评语要确切，经过认真的复查，并做出处理结论。

装饰工程项目工程档案移交时，要编制装饰工程档案资料移交清单，双方按清单查阅清楚。移交后，双方在移交清单上签字盖章。移交清单一式两份，双方各自保存一份以备查对。

# 第三节　项目保修期内管理

## 引例

工程质量保修书

<table>
<tr><td>单位工程名称</td><td></td><td>竣工日期</td><td></td></tr>
<tr><td>建设单位名称</td><td></td><td>施工单位名称</td><td></td></tr>
<tr><td colspan="4">本工程在质量保修期内，如发生质量问题，本单位将按照《建设工程质量管理条例》、《房屋建筑工程质量保修办法》的有关规定负责质量保修，属施工质量问题，保修费用由本单位承担，属其他质量问题，保修费用由责任单位承担。</td></tr>
<tr><td>质量保修范围</td><td colspan="3">在正常使用条件下，建设工程的最低保修期限为：<br>1. 基础设施工程、房屋建筑的地基基础工程和主体结构工程，为设计文件规定的（　　）年。<br>2. 屋面防水工程，有防水要求的卫生间、房间和外墙面的防渗漏，为（　　）年。<br>3. 供热与制冷系统，为（　　）个采暖、制冷期。<br>4. 电气管线、给排水管道、设备安装为（　　）年。<br>5. 装饰工程为（　　）年。<br>其他：</td></tr>
</table>

注：1. 建设工程保修期，自（　　）之日起计算。

2. 建设工程超过保修期以后，应有（　　），进入正常的定期保养和维修。

<table>
<tr><td rowspan="5">施工单位</td><td>法人代表</td><td></td><td rowspan="5">施工企业（公章）：<br><br>年　月　日</td></tr>
<tr><td>项目经理</td><td></td></tr>
<tr><td>保修联系人</td><td></td></tr>
<tr><td>联系电话</td><td></td></tr>
<tr><td>联系地址、邮编</td><td></td></tr>
</table>

### 思考

1. 工程质量保修书表式中质量保修范围内的保修期限分别应为多少？

2. 表式中注释对保修期限的规定是什么？

回访保修制度属于工程竣工后的管理范畴，《建设工程质量管理条例》规定：“建设工程实行质量保修制度。承包单位在向竣工单位提交竣工验收报告时，应向建设单位出具质量保证书。质量保修书中应当明确建设工程的保修范围、保修期限和保修责任等。”施工企业必须在项目交付使用后，按“工程质量保修书”的承诺，认真进行回访和保修。

## 一、保修范围、期限与费用

### 1. 保修的范围、期限

（1）基础设施工程、房屋建筑的地基基础工程和主体结构工程为设计文件规定的该工程的合理使用年限。

（2）屋面防水工程、有防水要求的卫生间、房间和外墙面的防渗漏为5年。

（3）供热与供冷工程为2个采暖期、供冷期。

（4）电气管线、给排水管道、设备安装和装修工程为2年。

其他项目的保修期限由发包方与承包方约定。建设工程的保修期，自竣工验收合格之日起计算。保修范围应该在工程质量保修书中具体约定。因使用不当或者第三方造成的质量缺陷，以及不可抗力造成的质量缺陷，不属于法律规定的保修范围。

### 2. 保修费用

（1）装饰工程保修金通常按合同价款的一定比率（根据工程大小不同、类型不同，由甲、乙双方自行商定，一般为工程总造价的3%左右），在业主应付工程款内预留。业主在保修期满后结算，将剩余保修金和按协议条款约定的利率计算的利息一起退还给装饰工程施工单位，不足部分由装饰工程施工单位支付。

（2）保修期间，装饰工程施工单位在接到修理通知之日后10日内必须派人修理，否则，业主可委托其他单位或人员修理。其费用在保修金内扣除。

（3）因装饰工程施工单位原因造成返修的费用，业主在保修金内扣除，不足部分由施工单位支付。因业主原因造成返修的经济支出由业主承担。

（4）大型装饰工程项目，若规定由银行代收质量保证金，业主不得再擅自留存。保修期满，由建设单位出具证明银行退还保修金本息。

## 二、保修做法

### 1. 发送装饰工程保修证书（装饰保修卡）

在工程竣工验收同时（最多不应超过三天），由装饰工程施工单位向业主发送装饰工程保修证书。保修证书的主要内容一般包括：工程简况、保修范围和内容；保修时间；保修说明；保修情况记录。此外，保修证书还应附有保修单位（即施工单位）的名称、详细地址、电话、联系接待部门（如科、室）和联系人，以便于业主联系。

### 2. 要求检查和修理

在保修期内，业主发现使用功能不良，又是由于装饰施工质量而影响使用的，可以用口头或书面方式通知施工单位的有关保修部门，说明情况，要求派人前往检查修理。装饰工程施工单位必须尽快派人前往检查，并会同业主共同做出鉴定，提出修理方案，并尽快地组织人力物力进行修理。

### 3. 验收

在发生问题的部位或项目修理完毕以后，要在保修证书的“保修记录”栏内做好记录，并经业主验收签认，以表示修理工作完结。

### 4. 经济责任处理

由于装饰工程情况比较复杂，不像其他商品单一性强，有些修理项目往往是由多种原因造成的。因此，在经济责任处理上必须根据修理项目的性质、内容以及检查修理情况，由业主和施工单位共同商定经济处理办法。一般有以下几种：



(1) 修理项目确属由于装饰工程施工单位施工责任造成的，或遗留的隐患，则由装饰工程施工单位承担全部检修费用。

(2) 修理项目是由于业主和装饰工程施工单位双方的责任造成的，双方应实事求是地共同商定各自承担的修理费用。

(3) 修理项目是由于业主的设备、材料、成品、半成品的质量不好等原因造成的，则应由业主承担全部修理费用。

(4) 装饰工程的保修问题，除按照上述办法修理外，还应依照原合同条款的有关规定执行。

## 三、工程回访

项目部原项目人员应主动对交付使用的竣工工程进行回访，听取用户意见，填写质量回访表。

### 1. 回访方式

(1) 技术性回访。主要了解在装饰工程施工过程中所采用的新材料、新工艺、新技术等的技术性能和使用后的效果，发现问题及时加以补救和解决。这种回访便于总结经验，获取科学依据，不断改进和完善，并为进一步推广创造条件。这种回访可以定期进行，也可以不定期进行。

(2) 制度性回访。每季度或每半年，对在保修期内的装饰工程项目，统一进行制度性的回访，目的在于对已完成项目的质量进行普查，同时加强甲、乙双方的感情与联系，便于今后工作的开展。

(3) 保修期满之前的回访。这种回访一般是在保修期即将届满之前进行，既可以解决出现的问题，又标志着保修期即将结束，使业主注意维护和使用。

### 2. 回访方法与记录方法

回访的方式采用信函、电话、面访三种方式。回访应认真并能解决问题，应做好回访记录，必要时应写出回访纪要。

## 思考与练习

### 一、单项选择题

1. 在正常使用条件下，屋面防水工程的最低保修期限为（　　）。

A. 1 年　　B. 2 年

C. 3 年　　D. 5 年



2. 在正常使用条件下，有防水要求的房间防渗漏的最低保修期限为（　　）。

A. 1 年　　B. 2 年

C. 3 年　　D. 5 年

3. 在正常使用条件下，装修工程的最低保修期限为（　　）。

A. 1 年　　B. 2 年

C. 3 年　　D. 5 年

4. 在正常使用条件下，电气管线、给排水管道、设备安装工程的最低保修期限为（　　）。

A. 1 年　　B. 2 年

C. 3 年　　D. 5 年

5. 建设工程质量保修期自（　　）之日起计算。

A. 竣工　　B. 竣工验收合格

C. 工程交付正式使用　　D. 签订质量保修书

### 二、简答题

1. 建筑装饰工程施工项目竣工验收的程序是什么?

2. 建筑装饰工程施工项目竣工验收的主要内容是什么?